実験医学 別冊

現象を見抜き検出できる！
細胞死実験プロトコール

アポトーシスとその他細胞死の顕微鏡による検出から，
DNA断片化や関連タンパク質の検出，FACSによる解析まで網羅

刀祢重信・小路武彦 ●編
Tone Shigenobu・Koji Takehiko

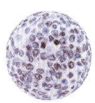 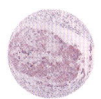 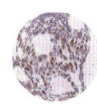  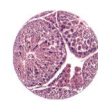 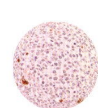 

羊土社
YODOSHA

―― 表紙写真解説 ――

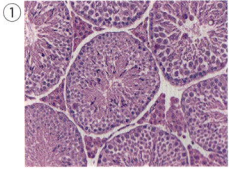 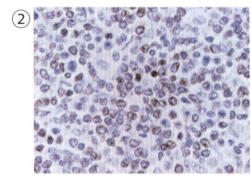 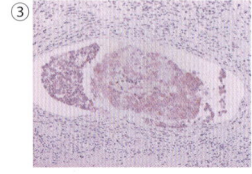 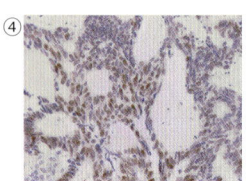
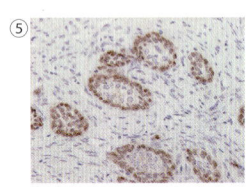 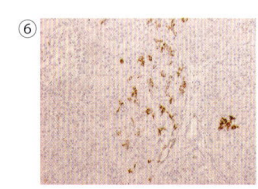 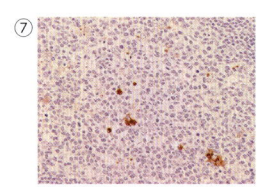

①マウス正常精巣でのTUNEL陽性細胞（巻頭カラー図2，本文56ページ参照）
②Bcl-2陽性例（リンパ腫）（巻頭カラー図6，本文104ページ参照）
③Bax陽性例（子宮体癌）（巻頭カラー図7，本文105ページ参照）
④p53陽性例（大腸癌）（巻頭カラー図8，本文105ページ参照）
⑤p63陽性例（前立腺）（巻頭カラー図9，本文106ページ参照）
⑥Survivin陽性例（膵臓：細胞質に局在）（巻頭カラー図11，本文107ページ参照）
⑦ssDNA陽性例（扁桃腺）（巻頭カラー図12，本文107ページ参照）

【注意事項】　企業名，商品名やURLアドレスについて
・本書の記事は執筆時点での最新情報に基づいていますが，企業名，商品名の変更，各サイトの仕様の変更などにより，本書をご使用になる時点においては表記や操作方法などが変更になっている場合がございます．また，本書に記載されているURLは予告なく変更される場合がありますのでご了承下さい．
・本書に記載されている企業名，商品名は，各社の商標または登録商標です．本書中では©，®，™などの表示を省略させていただいております．

羊土社のメールマガジン
「羊土社ニュース」は最新情報をいち早くお手元へお届けします！

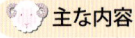 主な内容
・羊土社書籍・フェア・学会出展の最新情報
・羊土社のプレゼント・キャンペーン情報
・毎回趣向の違う「今週の目玉」を掲載

●バイオサイエンスの新着情報も充実！
・人材募集・シンポジウムの新着情報！
・バイオ関連企業・団体のキャンペーンや製品，サービス情報！

いますぐ，ご登録を！　➡　羊土社ホームページ　http://www.yodosha.co.jp/
（登録・配信は無料）

序

　科学研究においては，論理的推論と"the state of the art"の活用が必要と思われます．特に，「2011-3-11」の激甚災害を目のあたりにし，かつて世界に覇権を唱え大地震によってその活力を急速に喪失した欧州のさる国の轍を踏まないためにも，科学・技術で国を盛りたてていく必要があると痛切に感じました．医学研究・生命科学研究の分野におきましても，量を競うのではなく，研究の質の点で，日本がないと世界が困るという状況を作り出していかねばなりません．そして常日頃痛感しますのは，いくら面白いアイデアを思いついてもそれを裏付ける優れた実験技術力，職人技がなければSFの世界になってしまうということです．この10年余りで，細胞死研究は爆発的に進展し，細胞死は生命科学に携わる誰もが避けては通れないものとなりました．その意味で最先端の技術情報だけではなく，初心者にもわかりやすい実験書が必要とされています．

　本書のきっかけは，若い臨床医の友人からの質問でした．「アポトーシスの論文はいっぱいあるんだけど，自分の見ている細胞がアポトーシスをしているのか，そうではないのか，まずどこをどう見ればいいのかが書かれた本はないか」と．かつての本書の前身「新アポトーシス実験法」を彼に薦めたのですが，もうすでに絶版になっていました．その後，同じような質問を数人の大学内外の方からいただき，新しい情報も加えた細胞死の実験書の必要性を実感しました．

　本書は，世界の最先端の研究をしている人だけではなく，彼のような臨床で細胞死に出くわして，どこから調べればいいかもわからない人，大学の卒業研究や大学院研究で先生に言われるままにキットを使って実験したが，その意味がわからない，そういういわば初心者をまず第1の対象にします．第2の対象は従来から細胞死研究をされている熟達の士であり，最近どんどん新しい簡便な方法が発表されたり，優れたキットが販売されていますので，そういった旬の情報を提供したいと思います．第3に，ここ数年でその存在感を増してきている非アポトーシス型の細胞死についても（まだまだそのメカニズムについては不明な点が多いのですが）現段階でどういう方法論があるのかを扱っており，細胞死を幅広く研究したい方々にとって極めて有益であろうと思います．

　さらに本書は，アポトーシスに関係するノックアウトマウスの一覧，阻害剤リストという2大データベースを収録致しております．これだけでも本書の値打ちがあると確信しています．

　最後になりましたが，大変お忙しい中，日本の細胞死研究のためにご執筆くださった諸先生方に心から感謝いたしますとともに，本書の編集にあたり多大なご尽力を賜った羊土社編集部の吉川竜文氏，神谷敦史氏に厚く御礼申し上げます．

2011年5月

刀祢重信，小路武彦

現象を見抜き検出できる！
細胞死実験プロトコール

実験医学 **別冊**

アポトーシスとその他細胞死の顕微鏡による検出から，
DNA断片化や関連タンパク質の検出，FACSによる解析まで網羅

contents

序 ....刀祢重信，小路武彦

概説 細胞死研究の基本方針：まず何をするか？
　　　　　　　　　　　　　　　　　　　　　　刀祢重信，小路武彦　　16

1章　形態学的検出法

1節　電子顕微鏡 ....須田泰司，上平賢三　　22
2節　光学顕微鏡−免疫組織化学 ....菱川善隆　　30

2章　DNA 断片化の検出法

1節　アガロース電気泳動 ....刀祢重信　　42
2節　パルスフィールド電気泳動 ....刀祢重信　　47
3節　TUNEL法 ....小路武彦　　52
4節　*In situ* nick translation（ISNT）法 ....小路武彦　　59
5節　コメットアッセイ（Comet Assay）
　　　　　　　　　　　　　　　桑原一彦，Suchada Phimsen，阪口薫雄　　65

3章　細胞死に関与するタンパク質の検出法

1節　カスパーゼ活性化の検出 ……………………………… 刀祢重信　70

2節　カテプシンの検出 ………………………… 石堂一巳，勝沼信彦　77

3節　カルパイン活性化の検出 ……………………………… 大海　忍　86

4節　その他のタンパク質の検出
　　　　………………………… 飯田慎也，岩渕英里奈，森　美紀，笹野公伸　97

4章　細胞小器官の変化の検出法

1節　ミトコンドリアの変化 ……………………………… 清水重臣　108

2節　小胞体の変化 ………………………………………… 森島信裕　119

5章　FACSによる検出法

1節　細胞膜の抗原性 …………………………… 山村真弘，西村泰光　132

2節　細胞内の抗原性—シトクロムc漏出細胞のFACSによる検出
　　　　………………………………………………………… 刀祢重信　137

3節　DNA切断 …………………………………………… 川上　純　141

4節　その他—アポトーシス関連分子発現の検出 ……… 川上　純　145

6章　細胞死の誘導法
　　　　　　　　　　　　　　　　　　　　　　　刀祢重信　149

7章 アポトーシス細胞の貪食誘導と検出

- *1* 節　アポトーシス細胞の *in vitro* 貪食反応 ……… 白土明子, 中西義信　154
- *2* 節　マウス肺組織における貪食の解析 ……… 白土明子, 中西義信　162
- *3* 節　ショウジョウバエ胚におけるアポトーシス細胞貪食の検出
  ……………………………………… 白土明子, 永長一茂, 中西義信　169

8章 アポトーシス以外の細胞死の検出法

- *1* 節　ネクローシス ……………………………………… 塩川大介　175
- *2* 節　分裂死-mitotic catastrophe ……………………… 鈴木啓司　186
- *3* 節　オートファジー性細胞死 ………………………… 内山安男　194

9章 細胞死研究のためのバイオリソース

- *1* 節　アポトーシスに関するノックアウトマウスの一覧 … 杭田慶介　202
- *2* 節　阻害剤リスト ……………………………… 坂元利彰, 河野通明　210

索　引 ………………………………………………………………………… 220

One Point

- 蛍光標識物質の種類 …………………………………………………… 38
- 顕微鏡の進化－多光子励起レーザー走査型顕微鏡 ………………… 41
- 個々の細胞でのカルパイン解析 ……………………………………… 95
- タンパク質分解酵素処理 ……………………………………………… 102
- ERストレッサーについて …………………………………………… 121
- 小胞体ストレスによる細胞死に対する低分子阻害剤 ……………… 131
- Image Xpress について ……………………………………………… 150
- トリパンブルー排除試験 ……………………………………………… 151

巻頭カラー

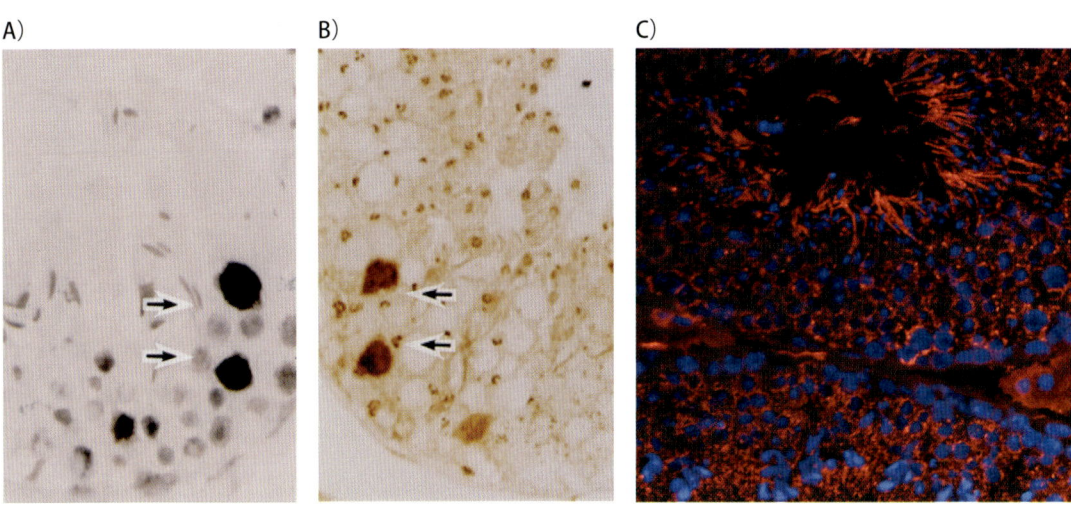

図1 抗体を用いた免疫組織化学の例 (40ページ図3参照)
41ページ文献7より転載

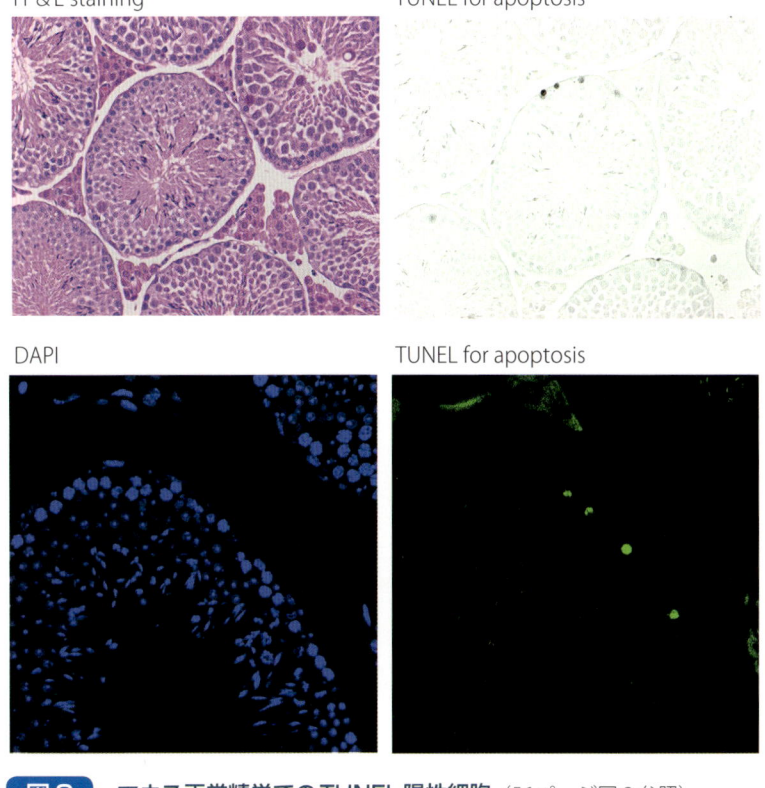

図2 マウス正常精巣でのTUNEL陽性細胞 (56ページ図2参照)

◆巻頭カラー

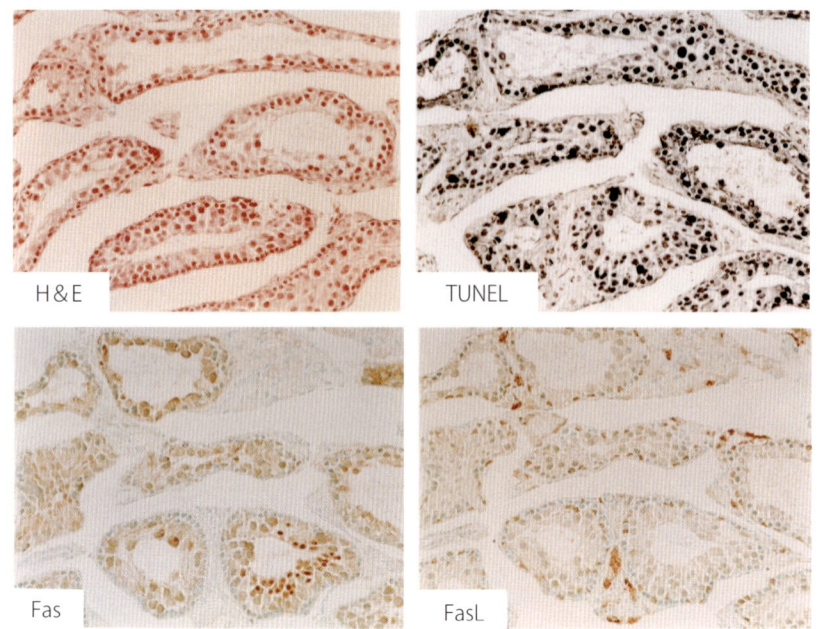

図3 エストロゲンによるマウス精子形成細胞死誘導
(57ページ図3参照)
58ページ文献11より転載

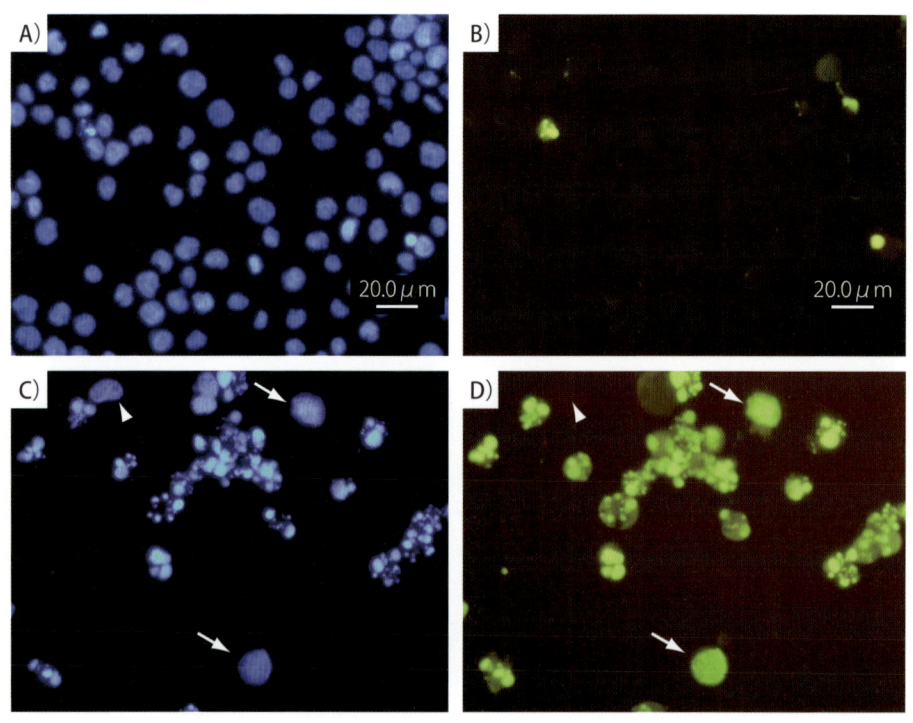

図4 蛍光顕微鏡による解析 (74ページ図4参照)

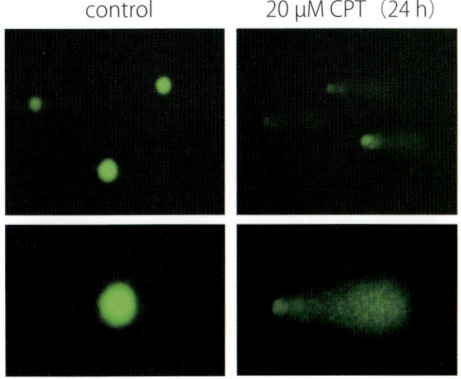

図5 コメットアッセイの実験例（69ページ図2参照）

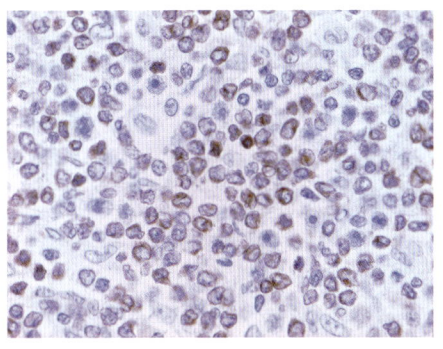

図6 Bcl-2陽性例（リンパ腫）
（104ページ図3参照）

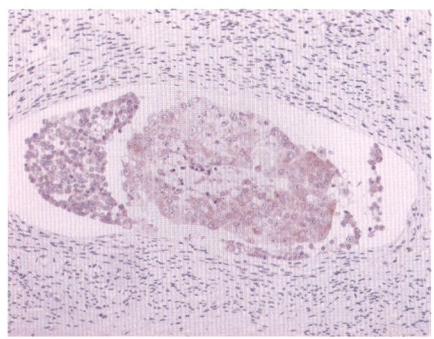

図7 Bax陽性例（子宮体癌）
（105ページ図4参照）

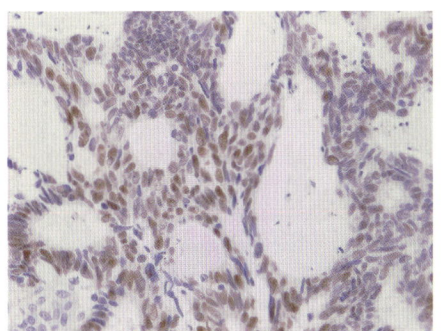

図8 p53陽性例（大腸癌）
（105ページ図5参照）

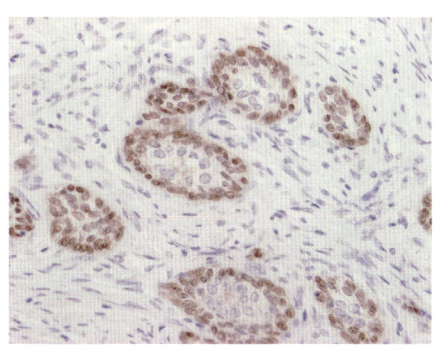

図9 p63陽性例（前立腺）
（106ページ図6参照）

◆巻頭カラー

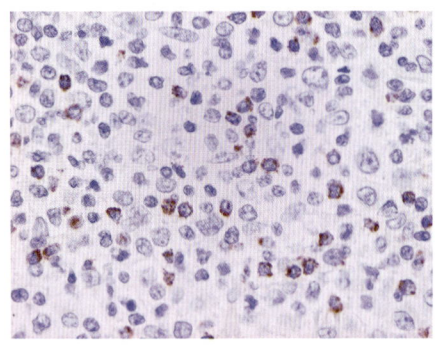

図10 TIA-1陽性例（リンパ腫）
（106ページ図7参照）

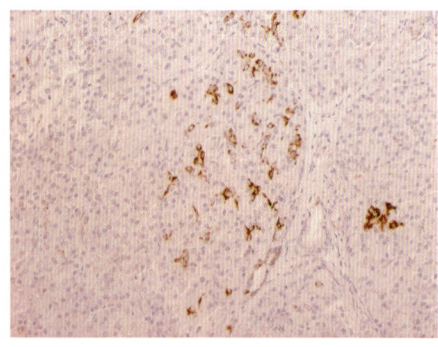

図11 Survivin陽性例
（膵臓：細胞質に局在）
（107ページ図8参照）

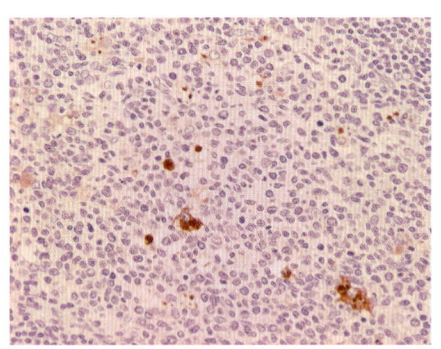

図12 ssDNA陽性例（扁桃腺）
（107ページ図9参照）

処理なし　　　　サプシガルジン

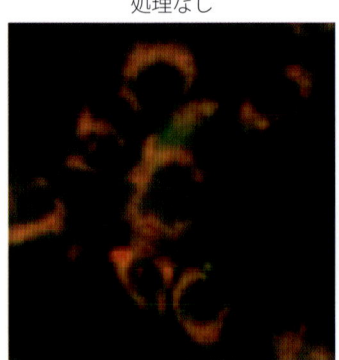
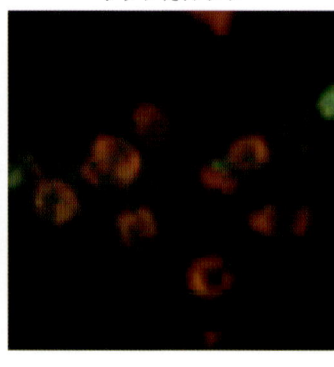

図13 ミトコンドリア経路の検討
（123ページ図2参照）
131ページ文献2より転載

A) 腹腔マクロファージ/胸腺細胞

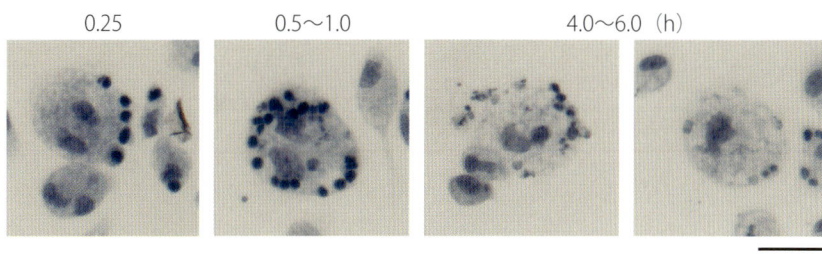

B) 肺洗浄液中のマクロファージ/HeLa 細胞

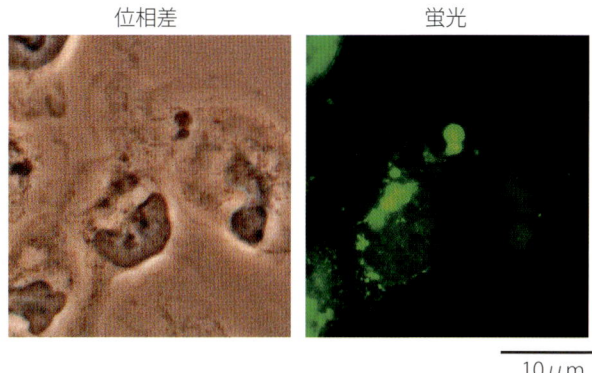

C) 骨髄マクロファージ/Jurkat 細胞

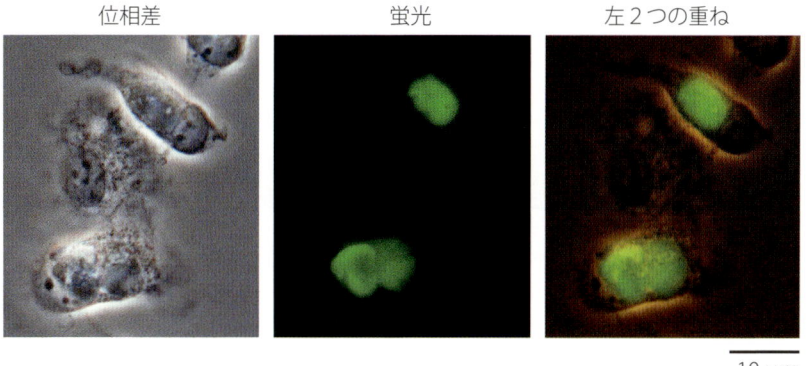

図14 マウスの各種マクロファージによるアポトーシス細胞の貪食（160ページ図3参照）
A）の一部は161ページ文献1より転載

巻頭カラー

A)

好中球

マクロファージ

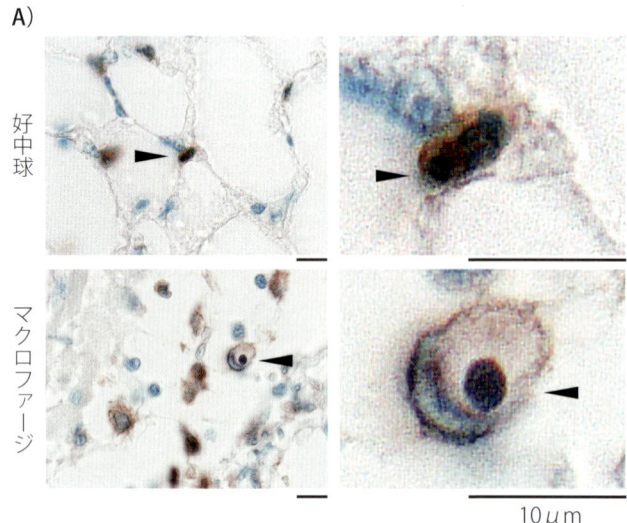

10μm

B)

位相差　Hoechst 33342　ISNT　抗インフルエンザウイルス抗体　左3つの重ね

好中球

マクロファージ

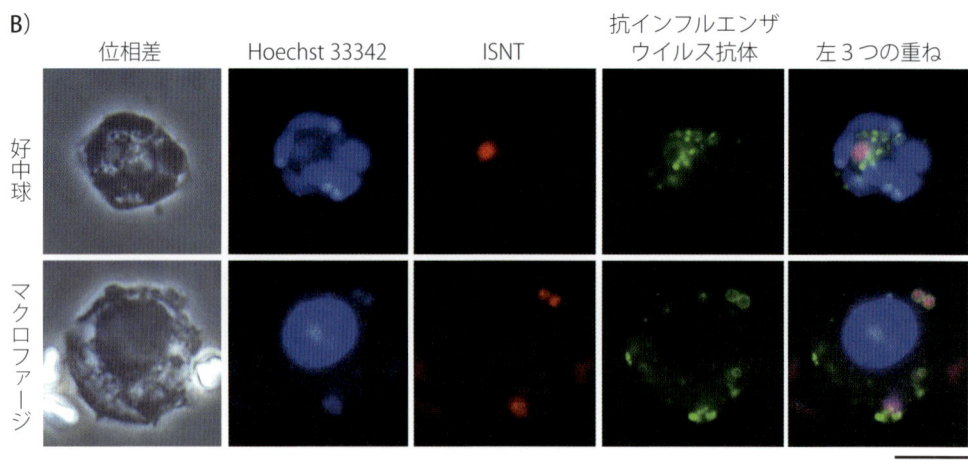

10μm

図15 インフルエンザウイルス感染マウスの肺組織内でのアポトーシス細胞貪食の検出
（167ページ図3参照）
168ページ文献1より転載

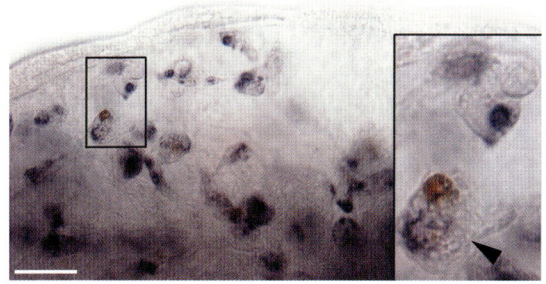
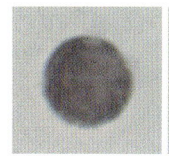

図16 ショウジョウバエ胚でのアポトーシス細胞貪食の検出（174ページ図1参照）
174ページ文献2より転載

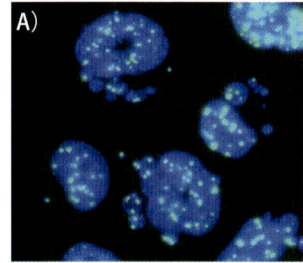
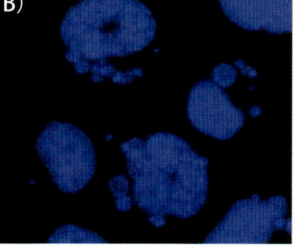

図17

放射線照射によるMCの誘導
（190ページ図1参照）

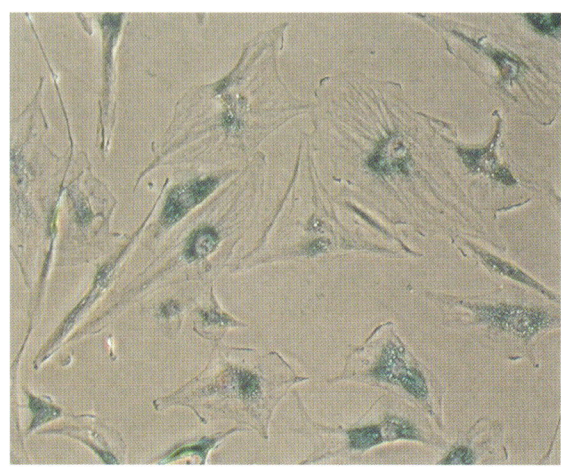

図18

放射線照射によるSA-β-gal発現
（193ページ図2参照）

執筆者一覧

◇編　者

刀祢重信	川崎医科大学生化学教室
小路武彦	長崎大学大学院医歯薬学総合研究科医療科学専攻生命医科学講座組織細胞生物学分野

◇執筆者（50音順）

飯田慎也	東北大学大学院医学系研究科病理診断学分野
石堂一巳	徳島文理大学・健康科学研究所
岩渕英里奈	東北大学大学院医学系研究科病理診断学分野
上平賢三	川崎医科大学組織・電子顕微鏡センター
内山安男	順天堂大学大学院医学研究科神経生物学・形態学講座
大海　忍	東京大学医科学研究所疾患プロテオミクスラボラトリー
勝沼信彦	徳島文理大学・健康科学研究所
川上　純	長崎大学大学院医歯薬学総合研究科医療科学専攻展開医療科学講座（第一内科）
杭田慶介	Translational Medicine, Millennium：The Takeda Oncology Company
桑原一彦	熊本大学大学院生命科学研究部感染・免疫学講座免疫学分野
小路武彦	長崎大学大学院医歯薬学総合研究科医療科学専攻生命医科学講座組織細胞生物学分野
河野通明	長崎大学大学院医歯薬学総合研究科生命薬科学専攻細胞制御学研究室
阪口薫雄	熊本大学大学院生命科学研究部感染・免疫学講座免疫学分野
坂元利彰	長崎大学大学院医歯薬学総合研究科生命薬科学専攻細胞制御学研究室
笹野公伸	東北大学大学院医学系研究科病理診断学分野
塩川大介	Cancer Science Institute of Singapore, National University of Singapore
清水重臣	東京医科歯科大学難治疾患研究所病態細胞生物学分野
白土明子	金沢大学医薬保健研究域薬学系
鈴木啓司	長崎大学大学院医歯薬学総合研究科放射線医療科学専攻
須田泰司	川崎医科大学組織・電子顕微鏡センター
刀祢重信	川崎医科大学生化学教室
永長一茂	金沢大学医薬保健研究域薬学系
中西義信	金沢大学医薬保健研究域薬学系
西村泰光	川崎医科大学衛生学
菱川善隆	長崎大学大学院医歯薬学総合研究科医療科学専攻生命医科学講座組織細胞生物学分野
森島信裕	独立行政法人理化学研究所基幹研究所中野生体膜研究室
森　美紀	東北大学大学院医学系研究科病理診断学分野
山村真弘	川崎医科大学臨床腫瘍学
Suchada Phimsen	熊本大学大学院生命科学研究部感染・免疫学講座免疫学分野

実験医学 別冊

現象を見抜き検出できる！

細胞死
実験プロトコール

概説

細胞死研究の基本方針：
まず何をするか？

刀祢重信，小路武彦

1 細胞死にはどういうタイプがあるか

「プログラムされた細胞死」という言葉がある．もとは発生学のフィールドから出てきた用語であり，発生過程において決められた時期に特定の部域が死にいたる現象で，細胞死の型（アポトーシスか否か）とは無関係である．また「生理的な細胞死」という言葉もあり，これは「プログラムされた細胞死」を含み，外からのウイルスや毒物，熱や放射線などによる「病理的な細胞死」の対語である．ところが，欧米を中心として，アポトーシスという言葉が乱用されたために，この「プログラムされた細胞死」＝「生理的な細胞死」＝アポトーシスという図式が誤って一般化されてきたのである．この逆のバージョンが「病理的な細胞死」＝ネクローシスである．

ところがこの分類の仕方は，当初からすでに破たんしていて，例えば放射線や抗がん剤による「病理的な細胞死」の多くは，ネクローシスではなくアポトーシスであった．また逆に「プログラムされた細胞死」がアポトーシスでない例が多く報告されてきた．例えば典型的なアポトーシスとされてきた肢芽の細胞死は，実はアポトーシスと非アポトーシスの混合であった[1]．またショウジョウバエの発生におけるリンカー細胞は，非アポトーシス型細胞死をすることが報告されている[2]．この非アポトーシス型細胞死にも多くの型が存在し，古くクラークらは細胞死を3つの型に分けている[3]．すなわちタイプ1：アポトーシス，タイプ2：オートファジー，そしてタイプ3：ネクローシスである．

オートファジーは明らかに細胞が生きるためのレスポンスとして見られる現象であるが，確かに電子顕微鏡的にオートファジー様の像が見られる細胞死が古くから報告されている．オートファジーそのものの分子機構の研究は日本がリードしており，1つのホットな分野になっている．オートファジーが細胞死の原因なのか，単なる結果なのか今後の研究を待ちたい．またネクローシスは常にアポトーシスと対比されて論じられ，その分子機構も全く不明であったが，最近necroptosisと称される現象が報告され，そのメカニズムも研究されている[4]．necroptosisの従来のネクローシスの中での位置づけは不明であるが，少なくともこのnecroptosisに対する阻害剤が効かないネクローシスが存在することから，ネクローシスにもさまざまなタイプがあるのは確実である（ネクローシスの研究法については8章1節）．この他にも非アポトーシス型細胞死，例えばparaptosis, pyroptosis, pyronecrosis, entosisなどが報告され，本書では，分裂死（mitotic catastrophe）やオートファジー性細胞死についての研究法が紹介されている（8章2節，3節）．

さらにアポトーシスをそのメカニズムの観点から内在性経路と外来性シグナルに起因するデスレセプター性経路に分けることができる．DNA障害を引き起こす放射線，紫外線照射，抗がん剤などによるアポトーシスでは，p53を介してミトコンドリアの膜電位の低下を誘発し，ミトコンドリアの膜間腔にあるシトクロムcなどが細胞質に漏出し，これとApaf-1というタンパク質が巨大な複合体を形成し，これが不活性カスパーゼ-9をリクルートして切断し，活性化する．これがさらにカスパーゼ-3や-6といった下流の実行カスパーゼを切断して活性化し，細胞骨格のタンパク質の切断，DNA切断や核凝縮などを起こすわけである．これを内在性経路と呼ぶ．多くのアポトーシスがこの経路で起きるが，別の経路で起きるものもある．それが外来性経路またはデスレセプター性経路と言われるもので，いわば殺し屋が放った銃弾が被害者に当たって死をもたらすように，他の細胞由来のリガンドが殺される細胞の細胞膜上にある受容体に受け取られて，その細胞のアポトーシスを引き起こす．代表的なものにFasとTNFがある．受け取られた後は，内在性経路とよく似た機構でFADDという巨大な複合体が形成されて，それが不活性カスパーゼ-8を引っ張り込んで切断し，活性化する．これがさらにカスパーゼ-3や-6といった下流の実行カスパーゼを活性化するのは，内在性経路と同様である．話をもう少し複雑にすると，両経路は細胞内でクロストークしており，細胞種や機能状態によって主として働く機構が異なる．

また死細胞を処理，再利用するメカニズムとしての貪食も，細胞死研究のターゲットとして非常に重要である．7章に詳述されている．

さらに本プロトコールでは，個体レベルでの解析にきわめて重要である，ノックアウトマウスのリスト（9章1節）ならびにプロテアーゼやタンパク質の関与についての解析に有用な阻害剤のリスト（9章2節）がデータベースとして作成されているので利用されたい．

2 細胞死解析の指針

さて以上のような知見をふまえて細胞死を解析する場合，最低限どんなことを調べればいいだろうか？ どういう解析をすれば典型的なアポトーシスなのか，そうではない非アポトーシス型の細胞死なのかを判断できるのだろうか？

2009年に細胞死研究における用語の定義をはっきりさせ，統一しようという勧告がNomenclature Committee on Cell Deathなる団体から出された（Cell Death and Differentiation 16, 3-11）．その中でカスパーゼ活性化もDNA切断もそれだけでは十分なアポトーシスの証拠にはならないと述べられている．今後ある一定以上のレベルのジャーナルでは用語の使い方の審査が厳しくなると考えられる．これらのことも勘案して，かつなるべく初心者でもミスが少なく，かつ手軽にできる方法の指針をあげてみたい．もちろん，周りの環境（例えば測定機械があるかどうか）によって使える方法が変わってくる．シチュエーションとして大別して2つ考えられる．1つ目は，がん細胞などの培養細胞に，天然物や人工産物をかけて何らかの作用（細胞増殖が抑えられるというような）が見られた場合，2つ目は動物個体の特定の器官，組織において発生過程や成体の恒常性の維持のため，あるいはさまざまな病理状態や薬物効果の結果として細胞死が起こっているかどうか調べたいときである．この2つの場合で適用しやすい方法が異なる場合があるので分けて

考えたい．それぞれの項目は簡単に述べるにとどめ，それぞれ本書のどの章を見ればいいかを示してある．またこの指針はあくまで一般論であり，例外も多数存在するので臨機応変に対応されたい．

培養細胞の場合

1 細胞周期の停止か，細胞死が起きているのかの見極め

可能ならばPI染色を施したのちにFACS解析して，細胞周期の分布をみる．
この方法でG1などの特定の相で停止しているのか，あるいは細胞死の結果subG1にたまってきているのか？という点を同時に解決できよう（5章3節）．

2 形態学的観察

位相差顕微鏡観察だけでも細胞の状態を判断できることが多い．例えば細胞膜が破たんしている細胞が多い場合，ネクローシスが考えられる．ただアポトーシスでも後期の場合，同様の状態になることが多く，決定打にはならない．また培養液にヘキスト33342を添加して細胞が生きたまま（あるいは固定した後，DAPIか，ヘキスト33258染色），倒立蛍光顕微鏡で核の凝縮像を観察する．この方法も，核の中心に強く凝縮する場合は判定が容易であるが，ネクローシスでも核凝縮する場合があり，決定打になりにくい．また凝縮の程度が弱い場合，判定が困難な場合もある．当然，アポトーシスの定義から言って決定打となるのは透過型電子顕微鏡観察（TEM）である．細胞膜の破たんやミトコンドリアの膨張が見られなくて，核の凝縮が観察されれば典型的なアポトーシスと言える．ただし，この方法は手間がかかるうえに多数の細胞についての観察は不可能で，ごく一部の細胞集団だけを対象にしているという不安は絶えずつきまとう（1章1，2節）．

3 カスパーゼの関与

少数の例外を除き，多くのアポトーシスはカスパーゼ依存性であるから，zVADなどのカスパーゼ阻害剤によってその細胞死を阻害できればその細胞死はアポトーシスであると言えよう．ただしzVADはカテプシンに対する阻害効果も報告されているので，他の特異的なカスパーゼ阻害剤も試みたい．さらにカスパーゼの活性化が起きていることを示せれば確実である（3章1節，5章4節）．また逆にカスパーゼ阻害剤によってまったく阻害されない場合，他のプロテアーゼの阻害剤を試したり，活性化をみるのもいい手かもしれない（3章2～4節，9章2節）．

4 アネキシンV / PI染色

培養細胞でアポトーシスの初期，後期を区別でき，かつ定量も容易にできるという点で

この方法は優れていて，定番だといえる．

逆にアネキシンVが陽性にならずにPI陽性細胞が増える場合はネクローシスの可能性が出てくる．

培養細胞によってFACS解析の条件（とりわけアネキシンV/とPIのコンペンセーション）が異なり，その設定に苦労するときもあるが，5章1節に書かれた方法で行えば簡単である．

5 DNAラダーの解析

比較的簡単に結果を得ることができるので，かつては定番であった．ただ，定量性に乏しい点と，ラダーがはっきりしなくても形態的にはアポトーシスである場合も多い．逆にネクローシスでも，ラダーが検出されることがある．おそらく細胞種ごとのCADヌクレアーゼの活性の強弱に左右されると思われる．ラダーが見られなければ，コメットアッセイかパルスフィールド電気泳動を行い，DNA切断の程度を調べる（2章1，2，5節）．

6 アポトーシスのタイプ：内在性経路かデスレセプター経路か？

多くのアポトーシスは内在性経路によるのでミトコンドリアの外膜の変化，それに伴う電位の低下やシトクロムの漏出が見られるので，それらを解析すれば内在性経路が動いていることが確認できる（4章1節，5章2節）．ただし2つの経路のクロストークも報告されているので，ミトコンドリアの変化があったからと行って，必ずしもデスレセプター経路を否定することは早計である．こういう場合は，活性化されているカスパーゼの種類で見分けることができる．逆にミトコンドリアの変化が検出できなければ，内在性経路は考えにくい．しかし，この場合はアポトーシスではない可能性も浮上する．また小胞体ストレスによるアポトーシスも解析することができる（4章2節）．

7 非アポトーシス型の細胞死

2，3，4の結果を総合的に判断して，アポトーシスであるというデータが得られなかった場合，非アポトーシス型の細胞死すなわちネクローシス，オートファジーを伴った細胞死の可能性が高い．その場合は，necroptosis，カテプシン，カルパイン，オートファジーなどに対する阻害剤などをかけて阻害するかどうか調べてみる．またそれらにかかわるタンパク質の量や酵素活性を測定する（3章2〜4節）．

8 まとめると

予備的に1で細胞死が無視できないことがわかったら　次に2で観察した後，3と4の両方を行いアポトーシスかそうではないか，判断する．余裕があれば5，6も行う．またアポトーシスではなさそうだったら7を行う必要がでてくる．なお代表的な培養細胞を用いて，だいたいどのくらいの条件で処理をすれば，アポトーシスが起きるかを6章に紹介しているので参考にされたい．

組織の場合

1 形態学的観察

通常の病理標本，つまりヘマトキシリン–エオシン（H & E）染色したパラフィン切片上で，核の凝縮や細胞凝集を観察することによりある程度アポトーシスの存在を把握できるが[4]，壊死を起こした部分などではアポトーシスかネクローシス（しばしば両者が混在している）かの判定は難しい．切片をDAPIやヘキスト色素で核染色して観察する場合もあるが，炎症性細胞も含め多様な細胞が存在しているため細胞死の判定は培養細胞程容易ではない．やはり，細胞死の識別に関しては，透過型電子顕微鏡（TEM）観察を行うのがもっとも確かな方法である（1章1，2節）．

2 カスパーゼの関与

基本的には，アポトーシス細胞の同定には，活性型カスパーゼ-3の局在を特異的な抗体を用いて免疫組織化学的に検出するのが一般的である（3章1節）．また，実験動物がマウスやラットなら腹腔内へzVADや他のプロテアーゼ阻害剤を注入し，*in vivo*でカスパーゼ活性を阻害することによる細胞死への影響を検討することも有効である．組織をホモジナイズして，そのホモジェネートで酵素活性を測定することもあるが，一般的ではない．

3 アネキシンV/PI染色

細胞膜の裏表の識別が困難なため，当然組織切片では有効でない．

4 DNAラダーの解析

一般的に，組織内には多様な細胞が混在しているため，例え高頻度でアポトーシスが生じている場合でも組織から抽出したDNAでラダーを検出するのは難しい．せいぜいスメアーの中におぼろげにラダーを検出するのみである．また典型的なネクローシス組織から抽出したDNAでも同様のラダーは頻繁に検出できるもので[5]，細胞死の同定法としての有効性は乏しい．

5 DNA切断様式の解析—
TUNEL法，*in situ* nick translation法，抗単鎖DNA抗体法

組織切片の利用の場合，もっとも頻用されているのは，TUNEL法である（2章3節）．高感度でまた明瞭なシグナルが得られるので，定量的な解析も容易である．*in situ* nick translation法も鋭敏な方法であるが，むしろネクローシス細胞の検出に向いている（2章4節）．抗単鎖DNA抗体を用いて免疫組織化学的にアポトーシス細胞を同定することも可能であるが（3章4節），それ程一般的ではない．

6 アポトーシス関連タンパク質の発現解析

組織切片の場合には，アポトーシスのみならず細胞死特異的なマーカーの発現を免疫組織化学的に解析することにより多くの情報が得られる（3章4節）．アポトーシスの場合，内在性経路ならBaxやBcl-2の染色レベルやミトコンドリア由来タンパク質のシトクロムcの発現を調べる．外来性経路（デスレセプター経路）なら，例えばFasとFasリガンドの隣接局在や細胞内伝達系のタンパク質を免疫組織化学的に検出する．また細胞内でのアポトーシスシグナル経路の推定にもBidなどのアポトーシス関連タンパク質の解析が役に立つ[6]．

7 まとめると

組織を用いて解析する際の第一選択肢は，キットも豊富な 5 のTUNEL法である．当然その際には，H＆E染色標本で何らかの形態学的異常を見出していることを前提としている．しかし，TUNEL法ではネクローシス細胞も検出するので，アポトーシスを確信するために，1 の電子顕微鏡観察および 2 ，6 を行うことを勧める．関連タンパク質の発現解析において，定量的なデータを必要とする場合にはウエスタンブロットを行うこと．最近では，画像処理システムにより細胞単位で染色シグナルの密度を測定することも可能となっており，細胞同定が必須な研究では有効である[7]．神経細胞死などでは，TUNEL法よりも *in situ* nick translation法が有効なこともある[8]． 4 も，ラダーがかすかにでも認められれば大成功．レフェリーの満足度はまちがいなく上昇すると思われる．

参考文献

1） Chautan, M. et al.：Current Biol., 9：967-970, 1999
2） Abraham, M. C. et al.：Dev. Cell, 12：73-86, 2007
3） Clarke, P. G. H.：Anat. Embryol., 181：195-213, 1990
4） Nogae, S. et al.：J. Am. Soc. Nephrol., 9：620-631, 1998
5） Hashimoto, S. et al.：Arch. Histol. Cytol., 58：161-170, 1995
6） An, S. et al.：Apoptosis, 12：1989-2001, 2007
7） Shukuwa, K. et al.：Histochem. Cell Biol., 126：111-123, 2006
8） Baba, N. et al.：Brain Res., 827：122-129, 1999

[E-mail：tone@med.kawasaki-m.ac.jp（刀祢重信）]

[E-mail：tkoji@nagasaki-u.ac.jp（小路武彦）]

1章 形態学的検出法

1 電子顕微鏡

須田泰司，上平賢三

アポトーシスの定義は透過電子顕微鏡像によりなされているため，アポトーシスの形態学的特徴である，核クロマチンの凝縮，細胞容積の減少，アポトーシス小体の形成などの電子顕微鏡による観察が重要である．ここでは，浮遊細胞および接着系細胞がはがれて浮遊した細胞の扱い方を，試料作製を中心に説明する．また，電子顕微鏡を使用して形態観察するために細胞死に特有の試料作製法について紹介する．

実験の概略　[培養細胞] [組織]

浮遊細胞の試料作製時には，遠心操作回数が多い．また，サンプルが少ない場合，試料作製が困難になる．そこで遠心の回数を減らし，組織細胞の電子顕微鏡試料作製法にできるだけ近づける方法を記述する．また細胞死を起こした多様な形態を，光学顕微鏡および電子顕微鏡で同一細胞を観察するための同一視野観察法について記述する．

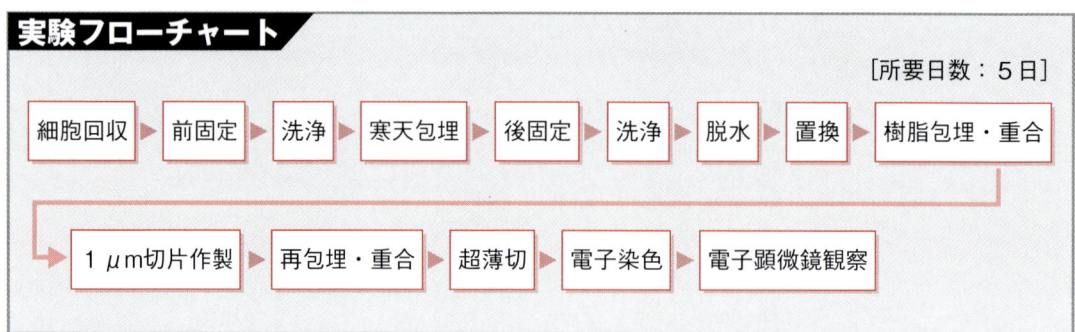

準備するもの

1）試薬
- 第一リン酸ナトリウム（メルク社）
- 第二リン酸ナトリウム（メルク社）
- 寒天（Agarose, Type Ⅶ）（シグマ・アルドリッチ社）
- 25％グルタールアルデヒド（TAAB社）

- 四酸化オスミウム（メルク社）
- 50％〜100％エタノール
  100％はモレキュラシーブスをいれ攪拌し静置後上清を使用する
- 酸化プロピレン（ナカライテスク社）
- 包埋剤（エポキシ樹脂）：ルベアック812，DDSA，MNA，DMP－30（ナカライテスク社）
- トルイジンブルーO（関東化学社）
- 酢酸ウラニル[a]
- 硝酸鉛
- クエン酸ナトリウム
- 水酸化ナトリウム
- 乾燥剤（シリカゲル）
- モレキュラシーブス（ナカライテスク社）

[a] 褐色瓶に入れ冷蔵庫に保存する．作製後，一日置いて使用した方が安定する．酢酸ウラニルは核燃料物質に指定されているため廃棄については，各施設の方法に従うこと．酢酸ウラニル粉末は，現在購入不可能なため貴重な染色剤である

2）器具，機器

- 1.5 mLマイクロチューブ
- パスツールピペット
- 沈渣スポイド（1 mL）
- 生物試料細切板（軟質ビニール板）
- フェザー片刃カミソリ
- フェザー眼科カミソリ
- スライドガラス
- ウォーターバス
- 実体顕微鏡
- 光学顕微鏡
- 振とう器
- 恒温器（電子顕微鏡専用の恒温器がある）
- ホットプレート
- ディスポーザブルシリンジ（10 mL）
- ミリポアフィルター（孔径：0.45 μm）
- 白金ループ（径3 mm）
  爪楊枝と白金線で作る
- まつげプローブ
  まつげをマニュキュアなどで爪楊枝の先端につける
- ピンセット
- 単孔メッシュまたは100〜200メッシュ
- シリコンカプセル（堂阪イーエム社）
- ゼラチンカプセル（リリー社）
- 爪楊枝
- 薬包紙

- タッパー
- 洗浄ビン
- 濾紙
- シャーレ
- ガラスナイフ
- ダイヤモンドナイフ（ウルトラ，ヒスト）（DiATOME社）
- イオンエッチング装置
- ウルトラミクロトーム
- 透過型電子顕微鏡

3）試薬の調製

- **0.1 Mリン酸緩衝液の作り方**

  A液　0.2 M　$NaH_2PO_4・H_2O$　　2.76 g/100 mL
  B液　0.2 M　Na_2HPO_4　　　　　2.84 g/100 mL
  A液19 mLにB液81 mLを加えるとpH7.4となる．
  全量を超純水で200 mLにすると0.1 Mのリン酸緩衝液となる．

- **2％寒天の作り方**

  超純水に2％量の寒天を加え電子レンジで沸騰させ完全に溶かす．その後ウォーターバスにて40℃に保つ．2％寒天は冷蔵庫保存ができ，使用する際，電子レンジで沸騰させる．

- **2％酢酸ウラニルの作り方**

  当施設では，10％メタノールで2％に溶かして使用．
  各施設の調製法で使用していただきたい．

- **クエン酸鉛の作り方（Reynold's法）**

  超純水を沸騰し脱炭酸水をつくる．
  密栓して氷中で冷却しておく．
  硝酸鉛1.33 gを30 mLの脱炭酸水に溶かす．
  クエン酸ナトリウム1.76 gを入れ15分強く振る（白濁する）．
  1 Nの水酸化ナトリウム8 mLを加えると透明になる．
  脱炭酸水を追加し50 mLとする．

- **エポキシ樹脂の調製（30 g）** [b]

ルベアック812	15.18 g
DDSA	6.66 g
MNA	8.16 g

  上記の合計30 gにDMP-30（重合加速剤）を0.6 g（2％）加える．
  約20分マグネチックスターラーで撹拌する．

  [b] 最低30 g作製すること．少ないと誤差が大きく硬さにムラができる．残ったエポキシ樹脂は，蓋つきのビンに入れ冷凍庫（−20℃）で保存し，翌日包埋用に使用する（使用する際は，冷凍庫から出して30〜60分後，開封する）

- **1％トルイジンブルーの作り方**

  トルイジンブルーを0.1 Mリン酸緩衝液（pH7.4）で1％になるように溶かす．
  使用の際は，注射器に入れミリポアフィルターを通して使用する．

プロトコール

1 前固定・寒天包埋・後固定・脱水・樹脂包埋

❶ 細胞回収（図1）

$1×10^6$ cell以上の浮遊した細胞を1.5 mLマイクロチューブに入れ遠心（880 G，5分）する．

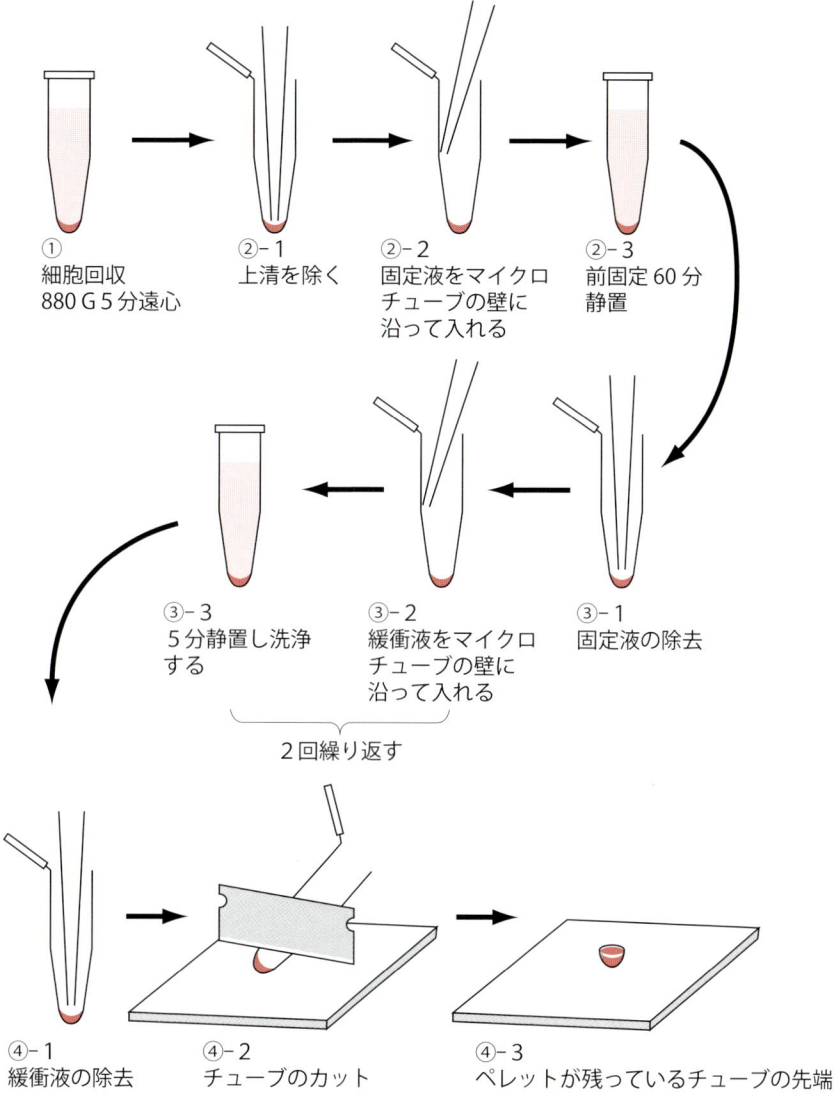

図1　細胞の回収から前固定まで

❷ 前固定

上清をパスツールピペットで除き，2.5％グルタールアルデヒド（0.1 Mリン酸緩衝液，pH7.4）1 mLをペレットが舞い上がらないようにマイクロチューブの壁に沿って入れる．室温で60分固定する．

❸ 洗浄

上清の固定液を取り除き，0.1 Mのショ糖を加えた0.1 Mリン酸緩衝液を前固定同様にマイクロチューブの壁に沿ってゆっくり入れ，5分静置し洗浄する[a]．この操作をもう一度繰り返す．

❹ マイクロチューブ先端のカット

[a] ペレットが崩れた場合，880 G 5分遠心する

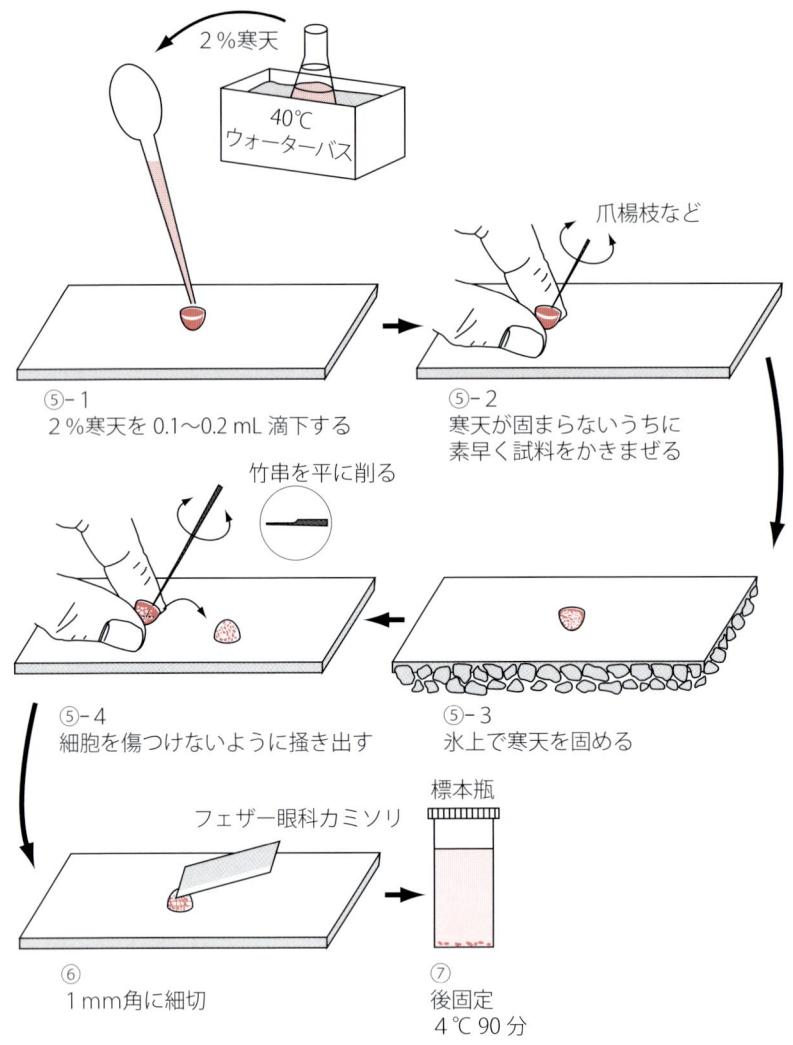

図2 寒天包埋から後固定まで

リン酸緩衝液をピペットで除き，マイクロチューブの底から3 mm部分をフェザーナイフ[b]でカットする．

❺寒天包埋（図2）

40℃に保った2％寒天を20 μL滴下し爪楊枝などで素早くかきまぜた後，氷上で寒天を固める．2分後，平たく削った竹串の先端を用いて寒天に包埋した試料を取り出す[c]．

❻細切

寒天包埋した試料を確認しながら，フェザー眼科カミソリ[d]で約1 mm角に細切し1試料につき数個のブロックをつくり，0.1 Mショ糖を加えた0.1 Mリン酸緩衝液の入った標本瓶に入れる．

[b] フェザーナイフはあらかじめアセトンで脱脂しておく．チューブをカットする際には，一度に深くナイフを入れるとチューブの先端が勢いよく飛んでしまい試料がなくなる場合がある．カットするときは，ゆっくりとカットしていき先端が離れる寸前で止め，後は指先で広げる

[c] 遠心操作を少なくするため，浮遊細胞には寒天包埋法が有効である．組織と同じ扱いができ操作がしやすくなる利点がある．サンプルが，少量の場合は，爪楊枝などでかきまぜず寒天に包埋する．他に，オスミウム固定後に寒天包埋する方法や樹脂包埋まで遠心を繰り返す方法もある

[d] 細切には，フェザー眼科カミソリが便利である（滅菌済で一枚づつ密封されている）．開封前に，2つに折って使用する

❼ 後固定

ここからは，組織細胞と同じ要領で試料作製ができる．標本瓶のリン酸緩衝液をピペットで取り除き，1％四酸化オスミウム[e]（0.1 Mリン酸緩衝液，pH7.4）を2 mL程度入れ4℃で60分固定する．

❽ 洗浄

0.1 Mリン酸緩衝液にて15分，1回行う．

❾ 脱水

エタノールを50％，70％，80％，90％，95％，100％と15分ごと順に入れ換える．ただし，100％は，15分2回行う．温度は，50％〜90％までは，4℃で，90％に入れかえてからは，室温で行う．

❿ 置換

プロピレンオキサイドに15分，2回入れ換える．

⓫ 樹脂浸透

プロピレンオキサイドとエポキシ樹脂の等量混合液に入れ換える．標本瓶のフタをしたまま2時間程度振とう器を使って浸透させた後，フタを外してドラフト内で一晩浸透させプロピレンオキサイドを蒸発させる．

⓬ 樹脂包埋

シリコンカプセル（包埋板）にゼラチンカプセルを試料の数だけ立てその中に包埋樹脂を9分目までスポイドを使って入れる．標本瓶から試料を爪楊枝で薬包紙に取り出し，試料についた余分な樹脂を除去してゼラチンカプセルに試料を入れる．

⓭ 重合

乾燥剤が入ったタッパーに包埋した試料を入れ60℃の恒温器で48時間重合させる[f]．

[e] 四酸化オスミウムは毒性が強く揮発性が高いため必ずドラフトで扱うこと．四酸化オスミウムは，結晶を超純水で4％になるよう2〜3日振とう器を使って室温で溶かす．溶けたら冷蔵庫に保存する．保存する場合は，二重蓋付容器に入れる．蒸気が漏れると冷蔵庫内が汚染される．また，市販の水溶液を使用してもよい

[f] 包埋前日に，シリコンカプセル，ゼラチンカプセルは乾燥剤の入ったタッパーに入れ60℃の恒温器であらかじめ乾燥する．ゼラチンカプセルを立てる専用のアルミ製のものもあるが，意外とシリコンカプセル（包埋板）にゼラチンカプセルを立てると便利である

2 同一試料の光学顕微鏡および電子顕微鏡による同一視野観察法

❶ トリミング

フェザー片刃カミソリで試料の面出しを行う．

❷ 準超薄切片作製

ウルトラミクロトームでガラスナイフを使って，試料面ができるまで削る．次にヒスト用ダイヤモンドナイフ[g]に換えて数μm間隔で切った1μm厚程度の切片×5（準超薄切片：semi-thin section）を超純水の中で伸展させ，白金ループで1枚づつスライドガラスの上に載せホットプレートで150℃，1分乾燥させる．

❸ 染色

1％トルイジンブルーで染色する[h]．

[g] ヒスト用ダイヤモンドナイフは，5μ間隔で1μm切片を効率よく採取するために必要である

[h] この時写真を撮っておいて，必要ならプリントアウトしたものと比べながら電子顕微鏡観察すると，目標とする細胞を探しやすい

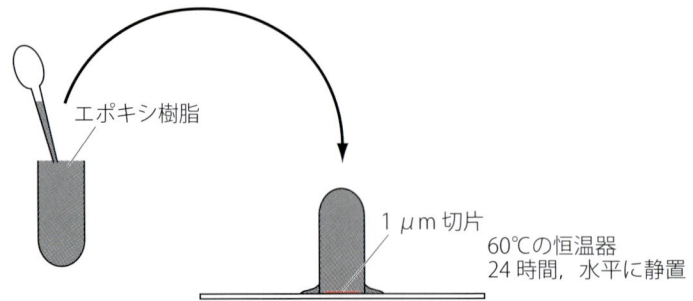

図3 準超薄切片のトルイジンブルー染色後の再包埋法（正常細胞は，再包埋不要）

❹ 光学顕微鏡による切片の選別

目標の像を準超薄切片で，確認する．

❺ 再包埋（図3）

トルイジンブルー染色後，確認した1μm厚の準超薄切片の上にエポキシ樹脂を入れたゼラチンカプセルをかぶせる⃝i．

❻ 重合

60℃の恒温器に24時間入れる⃝j．

❼ 剥離

スライドガラスに張り付いたゼラチンカプセルを約150℃に加熱したホットプレート上に置き，スライドガラスから外すと1μm切片が張り付いたブロックができる⃝k．

❽ トリミング

切片を確認しながら約1mm角になるように四方向をカットする．

❾ 超薄切

ウルトラミクロトームにセットし，切片は1μmしかないので，最初は，ガラスナイフで十分面合わせを行い全面が切れるように調整する．面合わせができたら，ダイヤモンドナイフに取り換え厚さ60〜90nmで超薄切片を作製する．

❿ メッシュに貼り付け

ピンセットではさんだ親水化処理した1mmφの単孔メッシュを液中に10°傾けて8割沈め，まつげプローブで水面の切片をグリッド上によせて，すくい取り法により載せる⃝l．

⓫ 電子染色

1．2%酢酸ウラニル20分⃝m
2．水洗
3．クエン酸鉛5分
4．水洗
5．乾燥

⓬ 電子顕微鏡観察

⃝i 再包埋用のエポキシ樹脂は冷凍庫に数週間保存した樹脂の方がよい．新しいと樹脂が軟らかいためゼラチンカプセルから流れ出す量が多い

⃝j ゼラチンカプセルが切片からズレないようにするために水平で平らな場所を選んで恒温器の中に置く

⃝k ゼラチンカプセルを外すコツとしては，スライドガラスを押さえ，ゼラチンカプセルを一方向に圧力をかけると数十秒でゼラチンカプセルの樹脂に張り付いた1μm切片がとれる．ゼラチンカプセルを外す際は，軍手を使用し直接ホットプレートに手を触れないよう注意する

⃝l 1mmφの単孔メッシュは，あらかじめフォルムバール膜を張りカーボン補強しイオンエッチング装置で親水化処理したメッシュを使用する．単孔メッシュを使用することにより切片全体が観察でき目標とする細胞を探すことができる．単孔メッシュを用意できない場合は，100〜200メッシュにメッシュセメントを塗布するかフォルムバール膜を張ったメッシュを使用する

⃝m 酢酸ウラニルは核燃料物質に指定されているため廃棄については，各施設の方法に従うこと．酢酸ウラニルは，現在購入不可能なため貴重な染色剤である

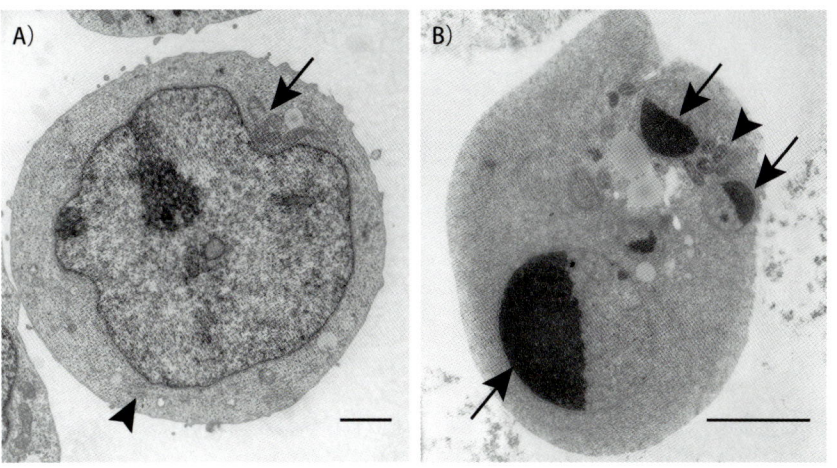

図4　Jurkat細胞の健常細胞とエトポシド処理による電子顕微鏡像

実験結果

図4Aは，Jurkat細胞の健常細胞で，核の割合が大きく細胞質は小さい．この形態はリンパ球系細胞の特徴である．ミトコンドリア（→）や粗面小胞体（▶）などのオルガネラが見られる．核膜近くに電子密度の高いヘテロクロマチンが存在し，また核小体が認められる．図4Bはエトポシド（20μM）で19時間処理した電子顕微鏡像で，核が凝縮，断片化し典型的なアポトーシス像を呈している（→）．ミトコンドリア（▶）は，比較的構造が正常に保たれている．細胞膜の破裂はしていない．

おわりに

浮遊細胞および，接着性系細胞がはがれて浮遊した細胞を組織細胞と同じ要領で試料作製ができ，また，1μm切片を光学顕微鏡で観察し目標とした細胞を確実に電子顕微鏡像として捉えることができる大変効率のよい方法である．是非試していただきたい．

参考文献
1）『よくわかる電子顕微鏡技術』（医学・生物学電子顕微鏡技術研究会／編），pp1-98，朝倉書店，1992
2）『電子顕微鏡生物試料作製法』（日本電子顕微鏡学会関東支部／編），pp1-166，丸善株式会社，1986
3）佐藤　宏：『染色・バイオイメージング実験ハンドブック』（高田邦昭／編），pp82-87，羊土社，2006

[E-mail：sdt@med.kawasaki-m.ac.jp（須田泰司）]

1章 形態学的検出法

2 光学顕微鏡−免疫組織化学

菱川善隆

　細胞がいわゆる「生きている」のか「死んでいる」のかについては光学顕微鏡を用いた通常のHE染色による形態観察でもある程度判断することができる．しかしながら，その細胞でどのような機構が働いて細胞死が誘導されているのかを理解するためには細胞死を制御する特定の物質の細胞内での発現とその局在変化を明らかにする必要がある[1]．

　免疫組織化学は，抗原抗体反応の特異性の高さと反応性の強さを利用して，抗原となりうる物質の局在を検出する方法論である[2)〜4)]．この免疫組織化学は，標識する物質により酵素抗体法と蛍光抗体法に大きく分けられる．酵素抗体法は，1966年に中根とPierceによりペルオキシダーゼ（horseradish peroxidase：HRP）を標識抗体として用いる方法論として開発され[5]，現在では，光学顕微鏡レベルのみならず電子顕微鏡レベルでも幅広く利用されている．特に，医学・生物学分野では，組織診断や細胞診断をはじめ病原菌の同定，良性腫瘍と悪性腫瘍の鑑別，抗がん剤の治療判定，予後の推定など現代の医療の根幹にかかわる重要な検出法として確立されている．一方，蛍光抗体法は，Coonsの1955年にはじまり[6]，HRP標識ではなく，FITC，rhodamine，Alexaなどの蛍光色素を標識した抗体を用いて，抗原物質を蛍光顕微鏡や共焦点レーザー顕微鏡で検出する技法として発展してきた．本法は特に二重染色による同一細胞内における複数抗原の局在証明に適している．また，近年のコンピュータによる画像処理技術などの飛躍的な発展とともに細胞内での極微量の物質局在の解析にも威力を発揮するようになってきている．

　この項では光学顕微鏡レベルでの，培養細胞や組織切片を用いた酵素抗体法と蛍光抗体法の原理と一般的な方法について述べる．

免疫組織化学の原理

　抗体は組織・細胞内の抗原に特異的に結合する．免疫組織化学はこの抗原抗体反応を利用して，HRP（酵素抗体法）や蛍光色素（蛍光抗体法）を標識マーカーとして用いて特定の物質（抗原）を可視化する方法論である．観察方法の基本は直接法（抗原に直接反応する抗体を標識して組織切片上で反応させて局在を検討）と間接法（標識していない一次抗体を組織切片上で反応させ，次に一次抗体に対するHRPや蛍光色素で標識された二次抗体を反応させて局在を検討）がある（図1）．直接法は間接法に比べて操作が簡便であり非特

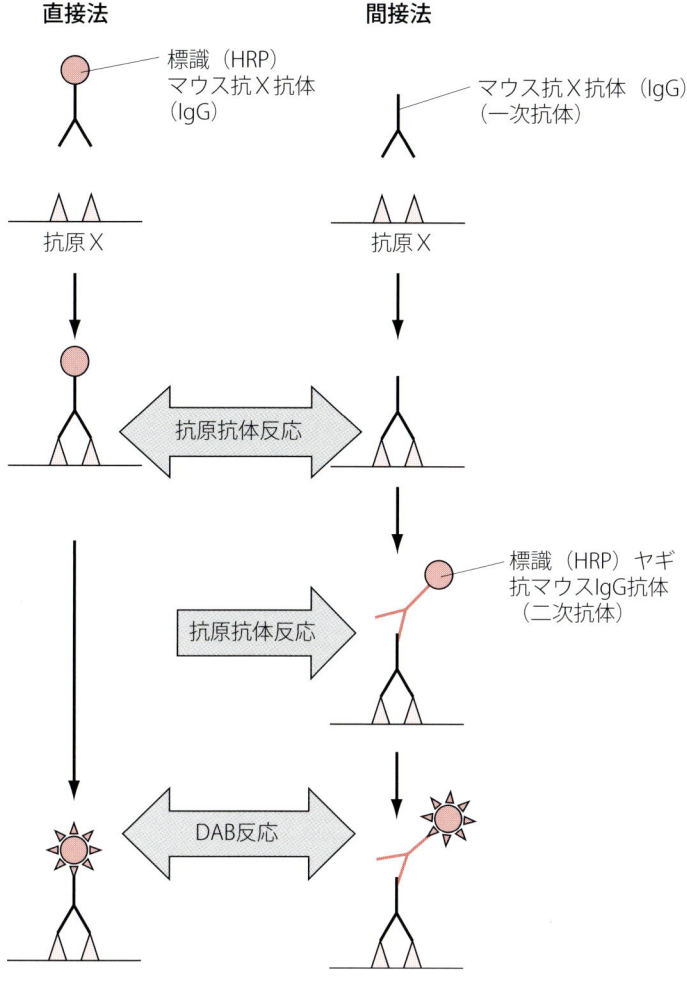

図1　免疫組織化学の原理

異的反応が起こりにくく特異性に優れている．一方，間接法は，抗原に対する抗体（一次抗体）を例えばマウスで作製すれば，標識二次抗体はマウスに対する抗体1種類ですむという利点がある．さらに抗原抗体反応を二度繰り返すことで反応が増強され感度の点でも優れている．現在では，特別な場合を除いて間接法が使用されることが多い．本項ではパラフィン切片を用いた酵素抗体法（間接法）を中心に説明する．

実際の免疫組織化学の簡単な流れについてフローチャートに示す．

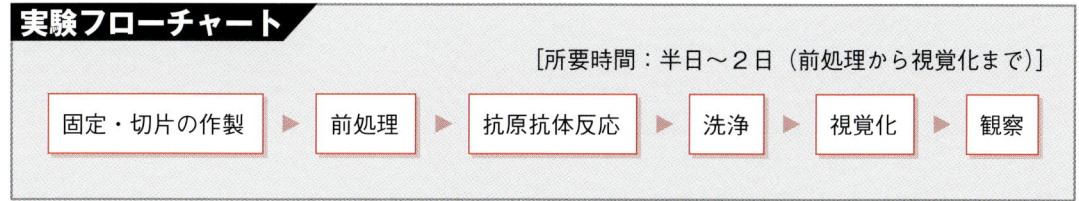

準備するもの

1）器具類

- スライドガラス（S2215，松浪硝子工業社）
- カバーガラス（C24241，松浪硝子工業社）
- 染色バット（スライド染色用バスケット B-20，863-14-21-01，東京硝子器械社）
- 染色瓶（染色瓶　横型溝なし，482-14-39-01，東京硝子器械社）
- キムワイプ（S-200，62011，日本製紙クレシア社）
- キムタオル（コンフォートサービスタオル，37112，日本製紙クレシア社）
- 洗浄びん（モールド洗浄瓶，4-5657-02，アズワン社）
- Nuncプラスチック角型ディッシュ（組織培養ペトリディッシュ，1-7364-06，アズワン社）
- マスキングテープ〔720（白），日東工業社〕
- 水平シェーカー（水平回転機　KD-1000，共栄社化学社）
- 各種ピペット（ギルソン社など）

2）試薬類

- PBS（和光純薬工業社）
- メタノール（137-01823，和光純薬工業社）
- 30％過酸化水素水（018-04251，和光純薬工業社）
- BSA（A7030-100，シグマ・アルドリッチ社）
- コバルト（030-03685，和光純薬工業社）
- ニッケル（140-010115，和光純薬工業社）
- DAB（ドータイト，347-00904，和光純薬工業社）
- 封入剤（フッシャー パーマウント，539-16275，和光純薬工業社）
- エタノール（057-0051，和光純薬工業社）
- トルエン（209-01877，和光純薬工業社）
- キシレン（242-00087，和光純薬工業社）
- パラホルムアルデヒド（PFA）（104005，メルク社）
- Brij 35 ソリューション（B4184，シグマ・アルドリッチ社）
- OCT compound（4583，サクラファインテック社）
- Lab-Tek チャンバースライド（177402，サーモフィッシャーサイエンティフィック社）
- 0.1 M リン酸緩衝生理食塩水（phosphate-buffered saline：PBS）（pH 6.8）

$NaH_2PO_4 \cdot 2H_2O$（192-02815，和光純薬工業社）	44.4 g
$Na_2HPO_4 \cdot 12H_2O$（196-02835，和光純薬工業社）	436 g
塩化ナトリウム（191-01665，和光純薬工業社）	1275 g
超純水	
total	15 L

　これをストックとして超純水で10倍希釈して0.01M PBS（pH 7.2）として使用する．

- 1 M リン酸ナトリウム緩衝液（pH 7.2）

　1 M Na_2HPO_4溶液（$Na_2HPO_4 \cdot 12H_2O$ 179 gを蒸留水に溶解し最終量を500 mLとする）と1M NaH_2PO_4溶液（$NaH_2PO_4 \cdot 2H_2O$ 78 gを蒸留水に溶解し最終量を500 mLとする）をおよそ2～3：1の割合で混和しpHを調整する．

● DAB 溶液
50 mM Tris-HCl（pH 7.6）100 mL に DAB 20 mg を溶解．31 % H_2O_2 を 17 μL 使用直前に入れる．

プロトコール

1 試薬の調製

1）DAB・ニッケル・コバルト溶液[a]

❶ 蒸留水 90 mL をビーカーに入れる（アルミホイルなどで遮光する）

❷ DAB 50 mg を加えてスターラーで撹拌して完全に溶解させる[b]．

❸ 1 M リン酸ナトリウム緩衝液を 10 mL 加える．

❹ 1 % $CoCl_2$ 溶液を 2.5 mL ゆっくりと加える（20 回くらいに分けて）

❺ 1 % $NiSO_4(NH_4)_2SO_4$ 溶液を 2.0 mL 同様に加える．

❻ 31 % H_2O_2 を 33 μL 使用直前に入れる[c]．

[a] 検出感度は DAB 溶液の 10 倍程度ある

[b] DAB は蒸留水には容易に溶けるがリン酸緩衝液には溶けにくい

[c] HRP 標識抗体を残しておき，この溶液を加えて HRP の活性を確認すること

2）4 % PFA/PBS（pH 7.4）の調製法

この固定液の調製法は非常に重要である．

❶ 800～850 mL の蒸留水（DDW）を 50～60 ℃に温めておく．

❷ 40 g の PFA 粉末（メルク社を推奨）を加える．

❸ ホットスターラー上で保温・撹拌しながら 1 N NaOH を数滴（多くても 1 mL 程度）加えることで 30 分以内に完全に溶ける[d][e]．

❹ 溶解後はただちに氷冷しアルデヒド基の酸化還元反応を低下させる．

❺ 100 mL の 10×PBS を加え pH を 7.4 に調整する．DDW にて最終量に 1000 mL に調節する[f][g]．

[d] もしこの時点で沈殿物がある場合は廃棄して作り直す

[e] 不必要に NaOH を加えすぎない

[f] 保存は 4 ℃で行う．1 カ月以内に使い捨てること

[g] 操作はドラフト内で行う

3）スライド切片の準備：固定および薄切（培養細胞，組織）

形態学的解析を行う場合，培養細胞であれ組織であれ可能な限り変質の少ない状態で保存することが肝要となる．その過程が固定である．この固定をいい加減に行うと，当然のことながら酵素抗体法や蛍光抗体法での良好な結果は期待できない．固定は，その後の免疫組織化学による形態学的検出法の成否を握るカギとなることを肝に銘じて行う．

培養細胞の免疫組織化学には付着培養細胞では通常シャーレやカバーガラス，Lab-Tek チャンバー，浮遊培養細胞では，サイトスピンを用いる．培養細胞の固定液としては 4 % PFA/PBS が一般的であるが，抗原性の維持あるいは抗体との反応性によっては，アセトン，メタノール，エタノールなどの有機溶媒を用いる場合もある．

組織の固定は大きく①未固定凍結切片②既固定凍結切片③パ

ラフィン包埋切片に分けられる⒣．それぞれ一長一短があるが，形態保持の観点からは通常パラフィン包埋切片を用いることが多い．臨床材料では保存のしやすさの面からもパラフィン包埋切片が用いられる．

切片の厚さは通常の場合，パラフィン切片の場合4～6 μm程度，凍結切片では10 μm程度で行う．スライドガラスはシランコートスライドを用いる（次項4）参照）．具体的な固定と切片の作製については他書を参照にしていただきたい[2]～[4]．

⒣ 凍結切片は十分風乾（30分以上）する．この操作により切片の脱落がある程度予防できる．実験を開始するまでスライドケースに入れて周囲をビニールテープで密封して−80℃の冷凍庫で保存する

4）シランコートスライド作製法

市販のシランコートスライドも利用可能だが，コストを考えると自作がいい⒤．

❶ アセトン120 mLを入れた染色びんに3−アミノプオピルトリエトキシシラン（A-3648，シグマ・アルドリッチ社）2.4 mLを加える．

❷ スライドガラスを上記溶液に室温で10秒間浸漬する．

❸ アセトンに浸漬する（室温，1分，2回）

❹ 風乾する⒥．

⒤ 操作はドラフト内で行う

⒥ 乾燥した後パラフィルムに包んで保存する

2 免疫組織化学の具体的操作

以下にパラフィン包埋切片を用いた酵素抗体法（間接法）のプロトコールを中心に紹介する．

対照実験として以下のコントロールが用いられる．

1）陽性対照として目的とする抗原が必ず存在する組織を用いる．
2）陰性対照として一次抗体の代わりに同一希釈濃度の同種動物の正常IgGを用いる．
3）一次抗体を反応させない（代わりにPBSを用いる）
4）一次抗体の代わりに異なった動物の正常IgGを用いる．
5）ペプチド吸収試験を行う．希釈抗体に対応抗原の過剰量を加えた反応液を用いてシグナルの消失を確認する．抗体作製に用いた抗原で抗体をあらかじめ吸収させて反応させる．詳細は他書を参照のこと．

すべての対照実験を常に行う必要はないが，通常は陰性対照2）を含めて実験を行う．

❶ パラフィン包埋切片を60℃で30分以上暖める⒦～⒨．

❷ トルエン・エタノールにて脱パラフィン操作を行う⒩．

⒦ 再現性の検討のためスライドは必ず2枚一組（例えば同一ブロックで検出用切片2枚，陰性対照用切片2枚）で用意する

⒧ すべての操作において切片を乾燥させないように細心の注意を払うこと

⒨ 組織の大きさは最大で1×1 cm程度までとする．それ以上の大きさでは非特異的反応が起こりやすくなる

⒩ トルエン4回，100％エタノール3回，90％エタノール1回，80％エタノール1回，70％エタノール1回各5分間浸漬する

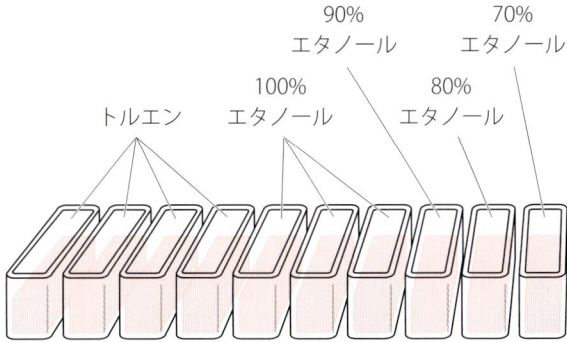

トルエン　100%エタノール　90%エタノール　80%エタノール　70%エタノール

❸ 洗浄操作．染色びんに PBS をいれて水平シェーカーを用いて洗浄する[o][p]．

❹ 前処理（必要に応じて行う）
1）内因性ペルオキシダーゼ除去[q]
　0.3％〜3％H_2O_2／メタノールに浸漬し室温で15〜30分処理．

2）抗原性賦活化処理
　ホルマリン固定パラフィン包埋切片ではしばしば架橋反応により抗原性が隠された状態（maskingの状態）になることがある．この状態を解除する処理を抗原の賦活化という．抗原賦活化の必要性や条件は組織の種類，固定条件あるいは抗体のクローンにより異なる．抗原賦活化には加熱処理法とタンパク質分解酵素処理法の2種類が一般的に用いられるが，この処理は必ずしも万能ではない．多かれ少なかれ形態損傷を伴うので，必要なときのみ行う．
　加熱処理の代表的な処理として，オートクレーブ処理とマイクロウエーブ処理がある．この熱処理法に用いる溶液は，クエン酸緩衝液やEDTA溶液が用いられる．また，さまざまな会社から抗原賦活化用の溶液が発売されている．詳細は他書を参照のこと[2]．
　オートクレーブを用いる場合は通常120℃，10分〜20分処理を行う．マイクロウエーブ処理は，電子レンジが利用される場合が多いが，効果としてはマイクロウエーブ波よりもむしろ照射によって生じる熱が重要であると

[o] 凍結切片はこのステップから開始する．−80℃で保存していた場合は，あらかじめ室温に戻しておく（約1時間前）．凍結切片作製に用いたOCT compoundをよく洗い流す．包埋剤が残っていると非特異的反応が出る原因となる

[p] 新鮮凍結切片ではこの後固定を行う．固定液は抗原に応じて，4％PFA/PBS（室温，15分〜20分），アセトン（4℃，15分），100％エタノール（4℃，15分）などを用いる．その後，PBSで洗浄操作を行い次のステップに進む

[q] 赤血球，好酸球，好中球，マクロファージなどでは内因性ペルオキシダーゼ活性を示す．そのためリンパ網内系組織や消化管粘膜などに対してHRPをマーカーとして検討する場合にはほぼ必須のステップである

考えられている．現在ではマイクロウエーブ専用装置が市販されており（東屋医科器械社），照射時間や温度を容易に設定することができ再現性の点からも大変有用である．一方，タンパク質分解酵素処理はプロテイナーゼK，ペプシン，トリプシンなどの酵素を用いて組織のタンパク質を部分的に分解処理して抗体分子が組織内に浸透して抗原と反応しやすくする目的で行う．最適な濃度については，組織や固定条件により異なることに注意する．

その他に，細胞膜の透過性処理として界面活性剤であるTriton X-100を用いることがある．特に膜タンパク質の検出や培養細胞での免疫組織化学のときに有効である．

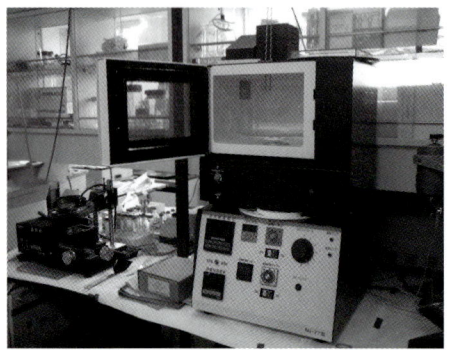

❺ ブロッキング操作
抗体の組織での非特異的な反応を防止する操作．酵素標識を行った二次抗体と同種の正常血清（5％〜10％）あるいはIgG（500 μg/mL）を切片上で反応させる．希釈液は1％BSA/PBSを用いる(r)．反応時間は室温，30〜60分で十分である．モイストチャンバーに入れて反応させる(s)．

パラフィルム　スライドガラス　キムタオル

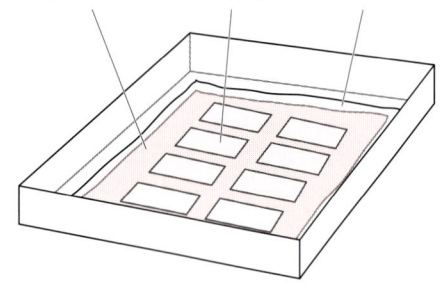

❻ 一次抗体の反応
スライド上のブロッキング溶液をキムワイプあるいはティッシュペーパーなどで吸い取り，1％BSA/PBSで希釈した抗体を切片上に滴下して反応させる(t)〜(v)．抗体溶液(w)(x)の量は30〜40 μL/スライドが適量である．多すぎてもスライド上で広がって結果的に組織が乾燥する恐れがある．

(r) BSAは非特異的反応を抑える効果がある

(s) モイストチャンバー作製について（図2）．ヌンクディッシュに適当量のPBSを入れて全体にいきわたるようにする（A）．キムタオルをしわにならないように上から落とし，全体がPBSで浸されるようにする．このとき，余分なPBSは捨てる（B）．パラフィルムを適当な長さに切り，キムタオルの上に置いて完成（C, D）

(t) 溶液をピペットチップの先を上手に使いよく混ぜる（30回以上）．この操作が免疫組織化学における最大のポイントの1つである．抗体溶液を均一に反応させ染色性の「むら」をなくす

(u) 反応温度と時間：少なくとも光学顕微鏡レベルでの抗体反応温度として4℃で反応することの意味はない．通常は室温30分〜一晩（約17時間）の範囲で設定する．当然のことだが反応時間が長くなればそれだけ非特異的反応が出る可能性が多くなる．できれば，反応時間は2時間程度までで行うのがよい

(v) 反応時間が一晩の場合は，モイストチャンバーをマスキングテープでシールし，さらにアルミホイルで全体を包むことで組織切片の乾燥を防ぐ操作をする

(w) 希釈濃度は抗体により異なる．市販抗体の至適濃度はたいていの場合およそ1〜10 μg/mLの範囲で設定されているが，必ず陽性組織を使って検討すること

(x) 抗体の取り扱い
抗体は変性や失活により非特異的な反応が出やすくなるので取り扱いには注意する．抗体溶液を希釈するときには泡立てないように丁寧に混和する．凍結と融解を繰り返さない（ストック液は分注して−80℃で保存する）．溶液のまま保存する場合は0.05％アジ化ナトリウムを加えて4℃で保存する．HRP標識抗体では酵素活性が失活するのでアジ化ナトリウムを添加してはいけない

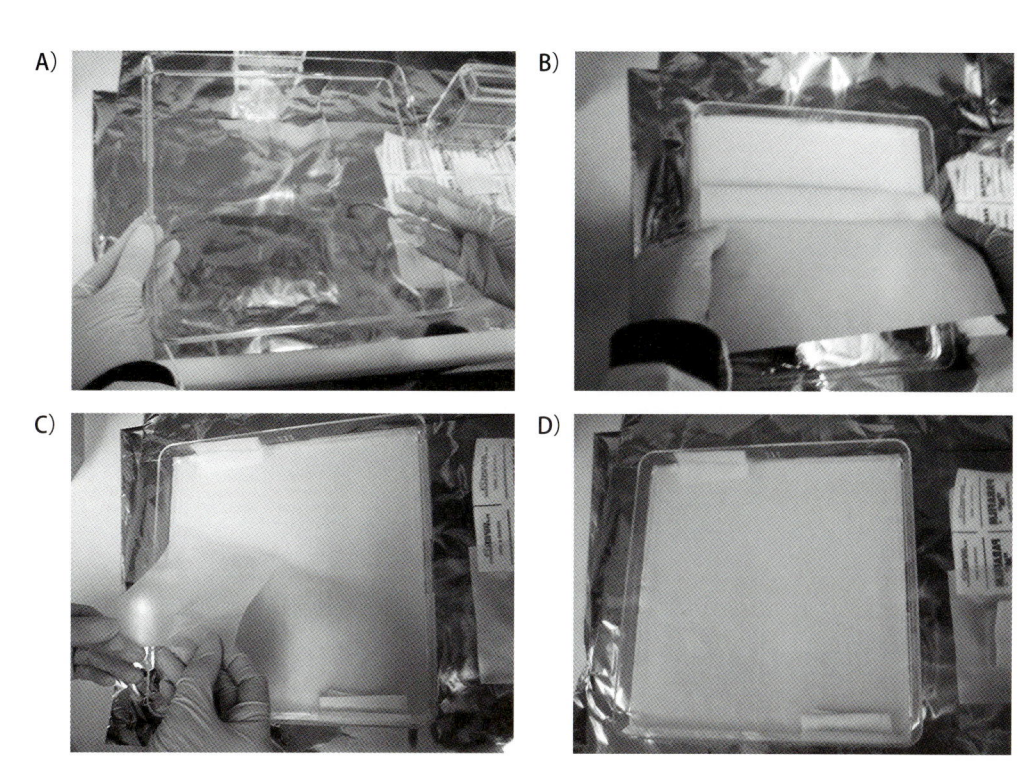

図2　モイストチャンバー作製法

❼ 洗浄操作

一次抗体を洗浄びん（PBS入り）で洗い流し，PBS入りの染色びんに入れる．染色バスケットを十回程度上下に動かしてしっかり洗う．その後0.075％ Brij 35/PBSに入れ替えて水平シェーカーにおいて15分間振とうする[y]．4回行う．

❽ PBSで置き換えてBrij 35を洗い流す．

❾ 二次抗体の反応

二次抗体を抗体の説明書にしたがって適当な濃度に希釈する．1％ BSA/PBSを用いる．切片の周囲のPBSをキムワイプなどでふき取り二次抗体を滴下する．この場合も溶液の量は30〜40 μL/スライドが適量である．モイストチャンバー内で60分反応させる．蛍光色素標識二次抗体では遮光して反応させる．われわれは適当な大きさの箱を上からかぶせて遮光している．

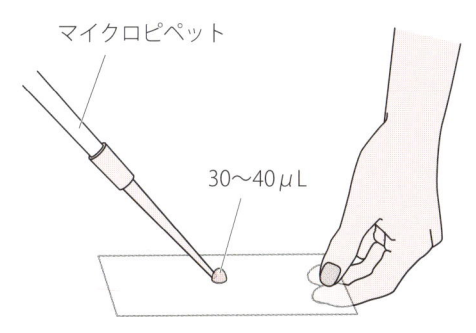

[y] Brij 35はnon-ionicな表面活性剤であり，0.075％濃度で洗浄用に用いている．ただし，洗浄液中の泡は組織の形態を損傷するので注意する．他の表面活性剤に比較して溶けやすく泡切れもよく効率のよい安定した洗浄効果が期待できる

マイクロピペット

30〜40 μL

1章　形態学的検出法

❿ 洗浄操作
ステップ❼と同様の操作を行う．

⓫ 発色操作
HRP標識の場合はスライドガラスをDAB溶液あるいはDAB・ニッケル・コバルト溶液[z][a]の入った染色びんに浸漬し5～10分間反応させる[b]～[d]．

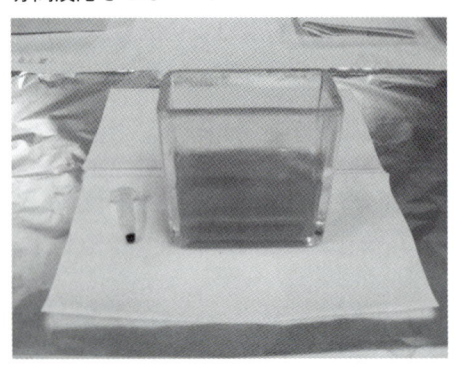

⓬ スライドガラスを流水で流してDAB反応を停止させる．その後必要に応じて核染色を行う．代表的な染色としてメチルグリーンがある．

⓭ 核染色・脱水
1％メチルグリーン染色液（pH 4.0）[e][f]：核を緑色に染色する．メチルグリーンは二本鎖DNAに親和性が高い．10分間浸漬しその後瞬間的に70％，80％，90％，95％エタノールで脱水し100％エタノールから5分間浸漬，3回行った後キシレン5分，3回浸漬する[g]～[i]．

⓮ 封入
酵素抗体法ではパラマウントなどの樹脂封入剤が用いられる．標本は半永久的に保存が可能である．一方，蛍光色素標識の場合は脱水操作ができないのでグリセリン：PBSを9：1の割合で混ぜた溶液で封入する．この時気泡が入らないように十分注意する．カバーガラスの周囲はマニキュアでシールしておく．もちろん遮光して保存するが，褪色するのでできるだけ早く（1週間以内）観察する．褪色防止剤入りの封入剤が各社から市販されている．

⓯ 鏡検
酵素抗体法の観察は光学顕微鏡を用いる．蛍光抗体法では蛍光顕微鏡や共焦点レーザー顕微鏡を用いて観察する．いずれの場合でも標本は必ず低倍から観察すること．

[z] 他の発色剤として4-chloro-1-naphtholや3-amino-9-ethylcarbazole（AEC）などがあり，二重染色などでも用いることができる
[a] DABは発がん作用があるので取り扱いには注意が必要
[b] 標識酵素であるHRPのもつペルオキシダーゼ活性によりDABが酸化され褐色に着色する
[c] 専用の廃液びんに回収する
[d] 蛍光色素の場合は当然このステップは必要ない

[e] メチルグリーンは水分を含むエタノールに溶けやすいので100％エタノールまでの操作は迅速に行うこと
[f] 加熱処理による抗原賦活化を行った組織ではメチルグリーンは染色されない．その場合ヘマトキシリン染色を行う
[g] 通常の脱水では70％から95％エタノールに5分間浸漬する
[h] 蛍光抗体法では核染色としてDAPIがよく用いられる．われわれは，DAPI（0.15 μg/mL）で1分反応させ，その後超純水で洗浄し水溶性封入剤で封入する
[i] 脱水が不十分だと100％エタノールからキシレン系列にスライドガラスを移したときにキシレンが白濁する．この場合は再度エタノール系列から脱水を十分に行うこと

One Point 蛍光標識物質の種類

近年，標識物質はより明るく褪色しにくい蛍光色素が開発されてきている．われわれはAlexa Fluorシリーズ（Molecular Probe社）を頻用している．もちろん，FITC，rhodamineなどもよく利用されている．他にも多様な種類の蛍光標識が出ており，実験用途や備え付けの蛍光顕微鏡，共焦点レーザー顕微鏡に合った適切な蛍光標識を選択することが肝要である．

トラブルシューティング

⚠ シグナルが弱い・呈色しない

原因 一次抗体不良
- **対策** ▶ 希釈濃度を変える
- **対策** ▶ ストックしている抗体と変える（抗体失活の場合）

原因 標識抗体の失活
- **対策** ▶ HRPの活性の確認

原因 抗原性の不良
- **対策** ▶ 固定・薄切操作をきちっとする

原因 発色液の不備
- **対策** ▶ 標識抗体残存液での活性の確認

⚠ 組織切片がはがれる

原因 固定不良
- **対策** ▶ 組織の固定をやり直す

原因 薄切操作が未熟
- **対策** ▶ 適切な指導のもと技術を習得する
- **対策** ▶ 切片の伸展，乾燥を十分に行う
- **対策** ▶ 切片の厚さが厚すぎる

原因 操作が粗雑
- **対策** ▶ 丁寧な操作を心がける

原因 過剰なタンパク質分解処理
- **対策** ▶ 至適濃度の設定

⚠ 非特異的反応・染色むら

原因 操作が未熟
- **対策** ▶ 切片上で抗体液をしっかり撹拌混和する
- **対策** ▶ 切片上の泡は取り除く

原因 内因性酵素の存在
- **対策** 過酸化水素などでの処理を行う

原因 組織の乾燥
- **対策** モイストチャンバーを用いる
- **対策** パップペンなどで切片周囲をマークして抗体液流出を防ぐ
- **対策** 適当な抗体量を滴下する
- **対策** 操作を迅速に行う

原因 組織切片不良
- **対策** 大きな組織を用いない．せいぜい1×1cmまでとする

原因 洗浄操作不良
- **対策** 水平シェーカーを使って洗浄する

実験結果

酵素抗体法と蛍光抗体法による実験結果について示す．

正常マウス精巣でのTUNEL陽性細胞とBax陽性細胞の局在を図3A, Bに示す．

正常ICRマウス（8週齢）の精巣4％PFA/PBS固定パラフィン包埋材料のミラー切片を用いて，TUNEL法によるアポトーシス細胞の同定と免疫組織化学（酵素抗体法）によるアポトーシス誘導に関与するBaxの共局在について検討した．TUNEL陽性細胞はDAB・ニッケル・コバルト法により青黒色に認められた（図3A）．一次抗体として抗Baxラビットポリクローナ*ル抗体を用い，二次抗体としてHRP標識ヤギ抗ラビットIgGを用いて酵素抗体法（間接法）で検討した．その結果，Baxは茶色（DAB法）に染まっており（図3B），TUNEL陽性細胞とBax陽性細胞が一致した（矢印）[7]．

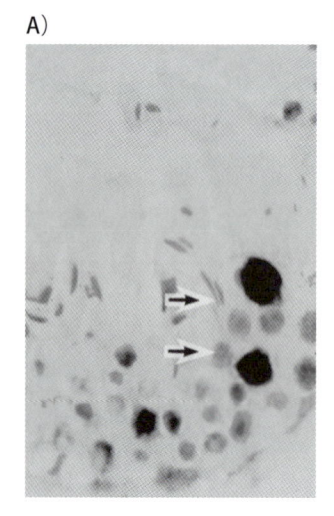

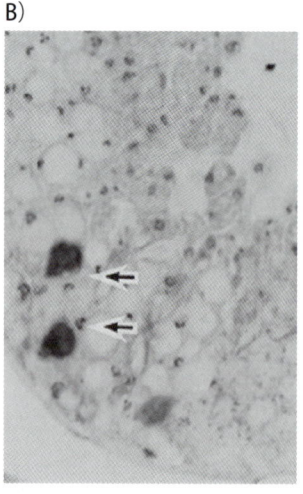

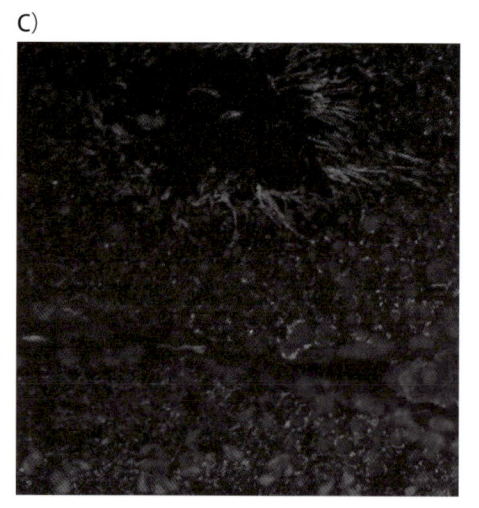

図3　抗体を用いた免疫組織化学の例（巻頭カラー図1参照）
文献7より転載

One Point

顕微鏡の進化－多光子励起レーザー走査型顕微鏡（図4）

多光子励起レーザー顕微鏡（図4）は，従来の単光子励起型ではレーザー光を共焦点ピンホール調節により焦点面以外で発生した蛍光シグナルをカットすることで断層像を取得するのに対して，蛍光分子が2つの光子を同時に吸収し励起される現象を用いて焦点で局所的に蛍光分子を励起させた断層像を取得することができる．このため，焦点以外のその他の標本の部分での蛍光分子の褪色なしに標本深部まで観察できるのが特徴である．さらに励起光が赤外（水に吸収されにくい）であるためサンプルの障害が少なく長時間にわたる in vivo, ex vivo での観察に適している．具体的には，組織表面から数百μmといった深部の情報を得ることができることから，例えば生きた動物の深部の血流の動態や脳の細胞の立体構造などの観察が可能である．しかし装置自体が非常に高価であり，安定的に信頼性の高い結果を得るには操作を含めてある程度の熟練を要する．

図4　多光子励起レーザー走査型顕微鏡
（カールツァイスマイクロイメージング社製）

蛍光抗体法による正常マウス精巣でのミトコンドリアの局在を図3Cに示す．

正常マウス精巣の新鮮凍結切片でのミトコンドリアの精子形成細胞での局在について，ミトコンドリアマトリックスに存在するピルビン酸デヒドロゲナーゼ（PDH）に対する抗体（一次抗体）を用いて検討した．二次抗体としてAlexa Fluor 546ヤギ抗マウスIgGを反応させ共焦点レーザー顕微鏡で観察した．PDHが精子形成細胞の細胞質に赤色として認められる．核はDAPI染色を行い青色として認められる．

■ おわりに

免疫組織化学はさまざまな分野で幅広く利用され，簡便なキットも豊富に市販されている．しかし，染色結果の評価についてはそれなりの経験と知識が必要なことも事実である．単に「染まった」といって安直に判断することなく，その染色結果については真摯にかつ謙虚に判断する姿勢が大切である．

参考文献
1）『永遠の不死　精子形成細胞の生物学』（小路武彦/編），サイエンス社，2009
2）『渡辺・中根　酵素抗体法』（名倉　宏，長村義之，堤　寛/編），学際企画，2002
3）『染色・バイオイメージング実験ハンドブック』（高田邦昭，斉藤尚亮，川上速人/編），羊土社，2006
4）『組織細胞化学2010』（日本組織細胞化学会/編），中西印刷，2010
5）Nakane, P. K. & Pierce, G. G. J. : J. Histochem. Cytochem., 14 : 929-931, 1966
6）Coons, A. H. et al. : J. Exp. Med., 102 : 49-60, 1955
7）Damavandi, E. et al. : Acta Histochem. Cytochem., 35 : 449-459, 2002

[E-mail：yhish@nagasaki-u.ac.jp（菱川善隆）]

2章 DNA断片化の検出法

1 アガロース電気泳動

刀祢重信

　本法はアポトーシス細胞の生化学的解析法としては歴史的に最も古いものの1つであり，アポトーシスを初めて提案した3人の一人，WyllieがNature誌に報告した[1]のを嚆矢とする．30年たった現在でもよく使われているということは，この方法が簡便であり，かつ保存性の高いDNAを対象にしているからであろう．

　原理は以下のようである．アポトーシスの実行過程でDNA分解酵素（以下DNase）が活性化され，ゲノムDNAを切断する．ヌクレオソームのコア粒子に巻きついたDNAとリンカーDNAではDNase感受性（要するに切れやすさ）が異なり，またDNase活性が極度に強くない場合に，すべてのリンカーDNAが切れてしまわないために，約190塩基対の整数倍の長さをもつDNA断片が生じる．それをアガロース電気泳動で分離するとあたかも梯子のようにDNAバンドが見えることからDNAラダー，ヌクレオソームラダーとも呼ばれる（図2参照）．細胞膜が破れるために急激に細胞内のDNase活性が上がるネクローシスの場合は，リンカーDNA以外でもよくDNA切断が起きるためにラダーではなくスメア状になることが多い．

　なおこの方法によるDNAラダーの出現は，アポトーシスに特異的であるとされてきたが，必ずしも鑑別法としては完璧ではない．しばしばネクローシスであるのに明瞭なラダーが観察される．またその集団中のどれだけの割合の細胞がアポトーシスしているかという情報は得られない．約10パーセント程度の細胞が死ぬとラダーが見えてくると言われる．培養条件が悪いと陰性対照でさえ，しばしばラダーが見えてくる．例えば胸腺細胞を培養し，何の処理もしていないサンプルでも見事にラダーが出てしまう．

　逆に形態的には典型的なアポトーシスであるのに，ラダーが見えないことも多い．細胞によってCADをはじめとするDNaseの量に差があるためであろう．

　また変法として細胞からDNAを抽出したのち，すぐさま高速遠心をして切断されていないDNAを沈殿させ，切断DNAを含む上清のみを回収，解析する方法も報告されている．しかしこの方法は，切断が起きなかった場合，そのレーンに全くDNAのバンドが見えないので，やはり高分子DNA（切断されていないDNA）があってこそ，どれくらい切断されたか判断できるのである．

実験の概略 ［培養細胞］［組織］

培養細胞，組織用両方に共通であるが，前者のほうがクリアな結果が得られることが多い．組織の場合もあらかじめ細切したり，ピペットでほぐすなどしてタンパク質変性剤がよく行き渡るようにする．

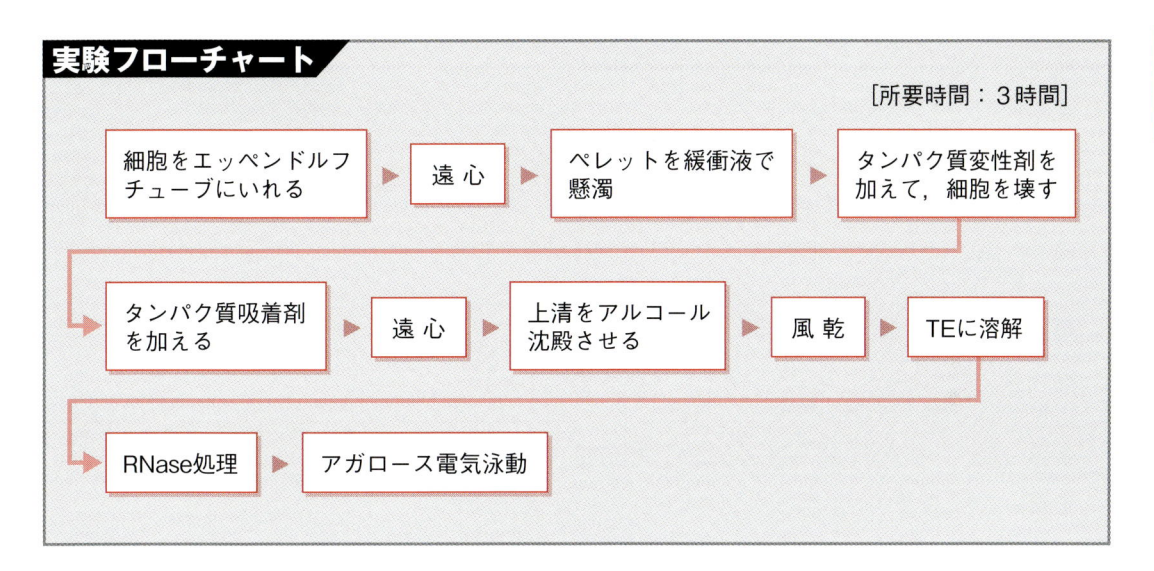

実験フローチャート

[所要時間：3時間]

細胞をエッペンドルフチューブにいれる → 遠心 → ペレットを緩衝液で懸濁 → タンパク質変性剤を加えて，細胞を壊す → タンパク質吸着剤を加える → 遠心 → 上清をアルコール沈殿させる → 風乾 → TEに溶解 → RNase処理 → アガロース電気泳動

準備するもの

1）キットを使うとき
- セパジーンキット（三光純薬社）

2）キットを使わないとき
- lysis buffer

Tris–HCl（pH 8.5）	100 mM
EDTA	5 mM
NaCl	0.2 M
SDS	0.2 %
proteinase K（ロシュ・ダイアグノスティックス社）	0.2 mg/mL

- 5 M NaCl
- エタノール
- イソプロピルアルコール
- glycogen（ロシュ・ダイアグノスティックス社）
- TE

Tris–HCl（pH 7.2）	10 mM
EDTA	1 mM

プロトコール

1 セパジーンキットを使う場合[2)]

❶ 細胞数を数えて1条件当たり10^6個をエッペンドルフチューブに入れる．

❷ 遠心．

❸ 上清を除去し，試薬Ⅰを100 µL加えよく懸濁する．

❹ 室温で5～10分放置．

❺ 試薬Ⅱ 100 µLを加え，ピペットでゆるやかに混和する[a]．

❻ 試薬Ⅲ 700 µLと試薬Ⅳ 400 µLを加える．

❼ ふたをしっかり閉め，乳濁化するまで上下に激しく振って混和する．

❽ 遠心，微量遠心機で15,000 rpm，10分．

❾ 核酸（RNAも含む）を含む上層をP1000ピペットで別のチューブに移す[b]（図1参照）．

❿ ❾の液量の10分の1量に当たる試薬Ⅴ（約60 µL）を加える．

⓫ ❿の液量と等量のイソプロピルアルコールを加え，転倒混和する[c]．

⓬ 遠心，微量遠心機で15,000 rpm，10分．

⓭ 上清を除去し，70％エタノールを1 mLほど加え，転倒混和する．

⓮ 遠心15,000 rpm，5分．

⓯ 上清を除去し，ペレットを軽く風乾する．

⓰ RNase入りのTE 20 µLで懸濁，溶解する．

⓱ 温浴37℃で30分静置する．

⓲ 20 µLのうち半量（すなわち$5×10^5$個相当）をアガロース（1.5％または2％）で電気泳動する．

⓳ エチジウムブロマイドで染色15分．

⓴ 水洗5～15分．

[a] ここで切断を受けていないDNAをせん断して，少し小さくすることで電気泳動時にアガロースに入るようにしている．したがってここのピペッティングの回数を決めておく（例えば10回）

[b] セパジーンキットを使用すると，図1のようなしっかりとした隔壁が水層と有機層の間にできるため，容易に上清のみを集めることができる．デカンテーションで上清の回収が可能だが，隔壁が乱れたことがあるので念のためP1000ピペットで移すのが安全

[c] このステップでマイナス30℃保存で長期保存可能

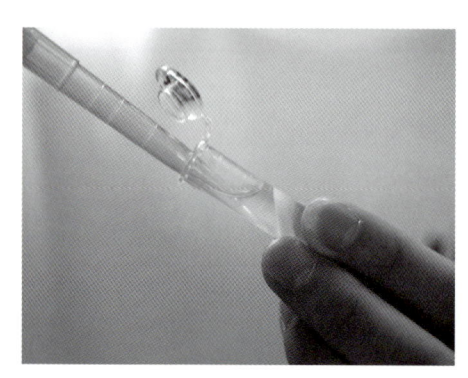

図1 このキットを用いるとしっかりした隔壁ができるのでミスが少ない

2 キットを使わない場合[3)4)]

❶ チューブに入った細胞または組織[d]にlysis bufferを330 μL加え，よく懸濁する．

❷ 37℃，オーバーナイト，保温[e]．

❸ 翌朝，5 M NaCl（final 1.5 M）を141 μL加える．

❹ 遠心，微量遠心機で15,000 rpm 15分，室温．

❺ 上清を別のチューブに移す．

❻ 上清と等量[f]の100％エタノールを加える．

❼ 遠心，微量遠心機で15,000 rpm 15分，室温．

❽ 70％エタノールでリンス．

❾ 軽く風乾する．

❿ 以下，キットを使う場合の⓰～⓴と同じ．

[d] 10^6細胞程度．なお組織の場合は回収したDNA量を測定し，一定量を各ウェルにロードする必要がある．細胞の場合は，細胞数を一定にする

[e] この方法ではこのステップでオーバーナイト放置ができる．最低でも数時間以上おくこと

[f] ゲノムDNAを沈殿させるので等量のエタノールでよい

トラブルシューティング

⚠ 全くDNAが見えない

原因 ラダーだけが見えないのでなく，高分子部分のDNAも見えないときは，最終でDNAペレットを失った可能性が高い

対策 ペレットの近くの溶液を吸い取るときのチップはP1000用ではなくP200用のチップを使うと吸い込みにくいので安心

⚠ スメアになる

原因 ネクローシスであるという可能性が高い

対策 電気泳動する量を減らしてみる

原因 調製中にDNaseが働いた可能性がある

対策 もう一度調製し直す

⚠ ネガティブコントロールでもラダーが見える

原因 培養条件が悪いとアポトーシスが増え10％をこえるとラダーが見えてくる

対策 コントロールが死細胞10％をこえる場合実験材料に適さないことが多い

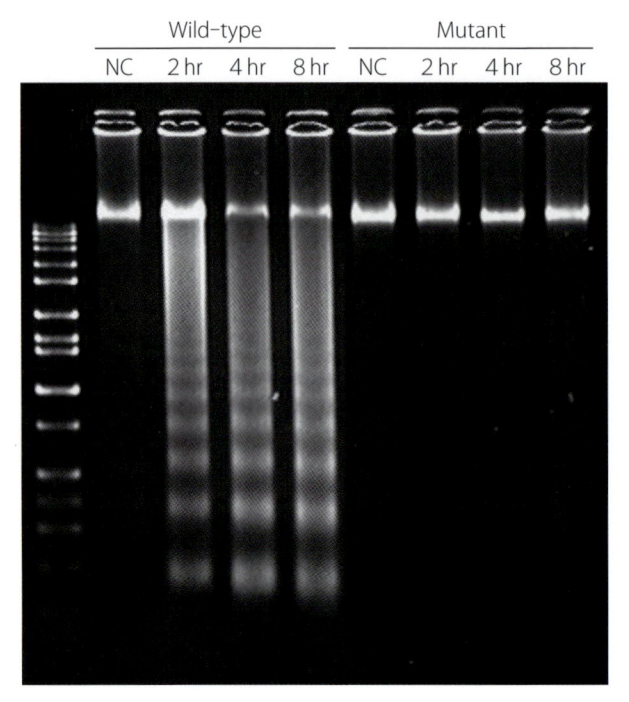

図2　DNAラダーの例

実験結果（図2参照）

　　ニワトリのリンフォーマDT40細胞の野生型株とある遺伝子をノックアウトしたミュータント株にそれぞれ紫外線を100 J/m^{2}照射して，0，2，4，8時間後に10^{6}個ずつ集めたもの（電気泳動はその半分量）．野生株では2時間後には明瞭にラダーが観察され，4時間でピークとなるが，ミュータント株では2，4時間後で全くラダーが見えない．8時間後にかすかに観察される．

参考文献
1) Wyllie, A. H.：Nature, 284：555-556, 1980
2) Nakano, et al.：Int. J. Radiat. Biol., 71：519-529, 1997
3) Liu, et al.：Cell, 89：175-184, 1997
4) Tone, S. et al.：Exp. Cell Res., 313：3635-3644, 2007

[E-mail：tone@med.kawasaki-m.ac.jp（刀祢重信）]

2章 DNA断片化の検出法

2 パルスフィールド電気泳動

刀祢重信

　細胞死の実行過程（最終的な段階）の1つとしてDNAの断片化がよく知られている．そのうち前項で述べられたDNAラダーは簡便でアガロース電気泳動装置があればどこでもできる手技であるが，問題点がある．それはすべてのアポトーシスの系において明瞭に見られるものではないということである．アポトーシスにおけるDNA切断でもう1つ知られているのが，巨大DNA断片化である．ラダー形成が見られない系が多いのに比べて，ほぼすべてのアポトーシスの系で検出できるのがこの現象である．ただし，用いる細胞やアポトーシス誘導の条件によって，観察される断片の長さが異なり，20 kbから200 kbに及ぶ．

　そのため通常の方法とは以下の2点で異なる電気泳動法が用いられる．(1) 高分子DNAを溶液状態でピペットチップに吸い込むだけで，機械的せん断をうけて低分子化するので，巨大DNA断片化を解析するためには通常行われるDNA抽出を行って電気泳動をするのではなく，細胞丸ごとアガロースゲルに埋め込み，できたアガロースブロックのまま，細胞を処理し，無傷のゲノムDNAがトラップされた状態を作り出す．(2) 巨大DNA断片は大きすぎて通常の電気泳動ではゲルの中を進めないので，電場の方向を数秒単位で変えながら泳動させるわけである．電場の方向が変化したとき長いDNAほど方向転換するのに時間がかかり，泳動速度が遅くなることを利用した方法である．パルスフィールド電気泳動という名称のいわれである．

　したがってこの手技のためには特殊な泳動装置が必要である．開発された当初，数社から発売されたが，現在でも使われているのは，バイオラッド社のものである．

　いくつかのグレードがあるが，分離そのものには下級機種のCHEF-DR IIIで十分であるし，細菌検査用のGene Pathでもプログラムを検討すれば満足な結果を得ることができる．

実験の概略　　[培養細胞]

　培養細胞懸濁液を低融点アガロースとよく混合し，固まらせる（組織への適用例は見当たらない）．これをブロックごと界面活性剤などで除タンパク質処理し，人為的なせん断を極力避けつつ，ゲノムDNAをゲル内部にトラップする．パルスフィールド電気泳動装置によって泳動し，巨大DNA断片化を検出する．

実験フローチャート

[所要時間：2オーバーナイト]

培養細胞懸濁液を低融点アガロースとよく混合し，固まらせる → 界面活性剤などで除タンパク質処理 → ゲノムDNAをゲル内部にトラップする → パルスフィールド電気泳動

準備するもの

- パルスフィールド電気泳動装置（バイオラッド社）
- ゲル作製装置
- プラグモールド（バイオラッド社）
- 5 × TBE

Tris base	27.25 g
ホウ酸	13.74 g
0.5 M EDTA (pH 8.0)	10 mL
total	1,000 mL

- プラグ調製用アガロース（Chromosomal Grade Agarose, #162-0135, バイオラッド社）
- 泳動用アガロース
  通常の分子生物学用アガロースでよい（例えばGTGアガロース）．
- NDSバッファー

EDTA (pH 9.5)	0.5 M
Tris-Hcl (pH 9.5)	10 mM
Lauroyl Sarcosine（シグマ・アルドリッチ社）	1 %

- NDS + Proteinase K
  使用直前に上記バッファーにProteinase K（ロシュ・ダイアグノスティックス社）を 5 mg/50 mL になるよう溶解する．
- 分子量マーカーゲル：Low range PFG Marker #350（New England Biolabs 社）
- カバーガラス
- 湯浴（振とうができるもの）

プロトコール

1 サンプル調製

以下1レーン分のサンプル調製を行うとして記載する．

❶ 解析したい細胞（10^6個）をエッペンドルフチューブ（細胞の吸着を減らすためにシリコンコートしたものが望ましい）に入れる．

❷ 5,000 rpm，5 分で細胞を沈殿させ，上清を除去．

❸ 細胞を 25 µL の PBS に穏やかに懸濁．

❹ チューブのふたをあけてから，水が入らないよう注意しながらチューブを 42℃の湯浴に 10 秒程度つける．

❺ あらかじめ 42℃に温めてあった 1.5 ％プラグ調製用アガロースを 25 µL，湯浴のチューブにピペットマンで入れる．

❻ そのままそのチップで穏やかにかつ素早く混合．

❼ そのチップを使ってプラグモールド（以下モールドと略）にチューブの中身を注ぎ込む．

❽ しばしば泡が底にトラップされるので，モールドの底面を平らな面で軽くたたいて泡を逃がす．

❾ 氷の上に金属板を置き，その上にモールドを置きゲルを固める．

❿ 数分後，次のサンプルを同様に処理後，隣のウェルに注ぎ込む．

⓫ 全部のサンプルを注ぎ込んだら 30 分ほど氷上放置．

⓬ モールドの底のシールをはがし，ひっくり返して下に清潔なプラスチック試験管をあてがう．

⓭ 底（今は上になっている）にニップルの口を強く押し当て，勢いよく空気を吹き付けてサンプルゲル（以降プラグと呼ぶ）を試験管の中にポコッと押し出す（右図参照）．

⓮ NDS ＋ Proteinase K 溶液を 5 mL ずつプラグの入った試験管に入れ，50℃湯浴でゆっくり振とうしながら 1 晩保温する．

⓯ 翌朝，新しい NDS ＋ Proteinase K 溶液に入れ替え，数時間 50℃で振とう．

⓰ すぐ電気泳動に使わない場合は，Proteinase K なしの NDS 溶液または 50 mM EDTA に置き換えて冷蔵保存（少なくとも数日は保存可能）．プラグは透明に近く，液中では見えにくく，試験管から回収するときに見失うことがある．同じ条件のものを 2 個以上用意しておくのが望ましい．またループ状の白金耳のついたものでプラグを操作し，カバーガラスでプラグをゲル穴に運搬，ウェルの中に押し込む．

2 パルスフィールド電気泳動

❶ 翌朝，プラグを処理している間にまず電気泳動槽に泳動バッファー（0.5×TBE）約 2 L を注ぐ．作り方は 5×TBE 222 mL を 2 L のミリ Q 水に加えてよく混合する．

❷ 冷却装置のスイッチを入れる．14℃に下がるのに 1 時間以上かかる．その間にゲルを作る．終濃度が 1 ％になるように通常のアガロース（1.5 g/150 mL）を 0.5×TBE に完全に溶かして 50℃程度に冷めたらゲル作製装置に流し込む．
流し込む前に数 mL のゲルを別の試験管に分け取って 50℃の

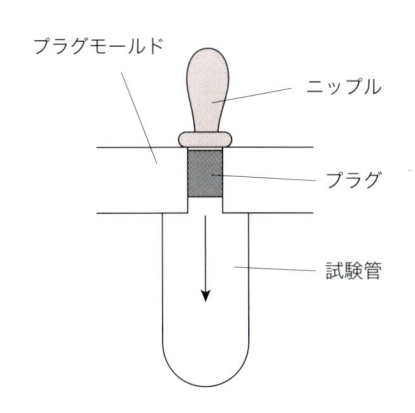

湯浴で待機.

❸ ゲルが固まったらコームを抜く．

❹ ウェル内に 1 で作ったプラグをカバーガラスを使ってはめ込む（図1）．

❺ 次に分子量マーカーを別のウェルに入れる．ゲルを必要量（だいたいウェルにはまる厚みでよい）注射筒から押し出してカバーガラスでカットしてそのままウェルに滑り込ませる（図2）．

❻ 全部入れ終わったら，50℃の湯浴で待機させておいたゲルをウェルをカバーするようにかける．プラグとウェル内壁の隙間を埋めるのが目的．

❼ 固まったら泳動槽にセットして泳動開始．

❽ 泳動終了後（だいたい20時間かかる），型どおりエチジウムブロマイドで染色．水洗して写真を撮る．

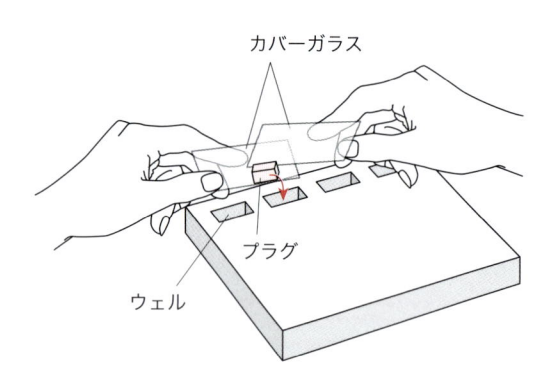

図1　サンプルゲルをウェルに移す

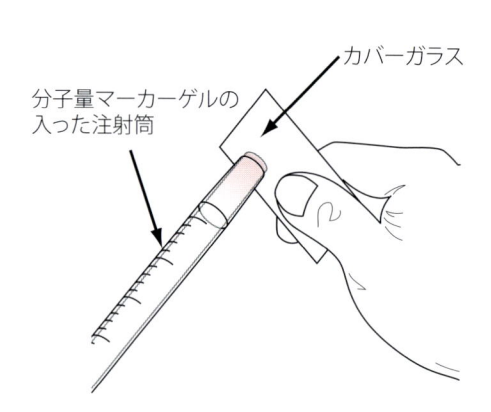

図2　分子量マーカーゲルを注射筒から切り出す

トラブルシューティング

⚠ プラグが柔らかすぎてウェルに入れにくい

原因 プラグを作るときの細胞懸濁液が多すぎたので，アガロース溶液の％が低すぎる
　対策 細胞懸濁液を遠心後しっかり上清を除去すること

原因 プラグ調製用アガロースの製品が適当でない
　対策 各メーカー，製品でアガロースの強度に差がある．Chromosomal Grade は強度が高く扱いやすい

実験結果

図3はDT40細胞（CAD遺伝子について野生型 +/+，ヘテロ型 +/-，ノックアウト株 -/-）をそれぞれ，エトポシド処理（0.5，1，2時間）したものをパルスフィールド電気泳動したものである．この条件では少なくともCAD遺伝子をノックアウトしても野生型と同様に数百キロ塩基対の断片が検出されるので，ニワトリ細胞ではCADがエトポシドによる巨大DNA断片化には必須ではないことが示された．

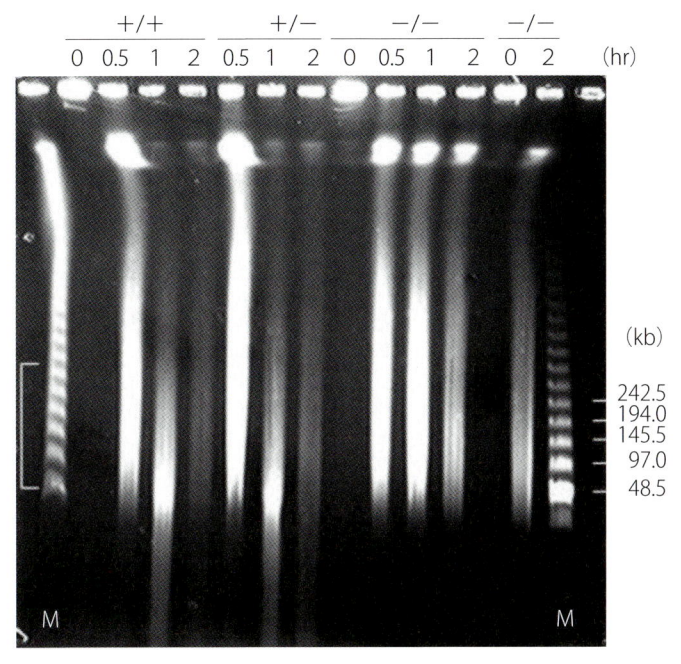

図3　パルスフィールド電気泳動の例
文献3より転載

参考文献
1) Walker, P. R. & Sikorska, M.：Biochem. Cell Biol., 75：287-299, 1997
2) Nakano, H. et al.：Int. J. Radiat. Biol., 71：519-529, 1997
3) Samejima, K. et al.：J. Biol. Chem., 276：45427-45432, 2001

[E-mail：tone@med.kawasaki-m.ac.jp（刀祢重信）]

2章 DNA断片化の検出法

3 TUNEL法

小路武彦

　DNAは一億年前の恐竜の化石からも抽出して解析できるほど，自然環境下で安定な物質である．生物がその遺伝情報を担わせる物質としてDNAを選択した（あるいは結果としてその生物が生き残った）ことには大きな合理性がある．一方で，細胞増殖・細胞分化・細胞死といった細胞活動を考えるとさまざまな局面でDNAの切断が起こることが知られる．そのなかで細胞死，特に能動的な細胞死であるアポトーシスの際にはほとんどの細胞で特徴的な二本鎖切断を生じる．したがって組織切片あるいは細胞標本においてDNAの二本鎖切断部位を検出することは，散在するアポトーシス細胞を同定し，その誘導機構を解析するうえできわめて重要である．TUNEL法（タネル法）は，ターミナルデオキシヌクレオチジルトランスフェラーゼ（terminal deoxynucleotidyl transferase：TdT）によるDNAの3'-OH末端での単鎖伸長反応を利用した，DNA二本鎖切断部位を検出する方法論であり，正式名はTdT-mediated dUTP-biotin nick end-labeling法[1)2)]である．基本的にはビオチン[1)3)]やジゴキシゲニン[4)]標識dUTPアナログを伸張反応で取り込ませ，最終的にシグナルは免疫組織化学的に検出される．したがって，酵素抗体法[4)5)]および蛍光抗体法[6)]での色あるいは光シグナルでの可視化が可能で，光学あるいは蛍光顕微鏡，さらには電子顕微鏡的解析が可能である．しかしながら，アポトーシスのみならずネクローシスの際に生じるDNA鎖切断部位も検出されるので両者の識別を目的とする際には特段の注意が必要となる．

　なお，DNA一本鎖切断部位を特異的に視覚化する *in situ* nick translation法も高感度法として利用可能であるが，これに関しては次節で扱う[7)]．

実験の概略

　図1に原理を，また簡単な流れをフローチャートで示した．まず，DNA鎖の3'-OHが自由端であるとき，そこにTdTを作用させると末端にヌクレオチドが連続的に付加される．この際に，ビオチン-16-dUTPやジゴキシゲニン（digoxigenin）-11-dUTPなどを取り込ませ，最終的に抗ビオチン抗体や抗ジゴキシゲニン抗体を用いて免疫組織化学的に染色する．シグナルとしては，西洋ワサビペルオキシダーゼ（horseradish peroxidase：HRP）標識抗体を用いて酵素免疫組織化学的に色シグナルとして検出するか，FITCやローダミン

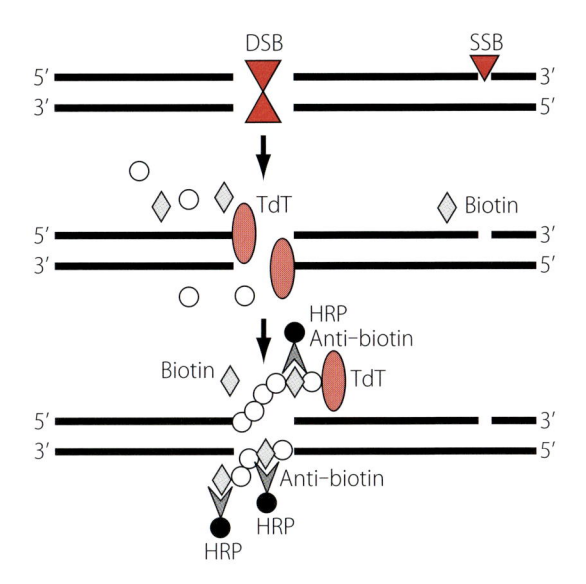

図1　TUNEL法の原理
組織切片にTdTを作用させ，DNA二本鎖切断部位（DSB：double-stranded DNA break）の3'-OH端でDNAの伸長反応を起こさせる．その際ビオチン-dUTP（biotin）などを取り込ませ，最終的にHRP標識ビオチン抗体を反応させ酵素免疫組織化学的にシグナルを可視化する

などの蛍光色素標識抗体を用い蛍光免疫組織化学的に光シグナルとして解析する．

　この反応自体は，ハイブリダイゼーション用プローブ作製法として合成オリゴヌクレオチドの末端標識などでよく知られた反応である[8]．陰性対照としては，ハプテン化された核酸アナログの代わりに本来の基質であるTTPを添加するか，あるいは反応溶液から酵素のみを除いて反応させた標本を作製する．陽性対照としては，DNase I で処理した組織切片〔具体的には，切片を$0.1\ \mu$g/mL DNase I で10 mM $MgCl_2$存在下，37℃で10分処理する．リン酸緩衝生理食塩水（pH 7.4）（phosphate buffered saline：PBS）で5分，3回洗って実験に用いる〕やあらかじめアポトーシス細胞が多数観察される組織（精巣[5]や卵巣[9]およびグルココルチコイド投与胸腺など[3]）を利用する．通常のヘマトキシリン・エオシン染色像からもある程度アポトーシス細胞の同定は可能で，比較検討によりTUNEL陽性反応を確信できる．なお，本法によって二本鎖DNAの一本鎖切断部位（ニック）も原理的には検出可能であるが，検出感度は二本鎖切断部位に比べてはるかに低く，実際上問題とならない．本法は，培養細胞でも組織切片（凍結およびパラフィン）でも使用可能である．

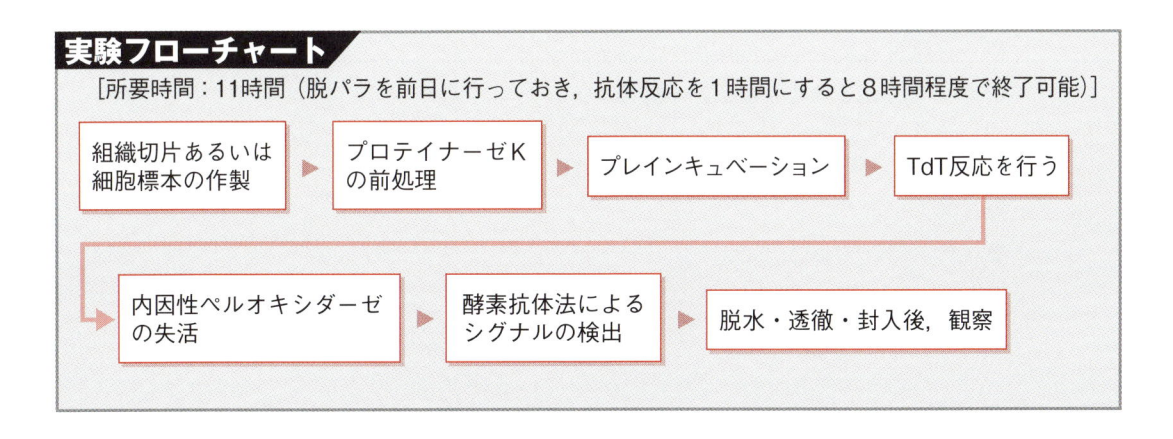

実験フローチャート

［所要時間：11時間（脱パラを前日に行っておき，抗体反応を1時間にすると8時間程度で終了可能）］

組織切片あるいは細胞標本の作製 ▶ プロテイナーゼKの前処理 ▶ プレインキュベーション ▶ TdT反応を行う ▶ 内因性ペルオキシダーゼの失活 ▶ 酵素抗体法によるシグナルの検出 ▶ 脱水・透徹・封入後，観察

準備するもの

1）機器類
- ウォーターバス
- 湿室
- 恒温器
- 光学あるいは蛍光顕微鏡（共焦点レーザー顕微鏡）

2）試薬類
- プロテイナーゼ K
- リン酸緩衝生理食塩水（PBS）（pH 7.4）
- TdT バッファー（市販）
    Tris-HCl（pH 6.6）　　　25 mM
    potassium cacodylate　　200 mM
    ウシ血清アルブミン　　　0.25 mg/mL
- TdT
- 10 mM dithiothreitol
- 25 mM $CoCl_2$
- 1 mM dATP
- 1 mM ビオチン-16-dUTP あるいはジゴキシゲニン-11-dUTP
- 1 mM TTP
- TdT 反応溶液　　　　　　　　　（最終濃度）
    5×TdT バッファー　　　20 μL　（1×TdT buffer）
    10 mM dithiothreitol　　1 μL　（0.1 mM）
    25 mM $CoCl_2$　　　　　6 μL　（1.5 mM）
    1 mM dATP　　　　　　2 μL　（20 μM）
    1 mM Biotin-16-dUTP　　1 μL　（10 μM）
    25 U/μL TdT　　　　　0.8 μL　（200 U/mL）
    DDW　　　　　　　　69.2 μL
    total　　　　　　　　　100 μL
- 0.3% H_2O_2/メタノール
- Brij 35
- 正常ヤギ IgG
- ウシ血清アルブミン（BSA）
- HRP 標識抗ビオチンあるいは抗ジゴキシゲニン抗体
    （あるいは FITC あるいはローダミン標識抗体）
- 0.1M リン酸ナトリウムバッファー（pH 7.5）
- 1% $CoCl_2$
- 1% $NiSO_4(NH_4)_2SO_4$
- 3,3'-ジアミノベンジジン/4HCl（DAB）

● 発色液（HRP 標識抗体使用の場合）　　　　　　　　（最終濃度）

1 M リン酸ナトリウムバッファー（pH 7.5）	10 mL	(0.1 M)
DDW	90 mL	
DAB	50 mg	(0.5 mg/mL)
1 % $CoCl_2$	2.0 mL	(0.02 %)
1 % $NiSO_4(NH_4)_2SO_4$	2.5 mL	(0.025 %)
30 % H_2O_2	33 μL	(0.01 %)
total	100 mL	

1 % $CoCl_2$ と 1 % $NiSO_4(NH_4)_2SO_4$ 溶液は滴下して溶解し，調製後は直ちに使用すること．

プロトコール

（パラフィン切片，酵素抗体法利用の場合）

❶ パラフィン切片をシラン処理スライドガラスに拾い，トルエン－エタノール系列を用いて脱パラ操作を行う[a]．

❷ PBS で洗浄する（5 分，3 回）．

❸ プロテイナーゼK（1～100 μg/mL，37 ℃，15 分）処理する[b][c]．

❹ PBS で洗浄する（5 分，3 回）．

❺ 超純水（DDW）で軽くリンスする．

❻ 1 × TdT buffer を添加（25～30 μL）し，湿室中で室温，30 分反応．

❼ TdT 反応溶液を添加（25～30 μL）後よく撹拌し，湿室にて 37 ℃，1～2 時間反応[d][e]．

❽ 50 mM Tris-HCl（pH 7.5）で 5 分，3 回洗浄．

❾ 0.3 % H_2O_2/メタノールに室温で 15 分浸漬[f]．

❿ PBS で 5 分，1 回洗浄．

⓫ 500 μg/mL ヤギ IgG/ 5 % BSA/PBS を切片に添加（25～30 μL）し，湿室内に室温，1 時間静置する．

⓬ 上記溶液を拭き取り，HRP 標識抗ビオチン抗体/ 5 % BSA/PBS を添加し，よく混ぜて湿室内に室温，3 時間静置する．

⓭ 0.075 % Brij 35/PBS で 15 分，4 回洗浄．

⓮ 発色液に 6 分浸漬後，水洗する[g]．

⓯ 脱水系列・透徹操作後，封入する[h]．

[a] DNase などの混入は偽陽性を生じるので，使用する器具や溶液は可能な限りオートクレーブする．また手袋の着用も推奨される

[b] プロテイナーゼKの効果は固定の強度や試料の種類により異なるので，必ず濃度の至適化を行うこと
[c] 無処理のものは PBS 中に保存

[d] 湿室は，容器全体をマスキングテープでシールして乾燥させないようにする
[e] 基質と TdT の濃度も可変的な部分であり，それぞれ 0.5～10 μM および 50～200 U/mL で至適化する
[f] 内因性のペルオキシダーゼ活性を阻害するため．この操作で内因性活性を失活できない場合は，3 % H_2O_2 を用いる．この操作は，ラジカル反応によって DNA を切断し，擬陽性を生じる可能性があるので TdT の反応終了後に行うこと

[g] この発色液を用いると，シグナルは黒紫色であり，感度は通常の DAB/H_2O_2 に比べて約 10 倍増強される
[h] 蛍光標識抗体によりシグナルを可視化する場合には，⓮ から蛍光観察に入る

トラブルシューティング

⚠ 全く染色されない

原因 試薬類に致命的な欠陥があるか，試料の固定不全あるいは過固定

対策 陽性対照も染色されないときは，各ステップの試薬類を再度確認する．特に，TdTや標識抗体が失活・変性していないか検討する．陽性対照が陽性なら，対象試料のDNAの有無とプロテイナーゼKの至適濃度の検討を行う

⚠ シグナルが弱い

原因 TdTの切片との反応障害によることが多い

対策 プロテイナーゼK濃度の至適化を試みること

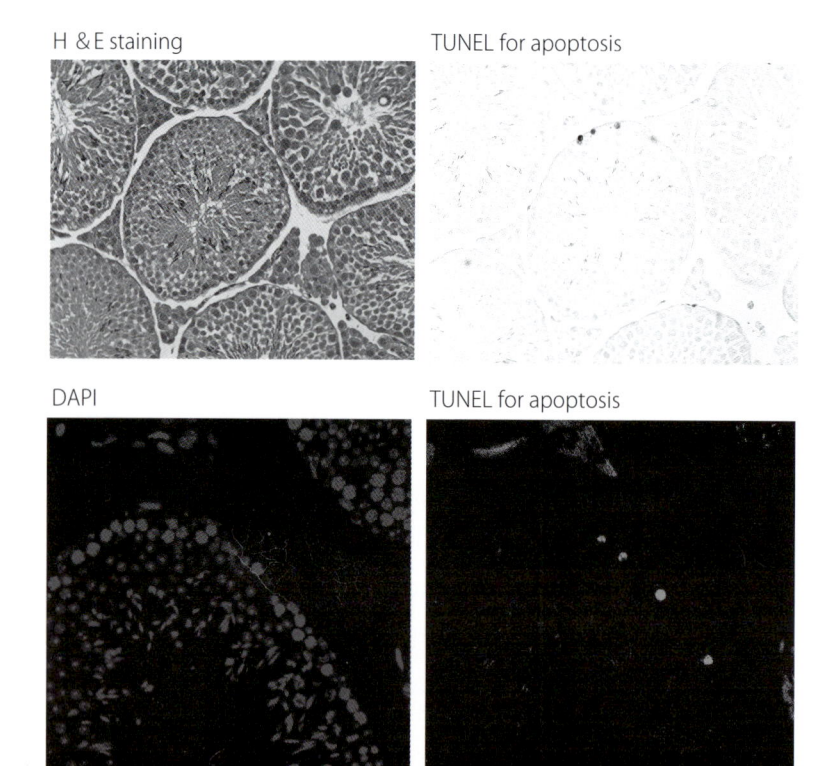

図2 マウス正常精巣でのTUNEL陽性細胞[6]（巻頭カラー図2参照）
マウス精巣を4％パラホルムアルデヒド/PBSで固定し，そのパラフィン包埋切片を用いた．A）ヘマトキシリン-エオシン染色像．B）(A)の連続切片において酵素免疫組織化学的に検出したTUNEL陽性細胞．黒色の呈色物としてアポトーシス細胞核が検出されている．C) DAPIにより核染色をしたもの．D) (C)と同一切片上で蛍光免疫組織化学的TUNELを行ったもの．ここでは，FITC標識抗ビオチン抗体でアポトーシス細胞を検出している

> ⚠️ **バックグラウンドが高い**

> **原因** 操作途中での乾燥やプロテアーゼの過剰処理によることが多い
> **対策** 操作途中での試料の乾燥や，切片の剥離の有無を検討する．同時に上記と同様にプロテイナーゼK濃度の至適化を試みること

実験結果

TUNEL染色例として，パラフィン包埋正常マウス精巣切片でのアポトーシス細胞を図2に示した．酵素免疫組織化学では黒色の呈色細胞核として，また蛍光免疫組織化学ではこの場合緑色細胞核としてシグナルを検出している．さらに，図3では，環境ホルモンによる精子形成阻害モデルとして，マウスにエストロゲンを投与し精子形成細胞のアポトーシス誘導をTUNEL法により検討した結果である．いずれにせよ，明確な陽性細胞として同定可能であった．

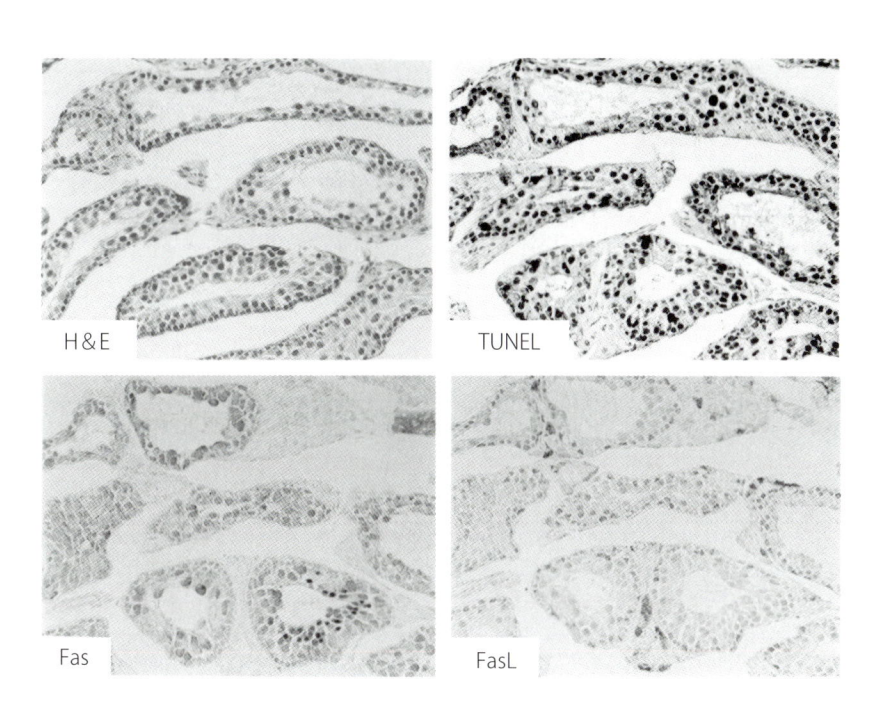

図3 エストロゲンによるマウス精子形成細胞死誘導[10]（巻頭カラー図3参照）
Estradiol-3-benzoate（1 mg/Kg体重）を5日ごとに90日間皮下投与した精巣のパラフィン切片をTUNEL染色したもの．左上図：ヘマトキシリン－エオシン染色，右上図：TUNEL染色，左下図：細胞死誘導受容体Fasの免疫染色，右下図：細胞死誘導受容体リガンドFasLの免疫染色．多数の生殖細胞核が黒色に濃染し，エストロゲンによりアポトーシスが誘導されているのがわかる．またアポトーシス細胞でのFas発現とセルトリ細胞でのFasL発現が見られ，Fas/FasL機構の関与が示唆される．文献11より転載

参考文献

1) Gavrieli, Y. et al.：J. Cell Biol., 119：493-501, 1992
2) Koji, T.：Acta Histochem. Cytochem., 29：71-79, 1996
3) Koji, T. et al.：Acta Histochem. Cytochem., 27：459-463, 1994
4) Nogae, S. et al.：J. Am. Soc. Nephrol., 9：620-631, 1998
5) Koji, T. et al.：Biol. Reprod., 64：946-954, 2001
6) Koji, T. et al.：Histochem. Cell Biol., 130：917-925, 2008
7) 小路武彦：医学のあゆみ, 225：478-484, 2008
8) 『In situ hybridization 技法』(小路武彦/編著), 学際企画, 1998
9) Hakuno, N. et al.：Endocrinology, 137：1938-1948, 1996
10) Koji, T. & Hishikawa, Y.：Arch. Histol. Cytol., 66：1-16, 2003
11) Koji, T.：Med. Electron Microsc., 34：213-222, 2001

[**E-mail**：tkoji@nagasaki-u.ac.jp（小路武彦）]

2章 DNA断片化の検出法

4 *In situ* nick translation (ISNT) 法

小路武彦

　DNAの切断部位を検出する方法として，一本鎖切断部位を特異的に検出するISNT法と主として二本鎖切断部位を特異的に検出するTUNEL法（前節）が知られる．ISNT法[1)2)]はDNA polymerase Iを用いていわゆるニックトランスレーション反応を基本としそのニック部位を視覚的に検出するもので，そもそもはクロマチンのDNase I感受性部位の解析を目的に開発された[3)]．DNAは化学的に安定ではあるが，細胞増殖・細胞分化・細胞死といったさまざまな局面でDNAの切断が起こることが知られる．多くは生理的な一過的な切断で直ちに修復されるのであるが，細胞死の場合にはそれが決定的な結果を生むわけである．アポトーシスではDNAの二本鎖切断が特徴的であるが，先行して一本鎖切断も生じることが知られている．その他，DNA複製過程においてもそのラグ鎖では不連続的な合成過程を経るため結果的にDNAの短期的な一本鎖切断状態を呈す．またある種の白血病細胞株の分化誘導の際には，DNAの一本鎖切断が一過的に生じることが知られ[4)]，さらに眼のレンズ細胞[5)]や骨格筋[6)]の終末分化誘導においては，恒久的なDNAの一本鎖切断部位の存在が明らかとなっている．一方で，放射線や化学物質によるDNA障害の程度や修復の解析にはDNAの一本鎖切断の検討が必須[7)8)]であり，これらの検討法としてISNTはきわめて有効である．ここでは，アポトーシスの検出法およびネクローシスとの識別法として解説する．

実験の概略

　原理を図1に示した．この方法は，DNAに生じたニック部位（一本鎖切断部位）を検出するためのものである．そもそも分化した細胞では，すべての遺伝子が発現しているわけではない．特に転写活性をもつ遺伝子が存在する"活性クロマチン"がDNA消化酵素であるDNase Iに高い感受性を示すことから，組織標本上でDNase I処理して一本鎖切断を導入後ISNT反応を行い，核内での活性クロマチン部位の局在を証明するために開発された[3)]．もちろん，細胞死で生じるDNA一本鎖切断部位の検出ではDNase I消化は不要である．具体的には，組織切片などに*Escherichia coli*のDNA polymerase Iを作用させると，ニック部位に結合し，残存している3'-OH末端をプライマーとして，またもう一方のDNA鎖を鋳型として5'から3'へ新しくDNA鎖を合成する．この際，基質の1つとしてビオチン

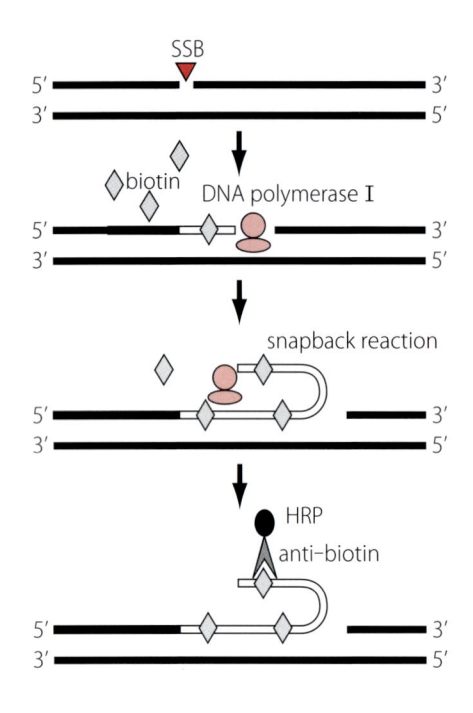

図1 ISNT法の原理
まずDNAの一本鎖切断部位（SSB：single-stranded DNA break）にDNA polymerase Iをbiotin-dUTP（biotin）などの存在下で反応させる．この反応を37℃で行うといわゆる"snapback"反応を起こし，そもそもの鋳型に関係なく新たに合成されたDNA鎖を鋳型として伸長し感度を増大させる．最終的にHRP標識biotin抗体などを反応させ酵素免疫組織化学的にシグナルを可視化する

-11-dUTPやジゴキシゲニン（Dig）-11-dUTPなどを取り込ませ，最終的にhorseradish peroxidase（HRP）標識抗ビオチン抗体や抗Dig抗体を用いて免疫組織化学的に染色する．この際の陰性対照としては，ハプテン化された核酸アナログの代わりに本来の基質であるTTPを添加するか，あるいは酵素のみを除いて反応させた標本を作製する．特異的に染色された核内部位がDNAの一本鎖切断部位と考えられる．

本法は，培養細胞でも組織切片でも細胞死研究に利用可能である．いわゆるネクローシス性の非特異的なDNA鎖切断の検出にはプロテアーゼ処理は不要であるが，アポトーシスで生じる一本鎖切断部位の検出にはプロテアーゼの前処理が必須である[9]．同様にパラフィン包埋切片でも利用可能であるが[9)10]，基本的にネクローシス性一本鎖切断とアポトーシス性一本鎖切断を明確には区別できない．

なお，アポトーシス細胞の検出に関しては，TUNELよりも高感度であることが知られる．

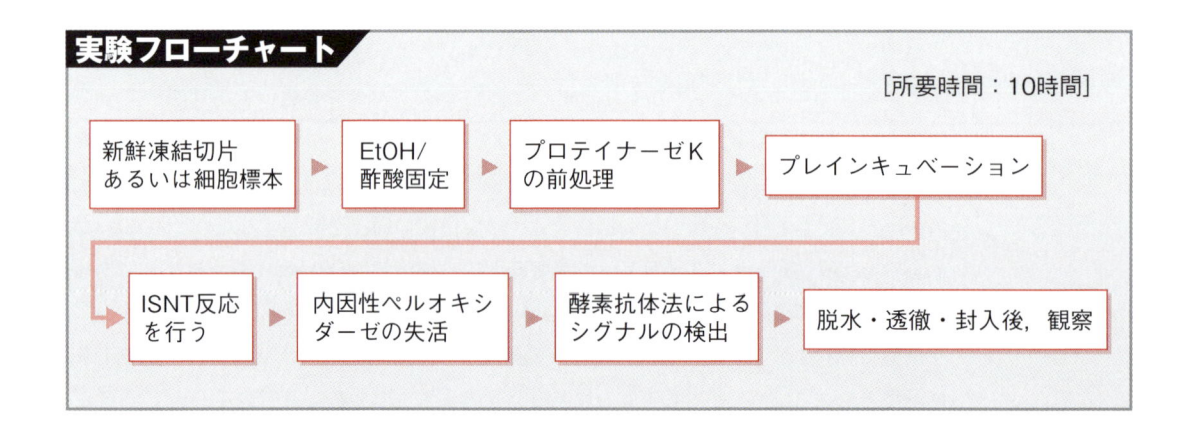

実験フローチャート

［所要時間：10時間］

新鮮凍結切片あるいは細胞標本 → EtOH/酢酸固定 → プロテイナーゼKの前処理 → プレインキュベーション → ISNT反応を行う → 内因性ペルオキシダーゼの失活 → 酵素抗体法によるシグナルの検出 → 脱水・透徹・封入後，観察

準備するもの

1) 機器類
- ウォーターバス
- 湿室
- 恒温器
- 光学あるいは蛍光顕微鏡（共焦点レーザー顕微鏡）

2) 試薬類
- プロテイナーゼ K
    PBSで100 μg/mLとし，適当量に分注して−20℃にて凍結保存．溶解後は捨てること．
- リン酸緩衝生理食塩水（PBS）（pH 7.4）
- DNA polymerase I
- dithiothreitol
- ウシ血清アルブミン（BSA）
- ニックトランスレーションバッファー（NTB）

    【10×NTB溶液の組成】　　　　（最終濃度）
1 M Tris-HCl (pH 7.5)	5 mL	(0.5 M)
1 M $MgCl_2$	1 mL	(0.1 M)
50 mM Dithiothreitol	0.2 mL	(1 mM)
10 mg/mL BSA	0.5 mL	(500 μg/mL)
DDW	3.3 mL	
total	10 mL	

    0.5～1 mLずつに分注して−20℃にて凍結保存する．

- 1 mM dATP, 1 mM dGTP, 1 mM dCTP
- 0.1 mM ビオチン-11-dUTP あるいはジゴキシゲニン-11-dUTP
- 0.1 mM TTP
- ISNT反応溶液の調整　　　　（最終濃度）

10×NTB	25 μL	(1×NTB)
5 U/μL polymerase I	10 μL	(200 U/mL)
1 mM dATP	5 μL	(20 μM)
1 mM dGTP	5 μL	(20 μM)
1 mM dCTP	5 μL	(20 μM)
0.1 mM ビオチン-11-dUTP	50 μL	(20 μM)（あるいはジゴキシゲニン-11-dUTP）
DDW	150 μL	
total	250 μL	

- 50 mM Tris-HCl（pH 7.5）
- 0.3% H_2O_2/メタノール
- Brij 35
- 0.1M リン酸ナトリウムバッファー（pH 7.5）
- 1% $CoCl_2$
- 1% $NiSO_4(NH_4)_2SO_4$
- 3,3'-ジアミノベンジジン/4HCl（DAB）
- 正常ヤギIgG

- ● **HRP標識ヤギ抗ビオチンあるいは抗ジゴキシゲニン抗体**
  蛍光抗体法の場合はFITCあるいはローダミン標識抗体.
- ● **発色液（HRP標識抗体使用の場合）**　　　　　　（最終濃度）

1 Mリン酸ナトリウムバッファー（pH 7.5）	10 mL	(0.1 M)
DDW	90 mL	
DAB	50 mg	(0.5 mg/mL)
1 % $CoCl_2$	2.0 mL	(0.02 %)
1 % $NiSO_4(NH_4)_2SO_4$	2.5 mL	(0.025 %)
30 % H_2O_2	33 μL	(0.01 %)
total	100 mL	

1 % $CoCl_2$ と 1 % $NiSO_4(NH_4)_2SO_4$ 溶液は滴下して溶解し，調整後は直ちに使用すること．

プロトコール

（未固定新鮮凍結切片の場合）

❶ 新鮮凍結切片（5〜6 μm）を作製し，シラン処理スライドガラスに拾い風乾[a]．

[a] DNaseなどの混入は偽陽性を生じるので器具や溶液は可能な限りオートクレーブする．また操作中は手袋着用

❷ エタノール/酢酸（3：1）で室温，20分固定．

❸ PBSで5分，3回洗浄．

❹ プロテイナーゼK（1 μg/mL，37℃，5〜15分）処理[b]．

[b] 無処理のものはPBS中に保存．本操作はネクローシスでのDNA鎖切断検出には不要

❺ PBSで5分，3回洗浄．

❻ 50 mM Tris-HCl（pH 7.5）に室温で30分浸漬．

❼ ISNT反応溶液を添加（25〜30 μL）し，よく撹拌した後湿室に入れ，37℃，3時間保温器内にてインキュベート[c]．

[c] 湿室容器はマスキングテープでシール

❽ 50 mM Tris-HCl（pH 7.5）で5分，3回洗浄．

❾ 0.3 % H_2O_2/メタノールに室温で15分浸漬[d]．

[d] 内因性のペルオキシダーゼ活性の阻害．この反応で内因性活性を失活できない場合は，3 % H_2O_2 を用いる

❿ PBSで5分洗浄．

⓫ 500 μg/mL ヤギIgG/5 % BSA/PBSを切片に添加（25〜30 μL）し，湿室内に1時間静置[e]．

[e] 抗体の非特異的結合のブロックを行う

⓬ 上記溶液を拭き取り，HRP標識ヤギ抗ビオチン抗体/5 % BSA/PBSを添加し，よく混ぜて湿室内に3時間．

⓭ 0.075 % Brij 35/PBSで15分，4回洗浄．

⓮ 発色液に6分浸漬後，水洗[f]．

[f] シグナルは黒紫色．感度は通常のDAB/H_2O_2 に比べて約10倍増強される

⓯ 脱水系列・透徹操作後，封入する．

トラブルシューティング

基本的には，前節（2章3節）と同様である．切片を固定後（パラフィン切片の場合は脱パラ後），0.1 μg/mL DNase I で 10 mM $MgCl_2$ 存在下，37℃で10分処理し，PBSで5分，3回洗って陽性対照とする．この結果と比較して考察する．

❗ 無染色あるいはシグナルが弱い

原因 試薬類の失活・変性かあるいは試料の不適切な取扱い

対策 陽性対照が無染色なら，DNA polymerase や抗体および標識酵素の活性の有無を検討すること．試料のDNAの保存が問題となることもある．陽性対照が陽性なら，プロテイナーゼKの濃度の至適化を図ること

❗ バックグラウンドが高い

原因 ハプテン化塩基や抗体の切片や細胞への非特異的結合による

対策 操作途中での切片の乾燥や一部剥離を疑う．またプロテイナーゼK処理の過剰および標識抗体の濃度の検討を行う

実験結果 （図2）

ネクローシス細胞の例として，CCl_4（100 μL/100 g体重）の腹腔内投与後28時間のラット肝臓切片を，またアポトーシス細胞の例としてハイドロコーチゾン（10 mg/100 g体重）投与後2時間のラット胸腺切片を作製し，プロテアーゼ処理の有無による効果を示した．アポトーシス細胞の検出にはプロテアーゼ処理が必要性であった．

なお，ISNT法はアポトーシス性およびネクローシス性のDNA一本鎖切断部位を区別して検出できることを示した．DNA切断部位がネクローシスでは露出しており，一方アポトーシスでは保護されているようで，これらの状況の違いがプロテアーゼの前処理依存性に反映されているようである．しかし，それらの差異がパラフィン切片では維持されず，識別が不可能となっている．一方，神経細胞の神経切断に伴う細胞死誘導を検討した際，Bax発現との関係からアポトーシスと思われたが，TUNELでは染色されずISNTでのみ陽性細胞を検出した[10]．この場合の細胞死は数週間という長時間を掛けて進む過程であって，通常のアポトーシスとは区別されるべきものかもしれない．

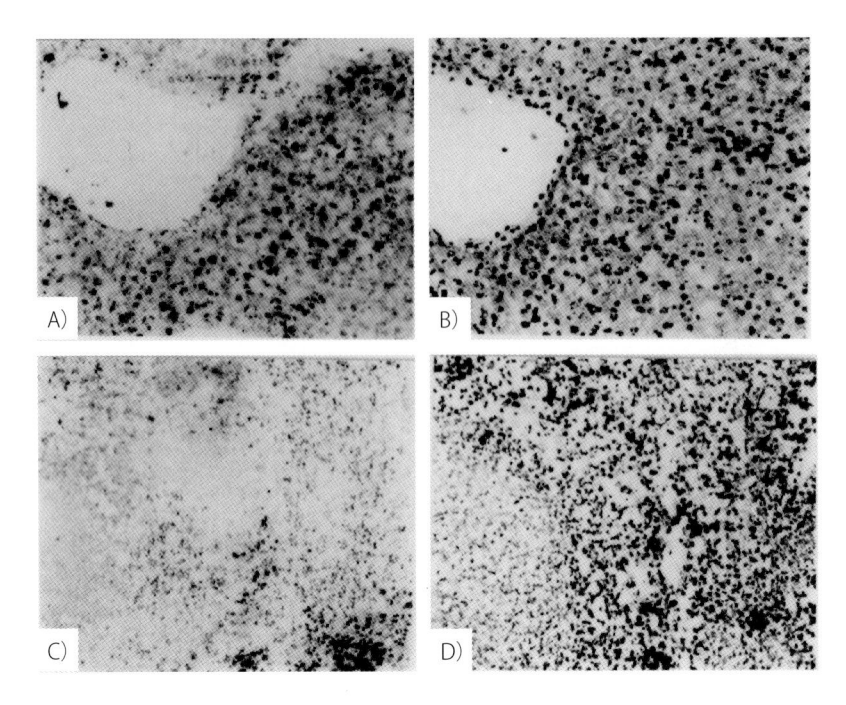

図2 ネクローシスならびにアポトーシス細胞におけるISNTによるDNA一本鎖切断の検出[2)9)]

ネクローシス細胞の例として，CCl$_4$（100μL/100g体重）の腹腔内投与後28時間のラット肝臓（A, B）を，またアポトーシス細胞の例としてハイドロコーチゾン（10 mg/100 g体重）投与後2時間後のラット胸腺（C, D）を用いた．それぞれの新鮮凍結切片をエタノール/酢酸（3：1）で固定後ISNTにてシグナルを検出したもの．（A, C）：プロテアーゼ無処理，（B, D）：プロテアーゼ処理．文献2より転載

参考文献

1）Koji, T.：Molecular Histochemical Techniques（Springer Lab Manuals）（Ed. by Koji, T.），Springer-Verlag, Heidelberg, pp3-12, 2000
2）Koji, T.：Acta Histochem. Cytochem., 29：71-79, 1996
3）Kerem, B. et al.：Cell, 38：493-499, 1984
4）Farzaneh, F. et al.：Nucleic Acids Res., 15：3493-3502, 1987
5）Appleby, D. W. & Modak, S. P.：Proc. Natl. Acad. Sci. USA, 74：5579-5583, 1977
6）Dawson, B. A. & Lough, J.：Dev. Biol., 127：362-367, 1988
7）Kayashima, K. et al.：Cell Biochem. Funct., 16：107-116, 1998
8）Hoang, T. et al.：Free Radical Biol. Med., 47：1049-1056, 2009
9）Hashimoto, S. et al.：Arch. Histol. Cytol., 58：161170, 1995
10）Baba, N. et al.：Brain Res., 827：122-129, 1999

[**E-mail**：tkoji@nagasaki-u.ac.jp（小路武彦）]

2章 DNA断片化の検出法

5 コメットアッセイ（Comet Assay）

桑原一彦，Suchada Phimsen，阪口薫雄

　細胞が放射線などで暴露されるとDNA切断が誘導されるが，これを単一細胞レベルで検出できる有用な方法としてコメットアッセイがある．この基本原理は，電気泳動によりアガロースゲル中でDNAを移動させることにある．断片化したDNAを移動させ蛍光染色して検鏡すると彗星（コメット）のように長く尾を引いた像を呈することよりこのように呼ばれる．アポトーシスの際にはDNA断片化が生じるため，その検出にコメットアッセイがしばしば使われるが，DNA損傷の初期状態や修復動態なども測定できるため，DNA損傷の測定法としてさまざまな分野で応用されている．これまでDNA損傷を測定するためにアルカリ溶出法，不定期DNA合成試験など多くの方法が開発されてきた．これらの方法と比較して，コメットアッセイは①DNA損傷の検出感度がよい，②試料における細胞数が少なくてすむ，③簡便，安価に行える，などの利点をもつ．一方，細胞スライドの作製に習熟を要するなどの操作面や，画像解析に時間がかかるなどの解析システムの問題点も指摘されてきた．近年，各社よりコメットアッセイ用のスライドガラスが販売され，またDNAの移動パターンを定量できるソフトウェアも無料で入手でき，これらの問題点は克服されてきた．事実，近年コメットアッセイを用いた論文数は飛躍的に増加している．

実験の概略

　単一細胞レベルでDNA損傷を検出する方法は1984年に初めて報告されたが[1]，現在はSinghらが報告したアルカリ条件によるマイクロゲル電気泳動を行う方法が広く用いられている[2]．コメットアッセイは損傷を受けて不安定となったDNAのアルカリ抽出法をもとにしている．したがって，巻かれていない，解きほぐされたDNAは核封入体から自由に移動することができ，サイバーグリーンなどで染色することが可能になる．損傷したり，弛緩した状態のDNAには図1のような蛍光の尾（コメット）が観察される．DNA移動量の変動はさまざまな要因（アルカリ性による巻き戻し時間，泳動時間など）に依存している．

　コメットアッセイのガイドラインはInternational Workshop on Genotoxicity Test Procedures に解説されており[3,4]，以下にその概要を記載する．DNA損傷処理を行った細胞を低融点アガロースと混ぜてスライドガラス上に薄層として封入し，溶解液で処理する．この操作で膜と可溶性細胞成分ばかりではなくヒストンも取り除かれ，スーパーコイル化さ

低融点ゲルで包埋された細胞

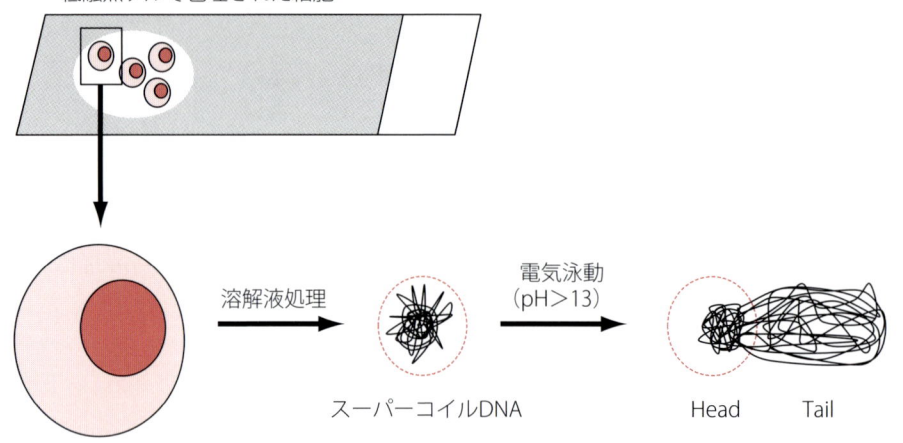

溶解液処理 → スーパーコイルDNA → 電気泳動（pH＞13）→ Head　Tail

図1　コメットアッセイの原理

れたDNAが核マトリクスに付着した状態で残る．次にアルカリ性溶液に20〜60分間浸し，スーパーコイルの巻き戻しを行うとともにDNAを一本鎖化する．このスライドをアルカリ性条件下（pH＞13）で電気泳動する．電気泳動後，スライドを蒸留水で10分間洗浄してゲルを中和した後，70％エタノールに5分浸すことによって脱水する．その後，サイバーグリーンなどで染色し，そのDNA移動パターンを蛍光顕微鏡によって評価する．最後に画像解析システムを用いて，DNA移動パターンを定量化する．

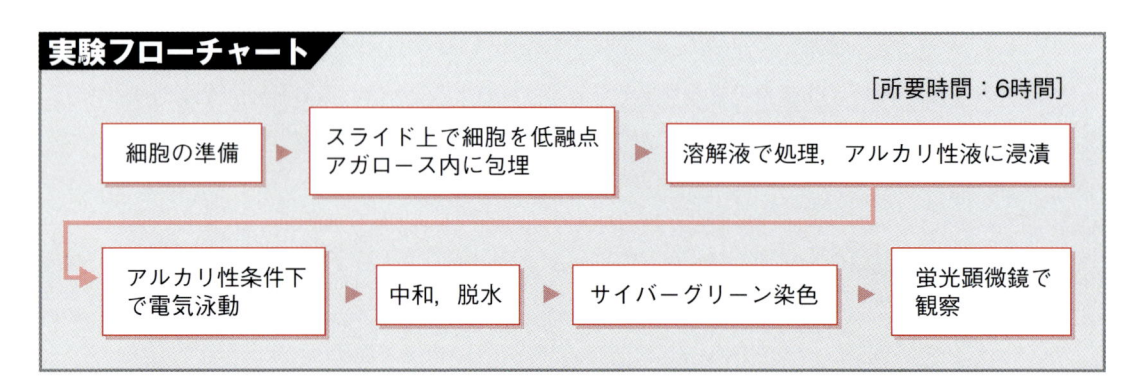

実験フローチャート

［所要時間：6時間］

細胞の準備 → スライド上で細胞を低融点アガロース内に包埋 → 溶解液で処理，アルカリ性液に浸漬 → アルカリ性条件下で電気泳動 → 中和，脱水 → サイバーグリーン染色 → 蛍光顕微鏡で観察

準備するもの

本プロトコールではTrevigen社のコメットアッセイキット（カタログ番号：4250-050-K）を用い，DNAをサイバーグリーンで染色する方法を説明する．

1）機器

- 恒温液槽（37℃，沸騰温度）
  ビーカーの水をホットプレート上で沸騰させても可．
- 水平電気泳動槽（Trevigen社）
  Mupid電気泳動槽でも可．
- 蛍光顕微鏡

2) 試薬など

- 培養細胞
    HeLa細胞など
- PBS（−）
- 溶解液（キットに含まれる）
- コメット低融点アガロース（キットに含まれる）
- コメットスライド（キットに含まれる）
- アルカリ性溶液（pH > 13）[a]

NaOH	0.6 g
200 mM EDTA	250 μL
dH$_2$O	49.75 mL
total	50 mL

- アルカリ電気泳動バッファー（pH > 13）（300 mM NaOH, 1 mM EDTA）[b]

NaOH	12 g
500 mM EDTA（pH 8.0）	2 mL
dH$_2$O [c]	
total	1 L

- サイバーグリーン染色液（キットに含まれる）[d]
- 蛍光褪色防止剤

[a] 使用する直前に調製し，室温まで温度を下げる

[b] Trevigen社の泳動槽を用いるときはバッファーの組成は 200 mM NaOH, 1 mM EDTAにする

[c] NaOHが完全に溶解した後，1 Lに調製する

[d] TEバッファー〔10 mM Tris-HCl（pH 7.5），1 mM EDTA〕で10,000倍に希釈して用いる

プロトコール

❶ 細胞を回収し，PBS（−）で 1 × 10^5/mLに調製する[a]．

❷ 溶解液を使用前20分間氷上に静置し，よく冷やす．

❸ コメット低融点アガロースを沸騰水で5分間溶解する[b]．

❹ 溶かしたアガロースを37℃の恒温槽で20分間冷やす．

❺ 細胞と溶解したアガロース（37℃）を 1：10の割合で混ぜ，直ちに50 μLをコメットスライド上にのせる[c]．

[a] 培養液で調製するとアガロースのスライドへの接着が悪くなる

[b] Heat blockの使用は避ける

[c] サンプルが均等に拡散しないときはスライドをあらかじめ37℃で暖めておく

CometSlide™（2 well）

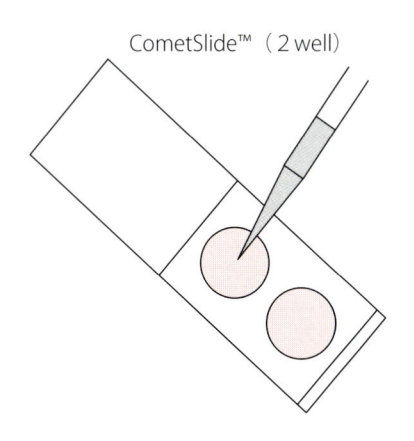

❻ スライドを4℃暗所で10分間冷やす．

❼ スライドを冷却した溶解液に浸し，4℃で30〜60分間放置する．

❽ スライドを取り出し，過剰な溶解液を除く[d]．　　[d] 手袋着用で行う

❾ アルカリ性溶液（pH＞13）に浸し，室温暗所で20〜60分間放置する．

❿ 泳動槽上にスライドを静置し，アルカリ電気泳動バッファー（pH＞13）をサンプルが覆われるまで静かに加える．

⓫ 1 Volt/cmで20〜40分間泳動する[e]．　　[e] 電流が約300 mAになるようにバッファー量を調整する

⓬ アルカリ電気泳動バッファー（pH＞13）を捨て，スライドを蒸留水に10分間浸す（2回）．

⓭ スライドを70％エタノールに5分間浸す．

⓮ スライドを45℃以下で15分間乾燥させる．

⓯ 希釈したサイバーグリーン染色液100 μLをサンプルに添加し，4℃で5分間染色する．

⓰ スライド上のサイバーグリーン染色液を除き，室温暗所で完全に乾燥させる．

⓱ 蛍光顕微鏡を用いて最低75個の細胞の画像を取り込む[f]．　　[f] FITC用フィルターで観察可能

⓲ 画像解析ソフトで％DNA in TailとTail Moment[g]をスコア化する．

[g] ％DNA in Tail：Tail中のDNA量を細胞中の全DNA量で割った値に100を掛けた値
Tail Moment：％DNA in TailとTail Lengthを掛けた値

トラブルシューティング

⚠ スライド上のアガロース内に細胞が残っていない

原因 泳動バッファーが熱くなっている
　対策 ▶ 電気泳動を低温室で行う

原因 アガロースに包埋する前に細胞から培養液が除去されていない
　対策 ▶ 細胞浮遊液はPBS（−）を用いる

⚠ 未処理の細胞でもコメットtailを認める

原因 細胞培養中またはサンプル調製の段階でDNA損傷が起こる
　対策 ▶ 細胞の状態を確認し，物理的ダメージを与えないように細胞を扱う

原因 サンプル調製後にエンドヌクレアーゼ活性が存在する
　対策 ▶ 溶解液を使用前に十分に冷やしているか，また使用したPBSにカルシウムとマグネシウムが含まれていないかを確認する

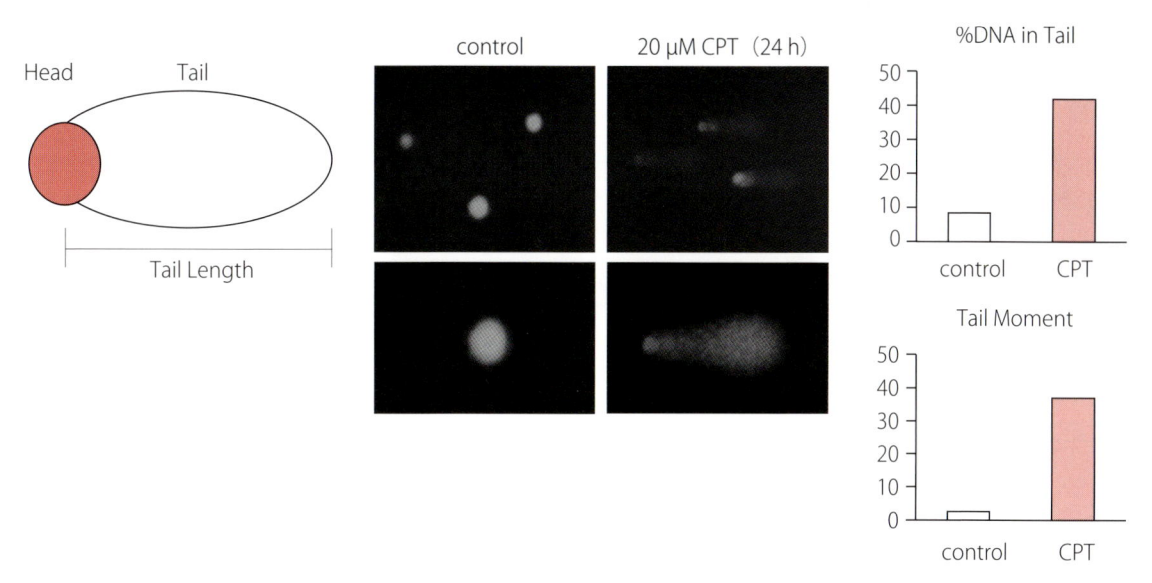

図2　コメットアッセイの実験例（巻頭カラー図5参照）

⚠ 陽性コントロール細胞のコメットtailが十分に観察されない

原因 サンプルのアルカリ変性が不十分である
　対策 アルカリ性溶液（pH>13）中での反応時間を60分にする

原因 サンプルの電気泳動時間が不十分である
　対策 アルカリ電気泳動の時間を60分まで延ばす

実験結果

　カンプトテシン（DNAトポイソメラーゼⅠ阻害剤）処理を24時間行ったHeLa細胞を用いたコメットアッセイの実験例を図2に示す．画像解析にはCometScore™Freeware v1.5を用いた（無料ダウンロード可能）．

　これまでわれわれは，Trevigen社のキットを用い，さまざまな細胞株で再現よく結果を得ることができている．

参考文献
1) Ostling, O. & Johanson, K. J.：Biochem. Biophys. Res. Commun., 123：291-298, 1984
2) Singh, N. P. et al.：Exp. Cell Res., 175：184-191, 1988
3) Tice, R. R.：Environ. Mol. Mutagen., 35：206-221, 2000
4) 翁祖銓，小川康恭：労働安全衛生研究, 3：79-82, 2010

[E-mail：kazukuwa@gpo.kumamoto-u.ac.jp（桑原一彦）]

3章 細胞死に関与するタンパク質の検出法

1 カスパーゼ活性化の検出

刀祢重信

　細胞死において，なんらかのプロテアーゼが働いていることは，アポトーシス研究の初期のころからすでに言われてきた．しかし，それはあくまでDNAをDNaseが切るように，他の細胞に貪食されやすいようにとか，死ぬ細胞の外に与える悪影響を最小限にするためという消極的な役割と考えられてきた．つまりプロテアーゼの活性化はアポトーシスの結果であって原因ではない，というふうにおぼろげに考えられてきた．ところがある1つの発見がこの状況を一変させた．線虫の細胞死遺伝子を解析した米国のYuanらの仕事で，Ced-1の遺伝子がヒトのプロテアーゼ IL-1 converting enzyme（ICE）とホモロジーが高く，それをラットの細胞に強制発現させるとアポトーシスするという衝撃の発見であった[1]．つまりこのプロテアーゼが哺乳類細胞内でアポトーシスの引き金になるということである．その後このICEに類似のプロテアーゼが哺乳類細胞で10数種類存在すること，これらのカスケードがアポトーシス時に起きることが明らかになった．当初，1つのプロテアーゼに発見者によって複数の名前がバラバラにつけられ，混乱状態になったが，研究者の提案によって発見順に番号が付けられることになった．またシステインを活性中心にもつシステインプロテアーゼであり，アスパラギン酸のC末側を切断する性質からCys-ASP-Ase（Caspase）何番と呼称されるようになった．このカスパーゼの重要な特徴として，切断の特異性は，制限酵素ほどは高くないが，結構その切断部位のコンセンサスが存在するということである．このことを利用して種々の阻害剤が開発されてきた．一番有名なのがzVADと呼ばれるペプチドで大部分のカスパーゼに共通に阻害的に働く．そしてこの阻害剤は多くのアポトーシスの進行を抑制することが報告されてきた．カスパーゼがアポトーシスのシグナル伝達に中心的な働きをしているのである．このカスパーゼファミリーを大別すると，アポトーシスの引き金段階で働くイニシエーターカスパーゼと実行段階で細胞内の種々のタンパク質を選択的に分解するエフェクター（あるいは実行）カスパーゼに分かれる．前者の代表的なものには，カスパーゼ-8, -9が，後者にはカスパーゼ-3, -6があげられる．

実験の概略

　アポトーシスにおけるカスパーゼ活性化の測定の原理はシンプルである．原理的には図1に示すように2つある．1番目はカスパーゼが切断しうるコンセンサスなアミノ酸配列（例

A)

Z-XEXD—N—H — レポーター分子

↓カスパーゼ

Z-XEXD   H₂N—レポーター分子

B)

N———DEVD———C

↓カスパーゼ

N———DEVD   N———C

カスパーゼによって切断された断片の
N末付近の配列に特異的な抗体

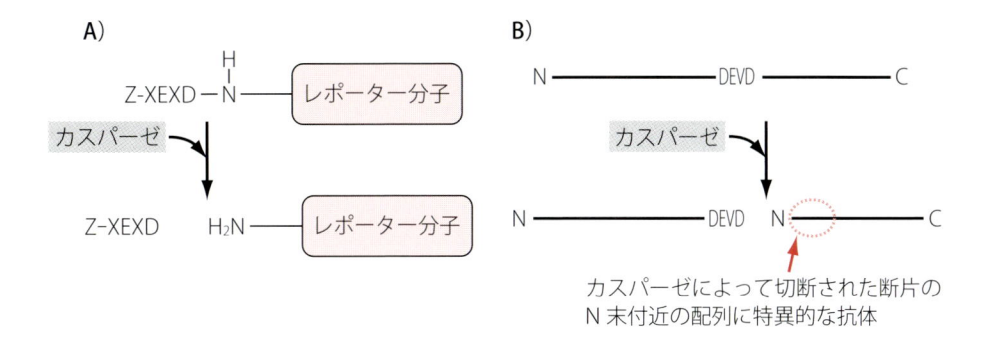

図1　活性化カスパーゼ検出の原理

えばVADやDEVD）のペプチドにレポーター分子を結合させておく．このレポーターとして古典的には蛍光色素，最近ではルシフェラーゼなどの酵素を用いる．ペプチドが結合している状態ではレポーター分子は不活性である．蛍光色素はクエンチングのため，蛍光を発しないし，酵素も活性がない．細胞内でカスパーゼが活性化してくると，ペプチドをカスパーゼが切断してレポーターが遊離するので，その蛍光量や酵素活性が上昇し，それを分光光度計，FACSやルミノメーターで検出する．

　カスパーゼ活性化測定の原理の2番目は，カスパーゼによって切断されたタンパク質を特異的に認識する抗体を用いる方法である．カスパーゼ自身も活性化されるためには他のプロテアーゼ（カスパーゼを含む）によって切断されるので，切断されたカスパーゼ断片を特異的に認識する抗体もよく使われる．これらの抗体を用いて，蛍光抗体法やウエスタンブロッティングを行う．

1-1 cell baseの活性測定（ホモジナイズなしの測定法）

準備するもの

- Caspase-Glo 3/7 Assay（プロメガ社）
- ルミノメーター（例えばMiniLumat LB9506，Berthold社）

プロトコール

❶ 96穴プレートに一穴あたり同数の細胞を培養しておく[a]．

❷ Caspase-Glo 3/7 Bufferのボトルをフリーザーから取り出し室温放置して融解．

❸ Caspase-Glo 3/7 BufferをボトルごとCaspase-Glo 3/7 Reagentのボトルに投入し，よくふって混ぜる[b]．

[a] 本測定法は非常に感度がよいので，極少数の細胞がアポトーシスをしているコントロール群でもある程度の数値が出る．処理群の値をコントロール群の何倍という表現をする．したがって各ウェル当たりの細胞数は厳密に一定にすべきである

[b] 4℃，3日間は活性低下は見られない．4℃，1週間で10％活性低下，4℃，4週間で25％活性低下

❹ 測定したい細胞の入った培養容器（例えば96穴プレート）を室温に戻す．

❺ 各ウェルに培養液と等量のCaspase-Glo 3/7 Reagent液を加える[c]．

❻ 室温で30分〜3時間放置[d]．

❼ ルミノメーターで測定．

[c] 例えば96穴プレートの場合，各ウェルに100μLの培養液を入れておく．各ウェルに100μLのCaspase-Glo 3/7 Reagent液を加えてよく混ぜる

[d] 細胞の種類，数で適正な時間が変わるのではじめに色々振って条件を決める

トラブルシューティング　1-1：cell baseの活性測定（ホモジナイズなしの測定法）

! 活性が低い

原因 試薬の劣化

対策 溶解後（凍結せず）数週間以内に使い切る

実験結果 ― 1-1：cell baseの活性測定（ホモジナイズなしの測定法）

ニワトリ B-cell lymphoma 細胞を用いたカスパーゼ活性検出の結果を図2に示す．

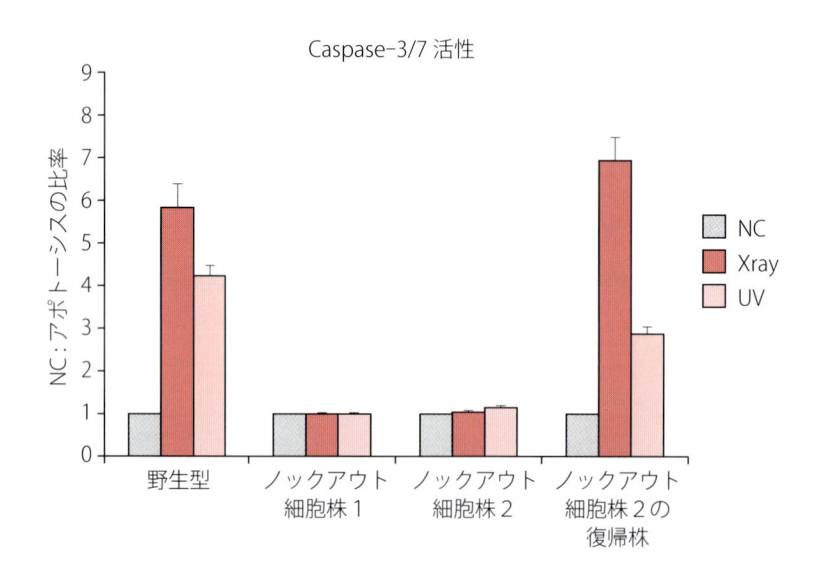

図2　Caspase活性の検出
使用細胞：ニワトリ B-cell lymphoma DT40（野生型および特定遺伝子欠損株）．アポトーシス誘導条件：UVC，100 J/m^2

1-2 蛍光による活性測定

NucView 488 Caspase-3 Substrate for Live Cells[3]は，培養液に添加するだけで細胞膜を通して細胞に容易に導入することができる．Caspase-3が活性化されると，ペプチドが切断されるので蛍光色素が遊離し，また蛍光分子の電荷がマイナスからプラスに変わるので，DNAに結合するようになり，緑色蛍光を呈する．

後期アポトーシスやネクローシス細胞の核を赤色に標識するPIや，すべての細胞の核を青色に標識するヘキスト33342と併用すると初期アポトーシス細胞を検出することも可能である．

準備するもの

- NucView 488 Caspase-3 Substrate for Live Cells（Biotium社）
- 蛍光顕微鏡またはFACS（例えばFACS Calibur）

プロトコール

1. アポトーシスを誘導した細胞の培養液中にNucView 488 Caspase-3 Substrateを加える．接着細胞をNucView 488で染色してFACSで解析する場合はあらかじめトリプシンではがして遠心し，一度少量[a]（例えば0.2 mL）の培養液に懸濁してからNucView 488を加える（必要ならば他の試薬PIやヘキスト33342を培養液や細胞懸濁液に加える）．加える濃度は最終$1 \sim 10 \mu M$．
2. 室温で15～30分放置．
3. PBSを1 mL加える．
4. 蛍光顕微鏡やFACSで解析する．FACSにかける際はPBSなどで洗う必要はなく，フィルターで細胞塊を除去後，そのまま用いる．

[a] 試薬が高価なのでできるだけ少量の培養液にする．

実験結果 — 1-2：蛍光による活性測定

FACSにより解析した結果を図3に，蛍光顕微鏡により解析した結果を図4に示す．

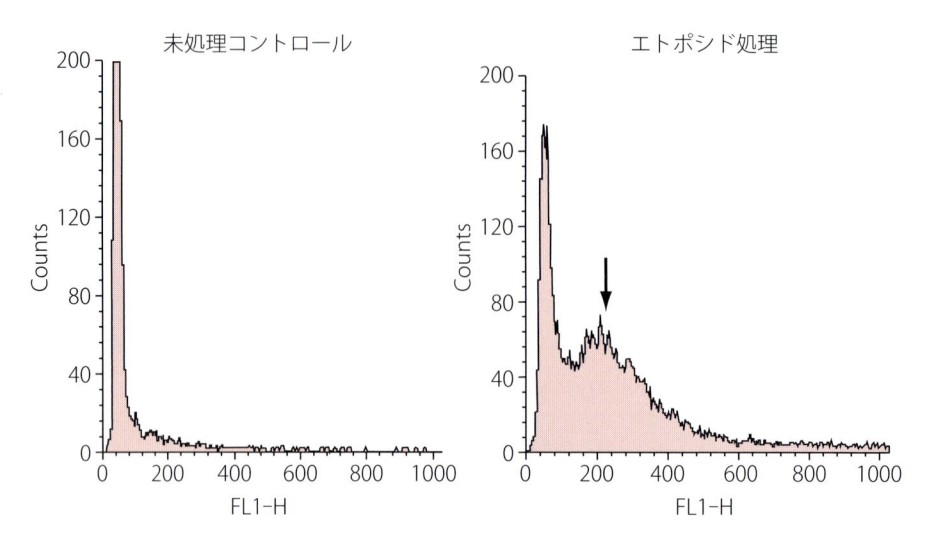

図3 NucView 488によるCaspase-3活性化細胞の検出
エトポシド処理した方は，Caspase-3活性化により細胞当たりの蛍光量が高くなった細胞（←）が多くなっている．未処理ではそういう細胞はほとんど見られない．ヒトJurkat細胞．アポトーシス条件：50 μMエトポシド，24時間．標識はNucView 488 Caspase-3のみ．最終5 μM室温30分．左）未処理コントロール．右）エトポシド処理

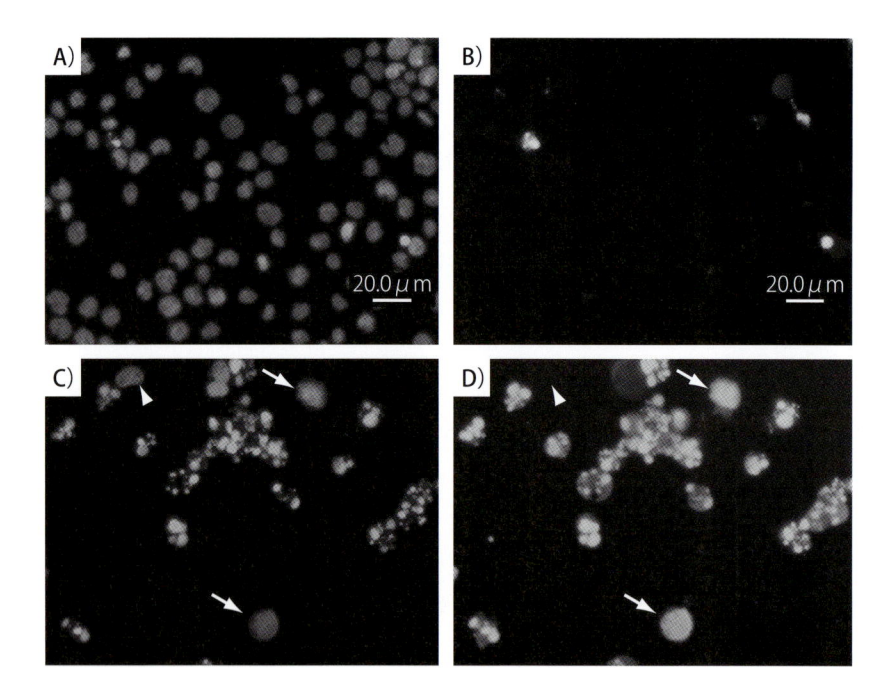

図4 蛍光顕微鏡による解析（巻頭カラー図4参照）
A）B）未処理コントロール，C）D）エトポシド処理（条件はFACS解析と同じ）．A）C）はヘキスト33342（最終濃度1.6 μM），B）D）はNucView 488 Caspase-3（条件はFACS解析と同じ）．A）とB），C）とD）はそれぞれ同一視野．未処理コントロールではほとんどCaspace-3が活性化された細胞がない（B）のに比べて，エトポシド処理群ではほとんどの細胞でCaspace-3が活性化されている（D）．C）のなかの矢印をつけた細胞では，核の凝縮は進んでいないが，D）を見るとCaspace-3が活性化されているので，アポトーシスの初期段階であるといえる．それに対して，C）のなかの矢頭で示した細胞は，核凝縮もCaspace-3の活性化もまだ起きていない

1-3 その他：抗体を用いた解析[4]

準備するもの

- 固定液
  例えばマイルドホルム（ナカライテスク社）
- PBS（−）
- ブロッキング試薬（3％BSA入りPBS）
- Can-Get-Signal immunostain（NKB-401, 東洋紡績社）
  抗体をこれで希釈するとバックグラウンドが低くなる．
- NP40（ナカライテスク社）
- 一次抗体
  例えば抗活性型カスパーゼ-3抗体（2305-PC-020, Trevigen社）．
- 二次抗体
  例えばAlexa 488標識抗ウサギIgG（H+L）抗体．
- セルデスクLF1（住友ベークライト社）
- サイトスピン3（サーモフィッシャーサイエンティフィック社）
  スライドガラスに遠心力で浮遊細胞を貼りつかせる装置．

プロトコール

1. 細胞の固定（接着系細胞ではセルデスク上で培養したもの，浮遊系細胞ではスライドガラス上にサイトスピンしたもの）．
2. NP40（0.1％）入りPBS，室温5〜10分処理で細胞膜に穴をあける．
3. PBSによる洗浄：5分×1．
4. ブロッキング：室温30分．
5. 一次抗体：例えば抗活性型カスパーゼ-3抗体200倍希釈，室温1時間．
6. PBSによる洗浄：5分×3．
7. 二次抗体：例えばAlexa 488標識抗ウサギIgG（H+L）抗体1,000倍希釈，室温1時間．
8. PBSによる洗浄：5分×3．
9. マウント：蛍光抗体法の場合は紫外線照射による褪色を遅くするために褪色防止剤，例えばVector社Vectashieldを使用する．

	DAPI 染色	抗活性型カスパーゼ-3 抗体	

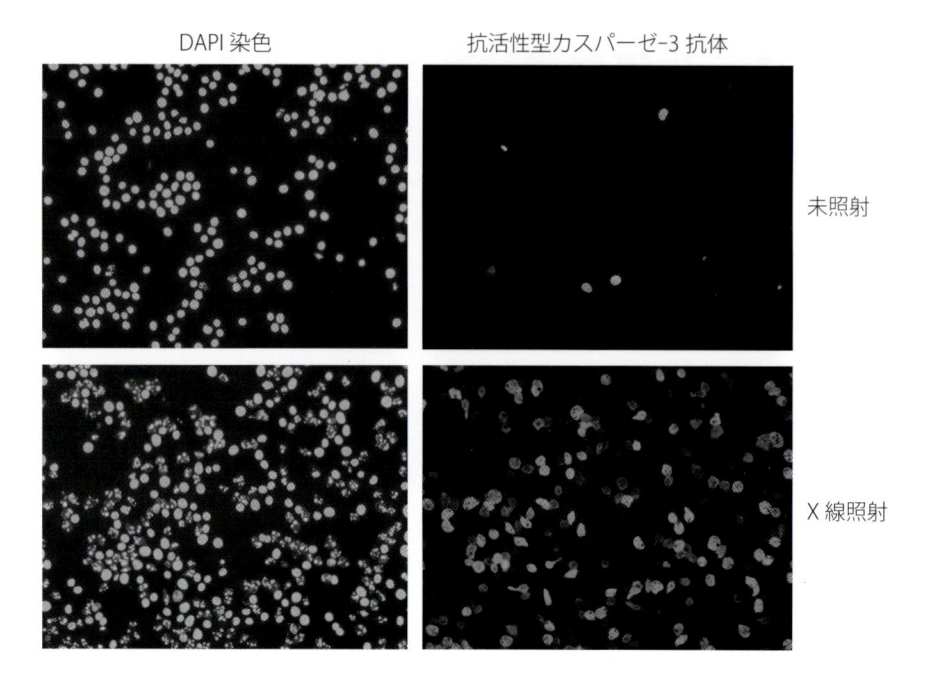

(上段) 未照射
(下段) X線照射

図5　カスパーゼ-3の活性化の検出
使用細胞：ニワトリ B-cell lymphoma DT40（野生型および特定遺伝子欠損株）．アポトーシス誘導条件：UVC 100 J/m^2

トラブルシューティング　1-3：その他：抗体を用いた解析

! バックグラウンドが高い

原因 一次抗体の濃度が高すぎる．一次抗体の力価が低いなどさまざま
> **対策** 陰性コントロールを常に用意する．はじめのときに一次抗体の希釈濃度をふって検討する

実験結果 — 1-3：その他：抗体を用いた解析

抗活性型カスパーゼ3抗体を用いた免疫染色の結果を図5に示す．

参考文献
1) Miura, M. et al. : Cell, 75 : 653-660, 1993
2) Karvinen, J. et al. : J. Biomol. Screen., 7 : 233-231, 2002
3) Cen, H. et al. : FASEB J., 22 : 2243-2252, 2008
4) Srinvasan, A. et al. : Cell Death Diff., 5 : 1004-1016, 1998

[E-mail：tone@med.kawasaki-m.ac.jp（刀祢重信）]

3章 細胞死に関与するタンパク質の検出法

2 カテプシンの検出

石堂一巳，勝沼信彦

　カテプシンとはリソソームに存在するタンパク質分解酵素の共通名称である[1]．タンパク質分解酵素は活性中心を構成するアミノ酸残基の種類によりセリンプロテアーゼ，システインプロテアーゼ，アスパラギン酸プロテアーゼ，金属プロテアーゼに分類されている．アポトーシスに関与するカテプシンとして報告されているものは，システインプロテアーゼであるカテプシンBとアスパラギン酸プロテアーゼであるカテプシンDである[2,3]．いずれも本来はリソソームで機能しているプロテアーゼであり，何らかの刺激により細胞質に流出し，アポトーシスを抑制しているタンパク質を分解することにより，アポトーシスを引き起こしていると考えられている[4]．本稿では，カテプシンBおよびカテプシンDの蛍光基質を用いた活性測定法および細胞分画法により細胞質に流出したカテプシンのイムノブロット法による検出について述べることとする[5]〜[7]．

実験の概略

1 カテプシンB活性測定法

　培養細胞のリソソーム中に存在するカテプシンBの活性を蛍光基質であるz-Arg-Arg-MCAの分解活性で測定する（図1）．切断により生じたAMCは励起波長370 nm，測定波長460 nmで蛍光を発するので，蛍光強度から生じたAMCの量を測定する．単位タンパク質量・単位時間当たりの生じたAMC量（nmoles/min/μg）がカテプシンBの比活性である．

2 カテプシンD活性測定法

　培養細胞のリソソーム中に存在するカテプシンDの活性を蛍光基質であるMOCAc-Gly-Lys-Pro-Ile-Leu-Phe-Phe-Arg-Leu-Lys(Dnp)-D-Arg-NH$_2$の分解活性として測定する（図2）．MOCAcとクエンチャーのジニトロフェノールが離れることにより，MOCAcの蛍光が発生するので，励起波長328 nm，測定波長393 nmで生じたMOCAc量を定量する．単位タンパク質量・単位時間当たりの生じたMOCAc量（nmoles/min/μg）がカテプシンDの比活性である．

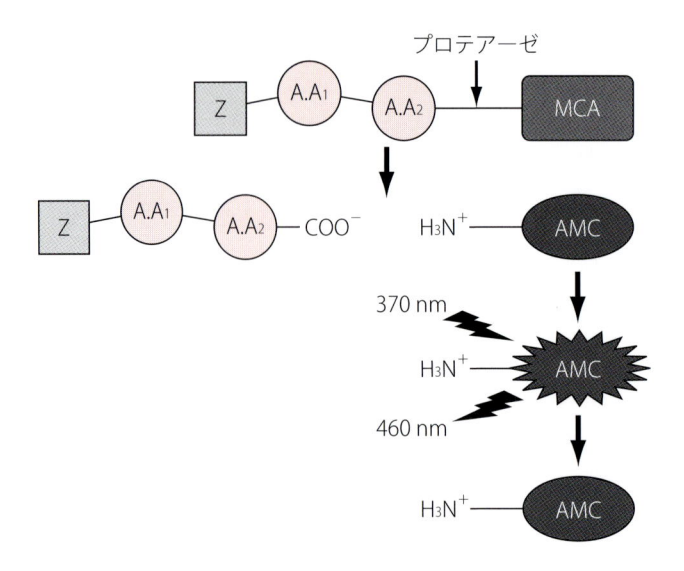

図1 MCA基質を用いたプロテアーゼ活性測定の原理
MCA基質はCoumarinのアミノ基がアミノ酸のカルボキシル基とペプチド結合を形成している状態では，エネルギーを与えても，蛍光を発することはない．ペプチド結合が切断されると，Coumarinのアミノ基がFreeになるため，370 nmの波長の光を吸収し励起した後，460 nmの蛍光を発する．この蛍光強度は生じたAMCの量と比例関係になる

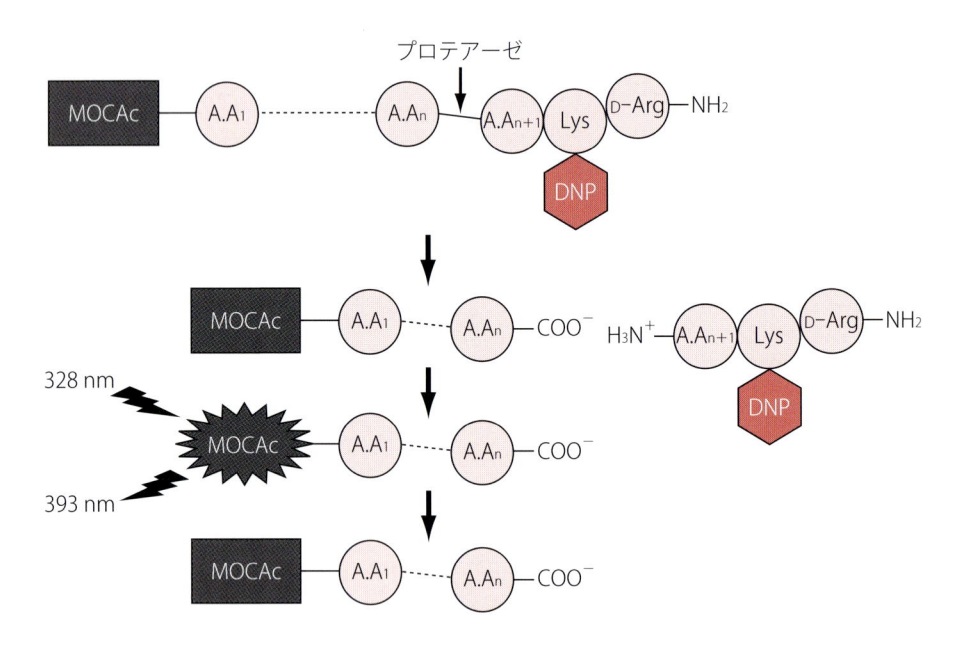

図2 MOCAc基質を用いたプロテアーゼ活性測定の原理
MOCAc基質は328 nmの光を吸収し，393 nmの蛍光を発する．このとき，ペプチド結合を介してジニトロフェノール（DNP）が結合していると393 nmの蛍光エネルギーを吸収してしまうため，蛍光を発することはない．プロテアーゼにより切断されて，DNPが外れてしまうと，328 nmの光を吸収し励起した後，393 nmの蛍光を発する．この蛍光強度は生じたMOCAc基質の分解産物の量に比例する

3 細胞質に流出したカテプシンのイムノブロット法による検出

培養細胞に対してアポトーシスを誘導する刺激を行い，一定時間後に細胞分画法によりミトコンドリア–リソソーム（M-L）画分と細胞質（S100）画分を分離し，イムノブロット法で解析することにより，細胞質に流出したカテプシンの有無を検討する．

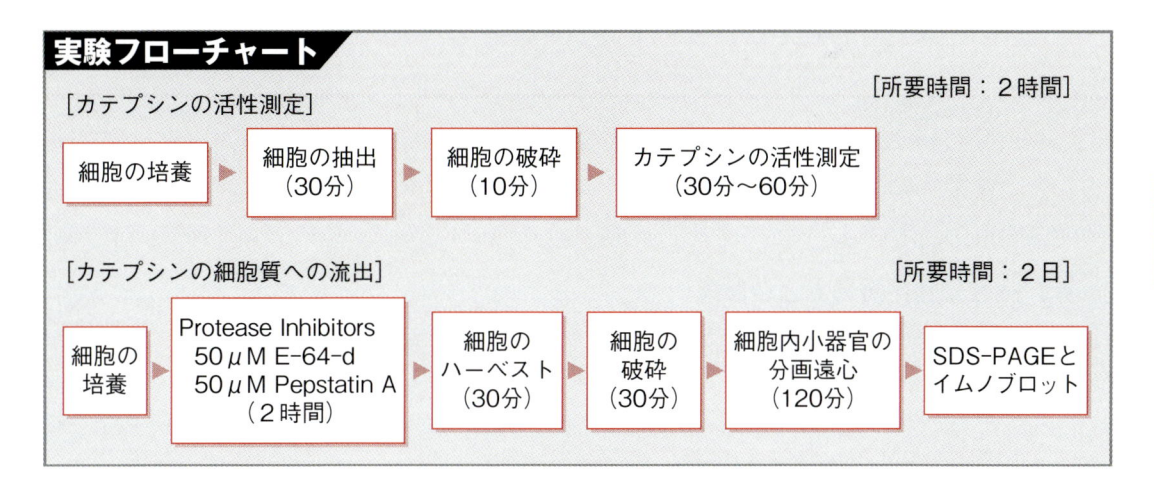

実験フローチャート

[カテプシンの活性測定] ［所要時間：2時間］

細胞の培養 → 細胞の抽出（30分） → 細胞の破砕（10分） → カテプシンの活性測定（30分～60分）

[カテプシンの細胞質への流出] ［所要時間：2日］

細胞の培養 → Protease Inhibitors 50 μM E-64-d 50 μM Pepstatin A（2時間）→ 細胞のハーベスト（30分）→ 細胞の破砕（30分）→ 細胞内小器官の分画遠心（120分）→ SDS-PAGEとイムノブロット

準備するもの

1）カテプシンの活性測定（カテプシンBおよびカテプシンDに共通する機器）

- **蛍光光度計**
  われわれは蛍光強度を測定する際に，励起波長と測定波長を自由に設定することができる日立製作所F-2000を使用している．

- **石英ガラスセル**

2）カテプシンB測定用試薬

- **活性測定用緩衝液**
  0.5 M Sodium Acetate Buffer (pH 5.5)

- **還元試薬**
  40 mM Cysteine（使用時調製）

- **基質および標準蛍光物質**
  ・10 mM z-Arg-Arg-MCA（3123-v, ペプチド研究所）
  DMSOで溶解したものを-20℃で保存する．使用直前に超純水で10倍希釈する．
  ・10 mM 7-Amino-4-methylcoumarin (AMC)（3099-v, ペプチド研究所）
  DMSOで溶解したものを-20℃で保存する．使用時に超純水で希釈し，標準蛍光物質として用いる[a]．

- **反応停止液**
  10% SDS

- **蛍光測定用希釈緩衝液**
  0.1 M Tris-HCl (pH 9.0)

[a] 同じ方法で基質をArg-MCA（3113-v, ペプチド研究所）に変更すればカテプシンH活性，基質をZ-Phe-Arg-MCAに変更すればカテプシンB＋カテプシンLの活性，それにカテプシンB阻害剤であるCA-074（4322-v, ペプチド研究所）を加えて測定すればカテプシンL活性を測定することができる

3）カテプシンD測定用試薬

- 活性測定用緩衝液
    50 mM Sodium Acetate Buffer (pH 3.5)
- 基質
    5 mM MOCAc–Gly–Lys–Pro–Ile–Leu–Phe–Phe–Arg–Leu–Lys (Dnp)–D–Arg–NH$_2$ (3200-v, ペプチド研究所)
    DMSOで溶解したものを遮光して-20℃で保存する．使用時に超純水で0.25 mMに希釈して使用する．
- 反応停止液
    5% Trichloro Acetic Acid (TCA)
- 標準蛍光物質
    10 mM MOCAc–Pro–Leu–Gly (3164-v, ペプチド研究所)
    DMSOで溶解したものを-20℃で保存する．使用時に超純水で希釈し，標準蛍光物質として用いる．

4）細胞分画用器具および試薬

- Dounceのグラスホモジナイザー
    (Tightペッスル)[b]
- 100 mM E-64-d (4321-v, ペプチド研究所)
- 100 mM Pepstatin A (4397, ペプチド研究所)[c]
    いずれもDMSOで溶解し，-20℃で保存する．
- 細胞分画用緩衝液
    0.25 M Sucrose, 5 mM Sodium Phosphate Buffer (pH 7.2) に使用直前にProtease Inhibitor Cocktail（動物細胞抽出液用，25955-11，ナカライテスク社）を1/100量加える．

[b] Dounceのグラスホモジナイザーのペッスルには Loose と Tight が存在する．通常，前者は組織をホモジナイズするときに使用し，後者は培養細胞およびLooseペッスルで破砕した組織をさらにホモジナイズするときに使用している

[c] Pepstatin Aは吸水性があるので，10 μLに小分けして保存し，一度使用したら残りは廃棄することが望ましい

5）その他に必要な器具および試薬

- 電気泳動用器具および試薬一式
- イムノブロット装置
- PVDF膜
- 抗カテプシンB抗体[d]
- 抗カテプシンD抗体[d]

[d] われわれは自分で精製したカテプシンBおよびカテプシンDをウサギに免疫して得た抗血清を使用しているが，市販のものでもイムノブロットが検出できるものであれば，使用可能である

プロトコール

1 カテプシン活性の測定用細胞抽出液の調製

❶ 細胞をラバーポリスマンではがし，PBSを加えて1.5 mLチューブに回収する[a]．

❷ 2,900 G，3分間遠心し，細胞を沈殿させる．

❸ 細胞を1 mLのPBSでサスペンドする．

❹ 2,900 G，3分間遠心し，細胞を沈殿させる．

❺ 細胞をPBSでサスペンドする[b]．

[a] トリプシンを用いて回収してはならない．トリプシンは合成基質を切断するので，細胞抽出液中のカテプシン活性に影響を与える可能性がある

[b] PBSの量は3.5 cmの培養皿を使用するときには100 μL，6 cmの培養皿を使用するときには200 μL，10 cmの培養皿を使用するときには500～1,000 μLでサスペンドする．このとき，使用するPBSにはプロテアーゼ阻害剤を使用しないか使用するとしても1 μM PMSF（終濃度）を加える程度にしている

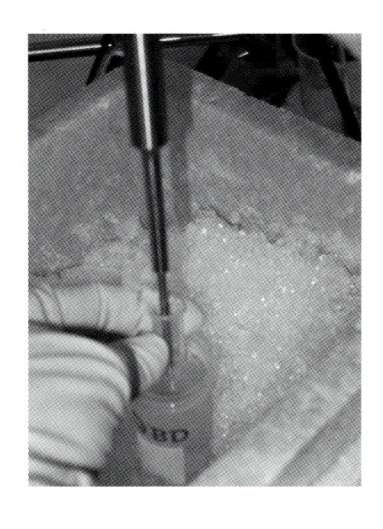

図3 ソニケーターによる細胞の破砕
氷中箱の中にさらに，50 mLの遠心管の中に氷と脱イオン水を入れ，その中に細胞を沈殿させた1.5 mLチューブにPBSを加える．ソニケーターの発振子の先端が1.5 mLチューブの底から1 mm程度離れた位置で固定し，5秒間3回のソニケーションを行って細胞を破砕する

❻ 細胞を氷冷しながら超音波破砕機で破砕する（図3）[c]．

❼ この細胞抽出液を酵素活性の測定およびタンパク質定量に用いる．

2 カテプシンB活性の測定

❶ 活性測定用緩衝液　　　20 μL
　40 mM Cysteine　　　10 μL
　超純水　　　　　　　60 − X μL
　に細胞抽出液 X μL を加える[d]．

❷ 37℃のWater Incubatorで5分間，加温する[e]．

❸ この間に，10 mM Z-Arg-Arg-MCA を1 mM になるように超純水で希釈する[f]．

❹ 希釈した合成基質を各試験管に10 μLずつ加え，再び37℃で加温する[g]．

❺ 10分後，各試験管に10% SDSを10 μLずつ加え反応を停止させる．

❻ 測定直前に0.1 M Tris-HCl（pH9.0）を2 mLずつ加える[h]．

❼ 蛍光光度計にて励起波長370 nm，測定波長460 nmで測定する．

❽ これとは別に1 nmoles, 5 nmoles, 10 nmoles, 25 nmoles, 50 nmolesのAMCを2 mLの0.1 M Tris-HCl（pH9.0）に加え，蛍光光度計で測定することにより，標準曲線を作成する．

3 カテプシンD活性の測定

❶ カテプシンD活性測定用緩衝液80 μLに細胞抽出液10 μLを加えて，40℃に設定したWater Incubatorで5分間加温する[i]．

❷ この間に5 mM MOCAc-Gly-Lys-Pro-Ile-Leu-Phe-Phe-

[c] 超音波破砕機のPowerは低めに設定し，5秒間を3回で破壊している．このサンプルを保存しておくことはできない．-80℃で保存しても酵素活性は低下する．酵素活性をどうしても測定できないのであれば，細胞をPBSで洗浄後，超音波で破砕する前に，沈殿の状態で液体窒素中に保存するほうが活性の低下は少ない

[d] 基質を入れる前の反応液量を90 μLにそろえる．また，合成基質はそれ自体に必ず蛍光をもっているので，サンプルを入れない試験管を用意し，一緒に加温してバックグラウンドを測定しておく必要がある

[e] Water Incubatorを使用する．各試験管の加温時間が一定になることが重要であるので，細胞抽出液を加えてから基質を加えるまでの時間が同じになるように加温する

[f] 酵素活性を測定する試験管の数の10%以上増しにして作製すること．例えば10本測定するならば110 μL以上，20本測定するのであれば220 μL以上を準備しておく

[g] 一旦，Water Incubatorから試験管を出して基質を添加し，Vortex Mixerでよく混和する．また，Water Incubatorから外に出ている時間をできるだけ短くする

[h] 0.1 M Tris-HCl（pH9.0）を加えることにより，蛍光強度が増加する．0.1 M Tris-HCl（pH9.0）を加えたらできるだけ早く測定すること（1時間以内）が望ましい

[i] 基質自体が蛍光を発するので，必ず細胞抽出液を加えない試験管も用意し，一緒に加温したサンプルをバックグラウンドとして測定する

Arg-Leu-Lys(Dnp)-D-Arg- NH₂ を超純水で20倍に希釈し，0.25 mMの基質溶液を作製する[j]．

❸ 希釈した基質溶液10 μLを試験管に加え，40℃で10分間加温する[k]．

❹ 5% TCAを1 mL加えて，Vortex Mixerで撹拌し反応を停止する．

❺ 17,500 Gで5分間遠心し，上清をとる[l]．

❻ 上清を蛍光光度計にて励起波長328 nm，測定波長393 nmで測定する．

❼ これとは別に，1 mLの5% TCA溶液に1 nmoles，5 nmoles，10 nmoles，25 nmoles，50 nmolesのMOCAc-Pro-Leu-Glyを加え，それぞれの蛍光強度を測定し，標準曲線を作成する．

[j] 測定するサンプル数よりも10%以上多く作製する．たとえば，10サンプルを測定するのであれば，6 μLの基質を114 μLの水で希釈しておくこと

[k] 反応時間が各試験管で一定になることが重要であるので，プレインキュベーションの時点から20秒ごとに時間をずらせて，実験を開始するようにする

[l] 上清のみをとること．沈殿を吸い上げると正確な蛍光強度を測定することはできない

4 細胞質に流出したカテプシンのイムノブロット法による検出

❶ 細胞を10 cmの培養皿に2日以上培養する．

❷ 培地に50 μM E-64-dと50 μM Pepstatin Aを加えて，2時間培養する．

❸ アポトーシス刺激を細胞に加える．

❹ 一定時間後に培地を回収するとともに細胞をラバーポリスマンではがし，1 mLのPBSを加えて，回収した培地とともに15 mLの遠心管に回収する[m]．

❺ 細胞を4℃，2,900 Gで5分間遠心し，沈殿させる．

❻ 細胞を1 mLのPBSでサスペンドし，1.5 mLのチューブに移す．

❼ 4℃，2,900 Gで3分間遠心し，細胞を沈殿させる．

❽ 細胞を1 mLの細胞分画用緩衝液でサスペンドし，4℃，1,800 G，5分間遠心する．

❾ 細胞を0.5 mLの細胞分画用緩衝液でサスペンドする．

❿ Dounceのホモジナイザーに細胞を移し，Tightペッスルを使って，氷冷しながら50 strokes破砕する（図4）．

⓫ 1,800 G，5分間4℃で遠心し，上清をとる．沈殿は，新たに，0.5 mLの細胞分画用緩衝液でサスペンドする．

⓬ 再度，Dounceのホモジナイザーで氷冷しながら50 Strokes破砕する．

⓭ 1,800 G，5分間4℃で遠心し，上清をとり，⓫の上清と合わせサンプルとする．

⓮ サンプルを17,500 G，30分間4℃で遠心する．

⓯ 沈殿は再度，1 mLの細胞分画用緩衝液でサスペンドし，17,500 G，30分間4℃で遠心する．この沈殿をミトコンドリア－リソソーム（M-L）画分をする．

[m] このときの培地はアポトーシスを起こしつつある細胞が浮遊しているので，細胞を遠心して回収する

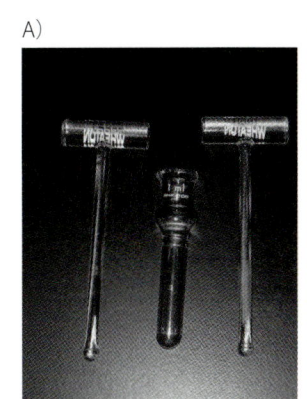

図4 Dounceのグラスホモジナイザーによる細胞の破砕
A) 左：ペッスル（Loose），中央：Dounceのグラスホモジナイザーの本体，右：ペッスル（Tight）．B) ホモジナイズは必ず，氷中で行う．細胞が破砕されるのはペッスルを押すときではなく，引くときである．ペッスルを引く速度を一定にするときれいに破砕される

⓰ 一方，上清は100,000 G，1時間遠心する．この上清を細胞質（S100）画分とする．

⓱ M-L画分を100 μLの細胞分画用緩衝液でサスペンドする．S100画分から100 μLをとり，残りは-80℃で保存する．

⓲ M-L画分およびS100画分をSDS処理し，100℃で5分間処理した後，カテプシンBイムノブロットでは13% SDS-PAGE，カテプシンDのイムノブロットを行う場合には10% SDS-PAGEを行う．

トラブルシューティング

！ カテプシンBの活性が測定できない

原因 細胞を破砕するときのPBSの量が多すぎるために，タンパク質濃度が低くなりすぎている．またはPBSにProtease Inhibitor Cocktailを入れた
　対策 細胞抽出液の再調製が必要

原因 Cysteineなどの還元剤を入れていない．または，還元剤が古い
　対策 Cysteineを新たに調製して使用する

原因 バックグラウンドが高すぎて測定できない
　対策 基質濃度が高すぎる，もしくは基質がすでに分解されている．この場合は基質を新たに超純水で希釈したものを使用する．それでも，バックグラウンドが高いようであれば，新しい基質をDMSOで溶解するところから再度行う

⚠ カテプシンDの活性が測定できない

原因 細胞を破砕するときのPBS量が多すぎる，またはProtease Inhibitor Cocktailを入れてしまった

    対策 細胞抽出液を再度調製する

原因 バックグラウンドが高すぎる

    対策 基質濃度が高すぎる，もしくは基質が分解している．基質を新たに超純水で希釈したものを使用する．それでも，バックグラウンドが高いようであれば，新しい基質をDMSOで溶解するところから再度行う

⚠ イムノブロットで細胞質中にカテプシンが検出できない

原因 抗体が働いていない

    対策 M–L画分で十分量のカテプシンのバンドが検出されているのであれば抗体の問題ではない．M–L画分のサンプルでもバンドが検出されていない場合は，抗体の希釈濃度を変えてみる

原因 電気泳動に供されたS100画分のタンパク質量が足りない

    対策 電気泳動できる最大の量を泳動してみる

実験結果

　NIH3T3細胞においては，カテプシンBの活性が2.55 nmoles of released AMC / min / μg，カテプシンDの活性が3.78 nmoles of released MOCAc / min / μgとなった．カテプシンの活性は刺激された培養マクロファージではこの10倍程度を示す．

　細胞質中に流出したカテプシンのイムノブロットの結果（図5）．培養細胞においてカテプシンBおよびカテプシンDの活性が十分検出されており，かつアポトーシス刺激によりこれらのカテプシンがS100画分に検出されるのであれば，リソソームがそのアポトーシス刺激が実行されるときに何らかの役割を果たしている可能性があると考えてよい．この場合は，カテプシンBであれば50 μM CA-074，カテプシンDであれば50 μM Pepstatin A存在下でアポトーシス刺激を行い，細胞がアポトーシスを起こすかどうかをさらに検討する．S100画分にカテプシンが検出することができない場合は検出感度の問題もあるが，そのアポトーシス刺激が実行されるときに果たすリソソームの役割が相対的に低いと考えている．

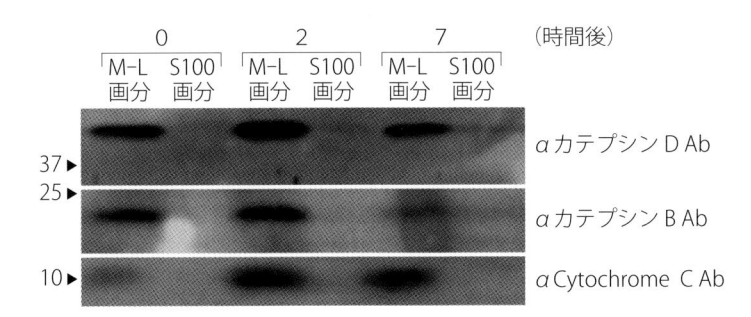

図5 HeLa細胞をスタウロスポリン刺激によりアポトーシスを誘導したときのカテプシンの細胞質への流出

HeLa細胞をスタウロスポリンで刺激2時間後，Cytochrome Cの細胞質への流出と同じ時間経過でカテプシンDの細胞質への流出が認められる．このとき，カテプシンBの細胞質への流出は検出されなかった

参考文献
1) 勝沼信彦：タンパク質核酸酵素，25：425-433, 1980
2) Isahara, K. et al.：Neurosci., 91：233-249, 1999
3) Cirman, T. et al.：J. Biol. Chem., 279：3578-3587, 2004
4) Erdal, H. et al.：Proc. Natl. Acad. Sci. USA：1-2, 192-197, 2005
5) Yasuda, Y. et al.：J. Biochem., 125：1137-1143, 1999
6) Ishidoh, K. et al.：J. Biochem., 125：770-779, 1999
7) Nakayama, M. et al.：J. Immunol., 170：341-348, 2003

[E-mail：kishidoh@tokushima.bunri-u.ac.jp（石堂一巳）]

3章 細胞死に関与するタンパク質の検出法

3 カルパイン活性化の検出

大海 忍

細胞死におけるカルパインの役割

　カルパインはかつて，筋肉抽出液にホスホリラーゼキナーゼを活性化する因子として見出されたが，その後の酵素生化学によってカルシウムイオンによって活性を発現するシステインプロテアーゼであることがわかった．そして，カルシウムイオン濃度の要求性の違いからμ型とm型の酵素の存在が示唆された．さらに，cDNAクローニングによって一次構造が明らかになったのは1981年のことである．すなわち，パパインに似た領域とカルモジュリンに似た領域を分子内にもつ，当時としてはユニークな構造のプロテアーゼであった．その後の分子生物学的解析によってヒトにおいては15の関連遺伝子が見出されている[1]．その中で古くからプロテアーゼとしての生化学的解析が進められてきたのはカルパイン-1（μ型）とカルパイン-2（m型）である．これらのカルパインはともに大小2つのサブユニットから構成され，小サブユニットは共通しており，カルシウムイオン感受性の差は大サブユニットの違いによる．また，細胞内にはカルパインに特異的な阻害タンパク質であるカルパスタチンが存在する．細胞死において細胞内プロテアーゼであるカルパインはどのような役割をもっているのだろうか．阻害剤などを用いた実験から，カルパインは細胞死を促進しているという報告もあれば，細胞死を抑制しているという考え方もある[2]．カルパスタチンはアポトーシス時にカスパーゼによる切断をうける[3]．細胞死を起こしつつある細胞でカルパインが活性化している場合も，これが細胞死情報伝達系がONになった結果なのか，あるいはカルパイン活性化はもっと別の要因によって引き起こされ細胞死とは直接かかわりがないのか見極めが難しいことも多々ある．ここでは，これらカルパインの活性化，活性測定法，阻害剤の使い方について解説したい．カルパスタチンについても簡単に触れる．

実験の概略

　哺乳動物の細胞質に存在するカルパインを抽出し，簡単なカラム操作で部分精製する手順を示す．抽出は，カルシウムイオンをキレートする低イオン強度バッファー中で細胞を破砕し，遠心操作で可溶性画分を得る．抽出液を陰イオン交換カラムにかけて吸着したカルパインをイオン強度をあげて溶出させる．カルパイン活性を含むフラクションを硫酸ア

ンモニウムで濃縮してゲル濾過カラムで精製を進める．実験操作はできる限り0℃に近い，例えば低温室内で行うことが望ましいが，要領よく進めれば通常の実験室でアイスバケットの氷中でも可能である．

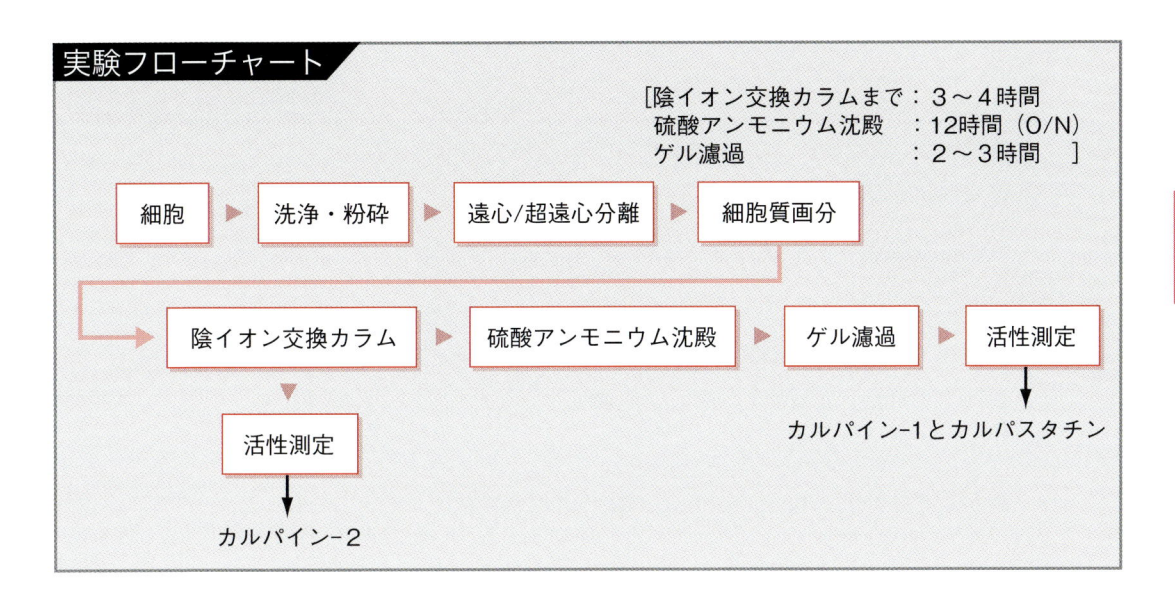

実験フローチャート

[陰イオン交換カラムまで：3〜4時間
硫酸アンモニウム沈殿　：12時間（O/N）
ゲル濾過　　　　　　　：2〜3時間　]

細胞 ▶ 洗浄・粉砕 ▶ 遠心/超遠心分離 ▶ 細胞質画分
▶ 陰イオン交換カラム ▶ 硫酸アンモニウム沈殿 ▶ ゲル濾過 ▶ 活性測定
　　　↓
　　活性測定　　　　　　　　　　　　　　　　　　カルパイン-1とカルパスタチン
　　　↓
　カルパイン-2

3-1 細胞抽出液のカルパイン活性測定

　ヒトをはじめとする哺乳動物細胞を破砕し細胞質画分を遠心操作で回収するとそこにはカルパインとカルパスタチンが含まれる．多くの細胞ではカルパイン-1とカルパイン-2が細胞質にあるが，細胞の種類によっては両者の量比がかたよっていることもある．例えば，末梢血由来の血球細胞の中で，赤血球ではカルパイン-2は痕跡程度しかなく，好中球ではカルパイン-2はカルパイン-1の1/10程度の量であるが，リンパ球や単球ではほぼ等量見出される．一方，カルパスタチンはカルシウムイオン存在下でカルパインと結合して活性を抑える作用をもつが，カルパインと比べて親水性で熱安定な性質をもっている．カルパスタチンは1つのポリペプチド鎖内に繰り返し構造をもち，複数個のカルパイン分子を結合できる．以下，10^8個程度の浮遊培養細胞から細胞質画分を調製し，小さな陰イオン交換とゲル濾過カラムでカルパインとカルパスタチンを分離し，活性を測定する方法を述べる．

準備するもの

- 遠心機（スイング型，超遠心，1.5 mLチューブ用の微量高速遠心）
- 細胞破砕装置〔音波破砕機，なければ手動のガラスホモジナイザー（KONTES 885492-0021）でもよい〕
- フラクションコレクタ

- ペリスタポンプ
- 温浴槽型インキュベータ
- 分光光度計
- 生理食塩水（0.15 M NaCl 溶液）
- TEM バッファー
    - EDTA（エチレンジアミン四酢酸ナトリウム）　5 mM
    - 2-メルカプトエタノール　　　　　　　　　　5 mM
    - Tris-HCl（pH 7.5）　　　　　　　　　　　　50 mM
- 陰イオン交換樹脂（DEAE-セルロース，GE ヘルスケア社）
- 活性測定溶液
    - カゼイン　　　　　　　　3 mg/mL
    - 2-メルカプトエタノール　5 mM
    - $CaCl_2$　　　　　　　　5 mM [a]
    - Tris-HCl（pH 7.5）　　　0.1 M
- 15％(w/v) トリクロロ酢酸
- 70％飽和にした硫酸アンモニウム溶液
    - 硫酸アンモニウム　　　44.2 g
    - TEM バッファー　　　　100 mL
- ゲル濾過担体（UltrogelAcA34，GE ヘルスケア社）

[a] このカルシウムイオン濃度ではカルパイン-1 とカルパイン-2 どちらの活性も測れる．種々のカルシウムイオン濃度の溶液を用いるとカルパインのカルシウムイオン濃度要求性を調べることができる（図3を参照）

プロトコール

1 陰イオン交換カラムによる分画（3 時間）

❶ 培養した細胞を 50 mL チューブに移し，スイングローターで遠心（1,000 G，5 分，室温）し，上清を捨てる．

❷ チューブ底の細胞を軽くタップしてほぐし，生理食塩水を 50 mL 加える．スイングローターで遠心（1,000 G，5 分，室温）し，上清を捨てる（以上の 2 ステップが細胞の洗浄操作）．

❸ もう一度細胞の洗浄操作を行う．

❹ 細胞を 15 mL チューブに移してさらに一度細胞の洗浄操作を行う．

❺ 洗浄した細胞を氷上におき，TEM バッファーを 500 μL 加えて，直ちに音波破砕機で細胞を壊す[a]．

❻ 破砕した細胞をスイングローターで遠心（1,000 G，5 分，2℃）し，上清を超遠心用チューブに回収する．

❼ 沈渣に TEM バッファーを 300 μL 加えて，直ちに音波破砕機で細胞を壊す[a]．

❽ 再度破砕した細胞をスイングローターで遠心（1,000 G，5 分，2℃）し，上清を先ほどの超遠心用チューブに回収する．あわせて 800 μL 程度になっている．

❾ 低速遠心の上清（800 μL）を超遠心（100,000 G，20 分，2℃）にかけ，上清を 1.5 mL チューブなどに回収する[b]．

[a] タイテック VP-5S，50 W，目盛 4～5 で，「1 秒×10 回，一度チューブを氷中につける」，この操作を 3 回繰り返す

[b] この画分にはカルパイン-1 とカルパイン-2，カルパスタチンが含まれる

❿ 再生済みの陰イオン交換樹脂（DEAE-セルロース，0.5 mL）を小さなカラムにつめてTEMバッファーで平衡化する（TEMバッファーを5 mLほどカラムの上からかけて素通りさせる）．以降のカラム操作は，低温室または氷上で行う[c]．

⓫ 超遠心操作の上清をTEMバッファーで平衡化した陰イオン交換樹脂カラムにかけ，素通りを1.5 mLチューブに回収する．

⓬ 新しい1.5 mLチューブにカラムを移し，0.5 mLのTEMバッファーをカラムに加えてろ液（1.5 mL）を回収する（カラムの溶出操作）．

⓭ カラムの溶出操作を5回繰り返す．

⓮ 0.1 M NaClを含むTEMバッファーでカラムの溶出操作を行う．通常ここにカルパイン-1とカルパスタチンが回収される．

⓯ 0.25 M NaClを含むTEMバッファーでカラムの溶出操作を行う．

⓰ 0.5 M NaClを含むTEMバッファーでカラムの溶出操作を行う．通常ここにカルパイン-2が回収される．

⓱ 各1.5 mLチューブに回収した溶液のタンパク質濃度を分光光度計で調べる（波長：280 nm，100 μLキュベット使用）．

⓲ カゼインを基質にしてカルパインの活性を測定する．

[c] カラムの平衡化はあらかじめ行っておく

2 カルパイン活性の測定法（2時間）

❶ 1.5 mLチューブに20 μLのサンプル（陰イオン交換樹脂カラムから溶出した画分）をとり氷水につけておく．

❷ チューブに80 μLの活性測定溶液を加えて，チューブをラックごと30℃の温浴槽型インキュベータへ移し，30分反応させる[d]．

❸ チューブをラックごと氷中へ移し，各チューブに100 μLの15％（w/v）トリクロロ酢酸を加えて，そのまま30分放置し，沈殿を熟成させる．

❹ サンプルを1.5 mLチューブ高速遠心機にかけて（13,000 G，5分，0℃）上清のタンパク質濃度を分光光度計で調べる（波長：280 nm，100 μLキュベット使用）．

❺ カルパイン活性は，30℃ 1時間の反応でこの上清の280 nm吸収を1だけ上昇させる活性を1ユニットと定義する．カゼインを分解するプロテアーゼはカルパイン以外にもあるので，活性測定溶液から$CaCl_2$を除いた実験を対照として行うとカルシウムイオンに依存したプロテアーゼ活性が得られる[e]．

❻ 蛍光標識されたカルパイン用合成基質はSuc-LLVY-AMCが知られているが，使用濃度を高くしなければならずあまり実用的でなかった．最近，FRET（fluorescence resonance energy transfer）を利用したペプチド基質がキットとして市販されている（#72149，フナコシ社）．なお，蛍光標識基質による測定には蛍光光度計が必要である．

[d] サンプルと活性測定溶液の液量比はサンプル濃度に応じて変えてもよい

[e] 厳密にはカルパスタチンを反応液に加えた測定値を差し引いたものがカルパイン活性になる．しかし，粗抽出液や部分精製の段階では活性に影響を与える夾雑物があるためカルシウムイオンあるなしで差をとる簡便法が用いられる

3 活性画分の濃縮

カルシウム依存的なカゼイン分解活性が認められた画分を，ゲル濾過にかけるために，硫酸アンモニウムで濃縮する．

① 活性画分をまとめて透析チューブに封じ，TEMバッファーで70％飽和にした硫酸アンモニウム溶液に入れ，撹拌する（4℃，12時間程度）．

② 透析チューブ内の白濁したサンプルを1.5 mLチューブに移す．少量の透析外液でチューブ内側を洗い込むと回収量が上がる．

③ サンプルを1.5 mLチューブ高速遠心機にかけて（13,000 G，10分，0℃）上清を捨てる．

④ 沈殿に100 μL程度のTEMバッファーを加えて丁寧にピペッティングする．

⑤ サンプル溶液を新しい1.5 mLチューブに移して，遠心（13,000 G，5分，0℃）し，上清をゲル濾過にかける[f]．

[f] 基本的に全量がTEMバッファーに溶けるはずであるが，タンパク質濃度が高いときは不溶物が残る．液量が多ければ透析してもよい

4 ゲル濾過によるカルパイン-1とカルパスタチンの分離

DEAE-セルロースから0.1 M NaClで溶出する画分にはカルパイン-1とカルパスタチンが含まれるためそのまま測定するとカルパイン活性が低く見積もられる．カルパスタチンはゲル濾過やSDS-PAGEでみかけの分子サイズが実際よりも大きめに挙動するので両者の分離が可能である．操作は4℃で行う．

① カラム（径1 cm×30 cm）に充填したゲル濾過担体をTEMバッファーで平衡化する．送液にはペリスタポンプを用い，0.4 mL/分の流速にする．フラクションコレクタをつなぎ1サンプルあたりの液量が400 μLになるようにドロップカウンタあるいはタイマーの設定を決めておく．

② 濃縮した活性画分をカラムにのせ，サンプルが樹脂に入り終えたらTEMバッファーを流し始め，400 μLずつ分取する．

③ カラムの体積以上の液量が分取できたら活性測定をする[g]．

[g] 陰イオン交換カラムやゲル濾過は，AKTA（GEヘルスケア社）などのタンパク質分離システムがあればそれを利用してもよい

5 カルパスタチンの活性測定

カルパスタチンの活性は，1ユニットのカルパイン活性を抑える活性を1ユニットと定義する．一定量のカルパインを共存させて活性測定をする．例えば，ゲル濾過の各画分から40 μL，部分精製したカルパインを10 μL，活性測定溶液50 μLを混ぜて反応させ，トリクロロ酢酸に可溶性になったカゼインを測定する．

トラブルシューティング　3-1：細胞抽出液のカルパイン活性測定

⚠ 活性が見えない

原因 細胞数が少ないと抽出液中のカルパイン濃度が低くて最終的な吸光度変化が見えないことがある

> **対策** 活性測定に使うカルパイン画分の液量を増やしてみる．ただし，反応液のカルシウム濃度がmM程度には保っておくこと，夾雑物によって測定値が影響されるので必ずカルシウムなしのブランクを測定する必要がある

実験結果 —— 3-1：細胞抽出液のカルパイン活性測定

培養細胞の抽出液からカルパインを部分精製した例を図1，2に示す．陰イオン交換カ

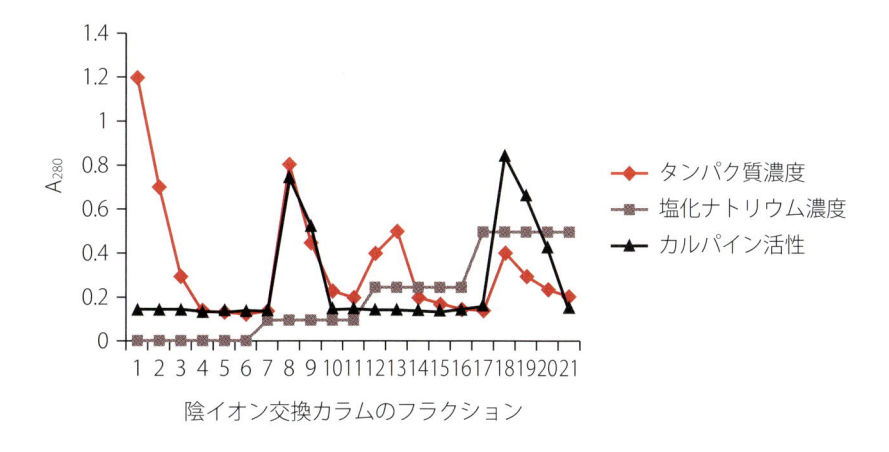

図1 DEAEカラムによるカルパインの分画と活性測定の例

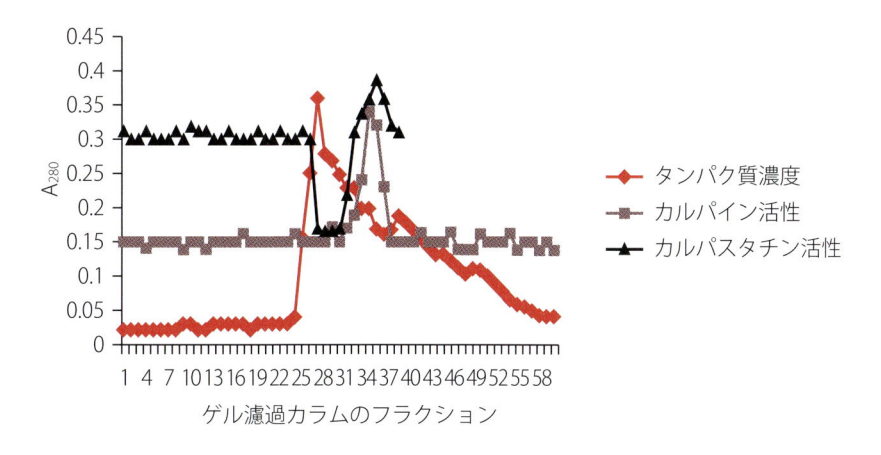

図2 ゲル濾過カラムによるカルパインとカルパスタチンの分画と活性測定の例

ラム（図1）では，低イオン強度でカラムに吸着させたタンパク質を，塩化ナトリウム濃度を段階的に上げて溶出させる．カルパイン-1 とカルパスタチンは 0.1 M 程度の NaCl で，カルパイン-2 はさらに高い濃度の NaCl で溶出されていることが活性測定によってわかる．カルパイン-1 とカルパスタチンを含む画分を濃縮し，ゲル濾過（Ultrogel AcA34）で分画したパターンが図2である．カルパインとカルパスタチンが分子サイズで分離されている．

3-2 活性型カルパインの解析

細胞抽出液に含まれるカルパインのほとんどは活性を潜在的にもつ前駆体と考えられる．これらのカルパインのカゼイン分解活性を種々のカルシウムイオン濃度で調べるとカルパイン-1 では 50 μM，カルパイン-2 では 0.5 mM 程度の $CaCl_2$ で 50％ を示す．すなわち，これらカルパインは細胞内カルシウム濃度とはほど遠い高濃度の $CaCl_2$ を活性に必要とすることになる．さらに，部分精製したカルパイン活性を示すような $CaCl_2$ 濃度で短時間処理した後，透析によって一度 EDTA 濃度を調整し，改めてカルシウムイオン感受性を調べてみると，それぞれ 50％ 活性に必要な $CaCl_2$ 濃度が 10 μM，100 μM と変化している（図3）．以上の結果から，カルパインは不活性前駆体から活性型に変化して基質を切ると考えられる．

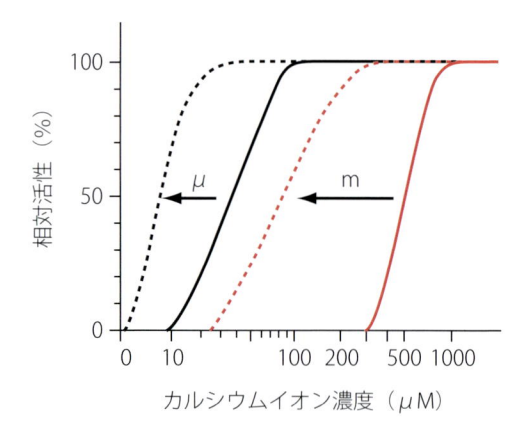

図3　カルシウムイオンで処理したカルパインの感受性変化
部分精製したカルパイン-1（黒）とカルパイン-2（赤）を 0℃ で短時間カルシウムイオン処理し，透析によって EDTA 濃度を調製した後，改めてカゼイン分解活性を測定すると，活性発現に必要なカルシウムイオン濃度が変化している（それぞれ実線から点線）．このカルシウムイオン感受性の亢進をカルパインの活性化と理解することが多い

準備するもの

- 抗カルパイン-1抗体：Exalpha Biological X1013，BmL-SA255-0100（和光純薬工業社）
- 抗カルパイン-2抗体：LS-C48359-100，Bio Vision 3372-100（和光純薬工業社）
- 抗カルパイン小サブユニット抗体：Exalpha Biological X1012，BmL-CG1920-0100（和光純薬工業社）
- TMバッファー
  - 2-メルカプトエタノール　　5 mM
  - Tris-HCl（pH 7.5）　　50 mM
- SDSサンプル希釈液
  - グリセリン　　10%(w/v)
  - SDS　　2%(w/v)
  - Tris-HCl（pH 6.8）　　0.25 M
  - ブロムフェノールブルーを色が見える程度に加えておく．
- TBS
  - NaCl　　0.15 M
  - Tris-HCL（pH 7.5）　　20 mM
- 100%(w/v) トリクロロ酢酸
- 1 M Tris
- 抗カルパスタチン抗体：LS-C96171-100，LS-C21151-100（和光純薬工業社）

プロトコール

1 活性型カルパインの調製

部分精製したカルパインを短時間$CaCl_2$処理し，0.1 mM EDTAを含むTMバッファーに対して透析して4℃に保存する．前駆体と比べると不安定である．

❶ イオン交換カラムから0.5 M NaClで溶出したカルパイン-2画分あるいはゲル濾過でカルパスタチンと分離したカルパイン-1画分に5 mM $CaCl_2$を加え，氷中に5分間置く．

❷ 0.5 M EDTAを1/50体積（EDTA過剰となる）を加えて，直ちに1 Lの0.1 mM EDTAを含むTMバッファーに対して透析する（4℃）．

❸ 数時間後に透析外液を新しい0.1 mM EDTAを含むTMバッファーにかえて一晩透析する（4℃）．

❹ 活性型カルパインは4℃で保存し，1週間以内に使用する．

2 カルパイン活性化のイムノブロットによる解析

市販抗体を用いてカルパインの活性化をSDS-PAGE/イムノブロットで調べる．カルパインは$CaCl_2$処理によって大小サブユニットのN末端領域が自己消化する．これはカルパイン活性が発現したためでカルパインが活性化したことを意味す

る．分子サイズが小さくなるためにSDS-PAGEで移動度が変化する．ただし，カルパイン-2の大サブユニットは移動度が変わらない．

❶ イオン交換カラムから0.5 M NaClで溶出したカルパイン-2画分あるいはゲル濾過でカルパスタチンと分離したカルパイン-1画分に種々の濃度の$CaCl_2$（例えば0，10，50，100，200，500，1000 µM）を加え，氷中に5分間置く．

❷ 過剰量のEDTAで反応を停め，SDSサンプル希釈液を等量加えて100℃5分処理する．

❸ アクリルアミド濃度10％のSDS-PAGEにかけ，セミドライ転写装置でPVDF膜に転写する．

❹ ブロット後のPVDF膜を20 mg/mL BSAを含むTBSで処理し，ブロッキングを行う．

❺ カルパインの抗体を至適濃度に20 mg/mL BSAを含むTBSでうすめて，PVDF膜とインキュベートする（室温で2〜3時間あるいは4℃一晩）

❻ PVDF膜を0.05％Tween20を含むTBSで洗浄（室温，5分），この操作を3回繰り返す．

❼ PVDF膜をTBSで洗浄し（室温，5分），20 mg/mL BSAを含むTBSで至適濃度に希釈した二次抗体とインキュベートする（室温で1〜2時間）．

❽ 二次抗体に施されている標識に対応した方法で発色させる．

3 細胞レベルでのカルパイン活性化のイムノブロットによる解析

培養細胞に種々の処理を施し，細胞の全タンパク質あるいは抽出画分のタンパク質をSDS-PAGE/イムノブロットにかけ，カルパインの動態を市販抗体で調べる．

❶ 10^6〜10^7個の細胞を1.5 mLチューブに入れて生理食塩水で2回洗浄し，900 µL生理食塩水に懸濁後100 µLの100％(w/v)トリクロロ酢酸を加えて混和して氷中に30分置く．

❷ サンプルを1.5 mLチューブ高速遠心機にかけて（13,000 G，5分，0℃）上清を捨てる．

❸ 沈殿に40 µLのSDSサンプル希釈液を加え，軽く音波処理（音波破砕機のチップをチューブの底まで入れて）する．

❹ 残存するトリクロロ酢酸で酸性pHのためブロムフェノールブルーが黄色を呈するので1 M Tris 1 µLずつ加えて中和し，色が緑色をすぎて青くなるようにする．

❺ 音波破砕機のチップをチューブの底まで入れて1〜2秒音波処理する[a]．

❻ サンプルをSDS-PAGEにかける（1レーンあたり5 µL程度）．

❼ PVDF膜に転写し，ブロッキング後，一次抗体，洗浄，二次抗体，洗浄，発色は同様に行う[b]．

[a] 細胞の全タンパク質をSDS-PAGEにかけるときは，SDSに溶かした後の熱処理を省いた方がよいことが多い．ただし，凍結保存したあとの凍結融解は禁物である

[b] 細胞を生理食塩水で洗浄した後，100 µL TEMバッファーを加えて音波処理によって細胞を破砕し，超遠心（100,000 G，20分，2℃）にかけた上清をトリクロロ酢酸処理すると細胞質画分のサンプルが得られる．同時に得られる膜画分をサンプルにする場合は，超遠心の沈渣を90 µLのTEMバッファーに再懸濁，10 µLのトリクロロ酢酸を加えて氷中に30分置く

One Point　個々の細胞でのカルパイン解析

個々の細胞で起こっている反応が時間的あるいは質的に異なっている場合は，細胞を壊して生化学的手法で解析するよりも，ひとつひとつの細胞の状態をみるほうが望ましい．*in situ* 解析のためのツールとして，切断部位特異抗体がある．カルパインの活性化に伴う自己消化部位の末端アミノ酸配列をもとに抗ペプチド抗体の手法で自己消化カルパインに特異的な抗体を作ることができる[2]．例えば，カルパイン-1では，アミノ末端から2段階で短いペプチドが切れる．したがって，切断によって新たに生じたアミノ末端の配列を化学合成して免疫原として抗体をつくると，自己消化前の未切断カルパインには結合しない抗体を得ることができる．これが切断部位特異抗体で，細胞や組織サンプルでのカルパイン活性化を可視化することができる[5]．基質についても，膜透過型のペプチドにFRETペアをつけたカルパイン基質が報告されている[6]．

実験結果 ── 3-2：活性型カルパインの解析

精製したカルパイン-1を種々の濃度のカルシウムイオンで処理し，SDS-PAGEにかけて分子サイズの変化を調べたのが図4である．カルシウム濃度が増えるにしたがって大サブユニットが少し小さくなるのがわかる．小サブユニットもほぼ同時に自己消化する．

大小サブユニットそれぞれについて，自己消化で生じたポリペプチド末端の配列に基づいて切断部位特異抗体をつくることができる．カルパイン-1と-2の大サブユニットに対する切断部位特異抗体を使ってアポトーシス細胞をイムノブロット解析した結果が図5である．TNF-αや抗Fas抗体でアポトーシスを誘導した細胞でカルパイン-1の自己消化は検出されたが，カルパイン-2については認められなかった．また，カルパスタチンはアポトーシス時に分解される．

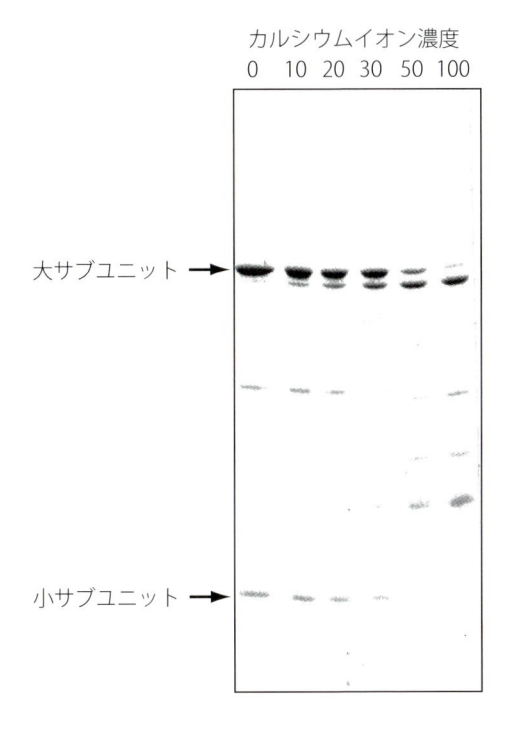

図4　SDS-PAGEによるカルパイン活性化の解析

部分精製したカルパイン-1をCaCl$_2$処理（左から0, 10, 20, 30, 50, 100 μM）し，SDS-PAGEにかけた．大サブユニットが自己消化する様子がわかる．小サブユニット（28 kDa）も分解して18 kDaになるが，ここではゲルの先端へ移動して見えない．市販の抗体（N末端以外を認識する）を用いれば，大小サブユニットそれぞれの自己消化を解析できる

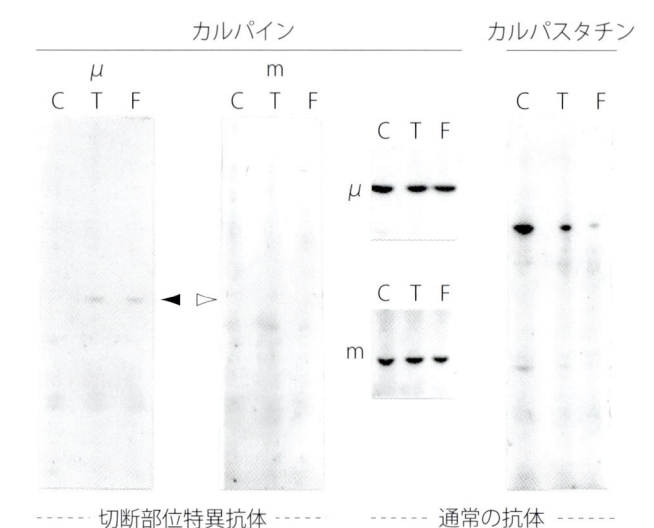

図5 アポトーシス細胞におけるカルパイン活性化のイムノブロットによる解析

ヒト単芽球U937にTNF-α（T）および抗Fas抗体（F）でアポトーシスを誘導し，SDS-PAGE/PVDF膜に転写，カルパイン関連抗体で染めた．Cはコントロール．左側は切断部位特異抗体で染めたカルパイン-1（μ型）とカルパイン-2（m型）．自己消化したμ型は見えるが，m型の切断は検出できない（▷）

3-3 カルパイン阻害剤

　低分子で細胞レベルで使用できる（生体膜透過性）阻害剤は，古くはN-Acetyl-Leu-Leu-Met-CHOやN-Acetyl-Leu-Leu-Nle-CHOが用いられたが，阻害に必要な濃度が0.2 μM前後と高く，カテプシンBやLにも作用する．最近では，Z-Val-Phe-CHOや4-Fluorophenylsulfonyl-Val-Leu-CHOが用いられる．これらはともに10 nM程度でカルパインを阻害する．また，エポキシコハク酸誘導体であるE64-dは，膜近傍のエステラーゼによってE64-cに変化してシステインプロテアーゼに効く阻害剤として知られる．これらの低分子阻害剤は，ジメチルスルホキシドに溶かして培養液に加える．ただし，阻害剤をかけてアポトーシスの解析など細胞機能を調べる際は，阻害剤そのものの細胞毒性を慎重にチェックして実験を進めるべきである．より特異性の高い阻害剤は，カルパスタチン由来の阻害ペプチドであるが，残念なことにこのままでは細胞の外から内側へは入らない．アルギニンを11個つけたペプチドが膜透過性になるという報告がある[4]．

参考文献

1）Sorimachi, H. et al.：Proc. Jpn. Acad., in print
2）Kikuchi, H. & Imajoh-Ohmi, S.：Cell Death Differ., 2：195-199, 1995
3）Kato, M. et al.：J. Biochem., 127：297-305, 2000
4）Wu, H. et al.：Neurosci. Res., 47：131-135, 2003
5）大海忍，他：『新版 抗ペプチド抗体実験プロトコール』，秀潤社，2004
6）Banoczi, Z. et al.：Bioconjug. Chem., 19：1375-1381, 2008

[E-mail：ohmi@ims.u-tokyo.ac.jp（大海　忍）]

3章 細胞死に関与するタンパク質の検出法

4 その他のタンパク質の検出

飯田慎也，岩渕英里奈，森　美紀，笹野公伸

　3章ではこれまでカスパーゼ，カテプシンやカルパインなど，アポトーシスに関連する主要タンパク質の検出について述べられた．本節ではさらに細胞死，特にアポトーシスに関連するタンパク質の検出に関して，組織切片を用いた免疫組織化学による検出法を紹介する．

　免疫組織染色（immunohistochemistry）は抗体を用いた最も一般的な組織染色法であり，組織における抗原の有無とともに，その局在を可視化できるきわめて有用な方法である．その原理については次項で詳細を述べる．

　アポトーシスシグナルはいわゆるデスシグナルが惹起されることによって，最終的にタンパク質分解酵素であるカスパーゼファミリーの活性化を通して細胞死に至る．このカスパーゼに至る経路を制御している因子がBcl-2ファミリータンパク質である．Bcl-2ファミリーは機能の面からアポトーシス抑制因子と促進因子に分類され，これらのバランスによりアポトーシスを制御する．本節ではアポトーシス抑制因子であるBcl-2，促進因子であるBaxを紹介する．また，*bcl-2*遺伝子および*bax*遺伝子の発現を制御する癌抑制因子p53およびp63に関して，その検出法についてそれぞれ紹介する．Bcl-2，Baxおよびp53の関係については図1に示す[1]．

　また，アポトーシス誘導因子Fasを介したアポトーシスシグナルに関与しているとされるTIA-1，アポトーシス抑制タンパク質（inhibitor of apoptosis proteins：IAP）ファミリーの1つであるsurvivin，TUNEL法と同様にDNAの断片化を検出するssDNAに関して同様に紹介する．

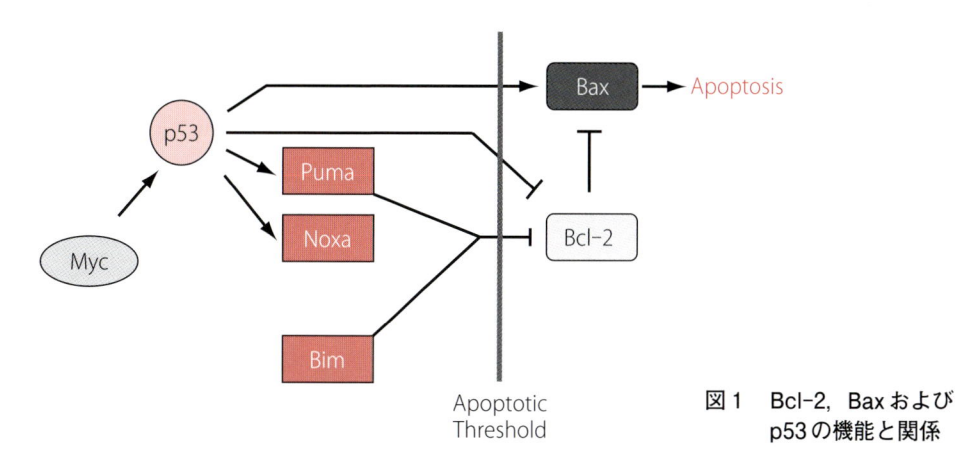

図1　Bcl-2，Baxおよびp53の機能と関係

実験の概略

1 免疫組織染色

　免疫組織染色は抗原抗体反応を利用して，組織や細胞内の抗原性をもった物質の局在を，色素を用いて可視化し検出する方法である．本節では免疫染色の中でも酵素抗体法を用いたタンパク質の検出法を紹介する．

　免疫組織染色は近年最も一般的に用いられている組織染色法である．この方法は多種の抗原の局在観察を1種類の標識二次抗体でカバーでき，また抗原抗体反応を2度繰り返すため，反応の特異性が向上し，感度が高いという利点がある（図2）．しかしながら，時間と手間がかかることや，非特異的な結合を生じ，バックグラウンドの染色が増す可能性があるなどの欠点もある．非特異的な結合を可能な限り減らすために，種々の抗原賦活処理の検討や緩衝液を変えるなどの工夫が必要である．一般的な免疫組織染色の流れをフローチャートに示した．詳細は「プロトコール」の項で述べる．

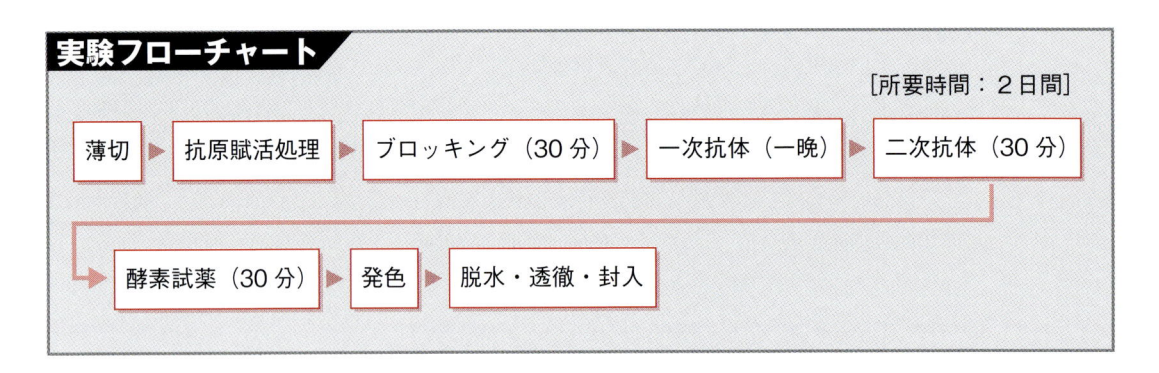

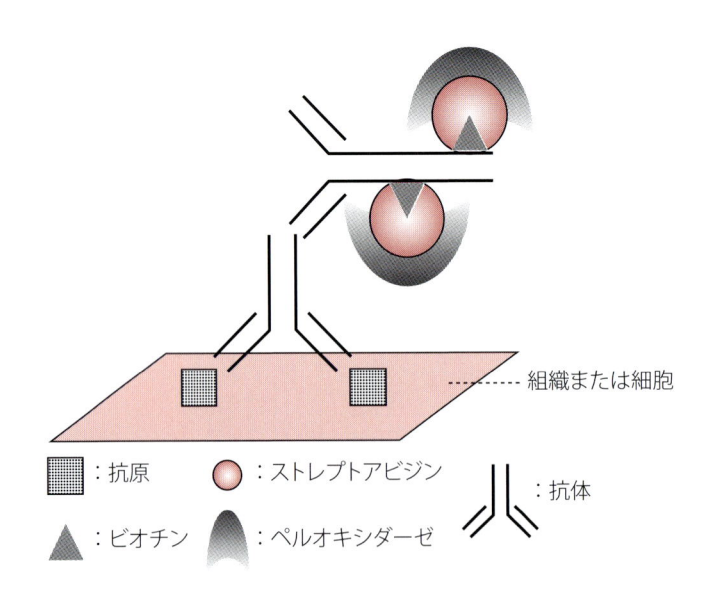

実験フローチャート

[所要時間：2日間]

薄切 → 抗原賦活処理 → ブロッキング（30分）→ 一次抗体（一晩）→ 二次抗体（30分）→ 酵素試薬（30分）→ 発色 → 脱水・透徹・封入

図2　免疫組織染色の原理（ペルオキシダーゼ標識ストレプトアビジン）

準備するもの

1）一次抗体
実験例を参照

2）器具・機器
- 電子レンジ（オートクレーブ処理用）
- オートクレーブ（ES-315，トミー精工社）
- 乾燥機（FC-410，ADVANTEC東洋社）
- 蒸留水製造装置（ミリポア社）
- ミクロトーム（大和光機工業社）
- 伸展盤（アズワン社）
- 自動包埋装置（サーモフィッシャーサイエンティフィック社）
- ドーゼ（松浪硝子工業社）
- ろ紙
- スライドガラス（FRONTIER FRC-01，松浪硝子工業社）
- カバーガラス（NEOカバーガラス，松浪硝子工業社）
- ガラス製シャーレ（ファイン社）
- 湿潤箱
  多目的インキュベーションチャンバー（コスモ・バイオ社）に湿らせたろ紙を置き，湿潤箱として使用する．
- 耐熱性容器（オートクレーブ用，マイクロウェーブ用，ともにアズワン社）

3）試薬
- ウシ血清アルブミン（BSA，和光純薬工業社）
- 3.3-ジアミノベンジジンテトラハイドロクロライド（DAB，同仁化学研究所）
- 30％過酸化水素（和光純薬工業社）
- 0.01 N 塩酸（和光純薬工業社）
- メタノール（和光純薬工業社）
- エタノール（山一化学工業社）
- キシレン（和光純薬工業社）
- 塩化ナトリウム（NaCl，和光純薬工業社）
- 塩化カルシウム（$CaCl_2$，和光純薬工業社）
- リン酸二水素ナトリウム二水和物（$NaH_2PO_4・2H_2O$，和光純薬工業社）
- リン酸水素二ナトリウム十二水和物（$Na_2HPO_4・12H_2O$，和光純薬工業社）
- アジ化ナトリウム（NaN_3，和光純薬工業社）
- トリズマ塩酸（Tris-HCl：シグマ・アルドリッチ社）
- トリスアミノメタン（和光純薬工業社）
- クエン酸一水和物（和光純薬工業社）
- クエン酸三ナトリウム二水和物（和光純薬工業社）
- トリプシン（和光純薬工業社）

- プロテアーゼ（シグマ・アルドリッチ社）
- ペプシン（シグマ・アルドリッチ社）

4）試薬の組成

- **洗浄液：0.01 M リン酸緩衝液（PBS：pH 6.0）**

リン酸二水素ナトリウム二水和物	4.5 g
リン酸水素二ナトリウム十二水和物	32.3 g
塩化ナトリウム	80.0 g
蒸留水	
total	10 L

- **抗原賦活液：0.01 M クエン酸緩衝液（pH 6.0）**

  A：1 M クエン酸水溶液

クエン酸一水和物	4.5 g
蒸留水	
total	200 mL

  B：1 M クエン酸三ナトリウム二水和物

クエン酸三ナトリウム二水和物	4.5 g
蒸留水	
total	1.0 L

  A（180 mL）＋B（820 mL）＝1.0 L．4℃で保存する．使用時に100倍希釈．

- **抗体希釈液：0.5％ BSA in PBS（0.05％ NaN_3 含有）**

BSA	1.0 g
10％ NaN_3	1.0 mg
0.01 M PBS	
total	200 mL

  4℃で保存する．

- **ペルオキシダーゼ活性阻害液：0.3％ 過酸化水素メタノール溶液**

30％ 過酸化水素水	1.5 mL
メタノール	
total	150 mL

  用時調製．

- **DAB 希釈液：0.25 M Tris 緩衝液（pH 7.6）**

トリズマ塩酸	60.6 g
トリスアミノメタン	13.9 g
蒸留水	
total	2.0 L

  4℃で保存する．使用時に5倍希釈．

- **DAB 溶液**

DAB	1 g
0.25 M Tris 緩衝液	40 mL
蒸留水	
total	160 mL

  遮光して調製し，溶解後は冷凍保存する．6 mLと3 mLに分注する．

- **発色液**

DAB 溶液	6 mL
30％ 過酸化水素水	20 μL
0.25 M Tris 緩衝液	
total	100 mL

  30％ 過酸化水素水は発色反応直前に添加する．サンプル数に応じて50 mL（10サンプル程度）か100 mL（10サンプル以上）を調製する．

5）発色キット

- **Histofine SAB-PO kit（ニチレイ社）**
  ブロッキング試薬 – 10％ウサギ/マウス正常血清
  二次抗体 – ビオチン標識マウス/ウサギ/ヤギIgG抗体
  酵素試薬 – ペルオキシダーゼ標識ストレプトアビジン
- **EnVision（ダコ社）**
  ポリマー試薬 – ペルオキシダーゼ標識デキストラン結合抗ウサギ/マウスIg・ヤギポリクローナル抗体
- **CSA II kit（ダコ社）**
  増幅試薬 – FITC標識タイラマイド
  酵素標識試薬 – ペルオキシダーゼ標識抗FITC抗体

プロトコール

1 切片スライドの作製

❶ 10％ホルマリン固定パラフィン包埋した標本を，ミクロトームを用いて3μmに薄切し，切片をスライドガラスに乗せる（50℃の伸展盤上にて一晩放置：伸展接着）ⓐ．

ⓐ スライドガラスへの貼付の際，切片をよく伸展すること，貼付後十分に乾燥させることがポイント

2 抗原賦活処理

❶ スライドガラスをキシレン槽に5分間浸け置き，続けて新しいキシレン槽に浸す．これを何度か繰り返し，パラフィンを除去する（脱パラフィン）ⓑ．

❷ エタノール槽に浸し，キシレンをエタノールに置き換える（加水）．

❸ 水道水でエタノールを洗浄する．

❹ 抗原賦活処理（熱処理）：0.01 Mクエン酸緩衝液（pH 6.0）を耐熱性容器に入れ，この溶液中で121℃，5分間オートクレーブ処理，もしくは500W, 15分間マイクロウェーブ処理を行うⓒⓓ．

❺ 処理後，PBSで洗浄し，次の工程に進む．

ⓑ 脱パラフィンには通常4槽のキシレンを用い，各槽3〜5分間浸漬することで切片内のパラフィンは完全に溶解させる

ⓒ 未処理の場合は賦活処理の工程を省略する
ⓓ 抗原賦活液にはクエン酸緩衝液の他に抗原賦活化液H（中性：三菱化学メディエンス社）や抗原賦活化液pH9（ニチレイ社）を使用する場合があるが，これらは抗体の条件などに応じて使い分ける

3 ブロッキング

❶ ろ紙の小片で組織切片周辺のPBSを拭き取り，抗体の種類に応じた正常血清を含むブロッキング試薬を組織切片上に乗せるⓔ．

❷ 湿潤箱で室温，30分間静置する．

ⓔ 切片周囲のPBSを拭き取った後，切片が乾燥しないように注意する

4 一次抗体反応

❶ 事前に適切な濃度の一次抗体溶液を調製しておく．

❷ 反応終了後，ブロッキング溶液をろ紙の小片で吸い取り，一次抗体溶液を組織切片上に50μLずつ乗せる(f).

❸ 湿潤箱に4℃で一晩静置する．

❹ 反応終了後，PBSで洗浄し，次の工程に進む．

(f) ブロッキング試薬を拭き取った後，切片が乾燥しないように注意する

5 ペルオキシダーゼ活性阻害反応

❶ 事前に調製しておいた0.3％過酸化水素メタノール溶液に浸し，室温で30分間静置する(g)．

❷ PBSで3度洗浄し，次の工程へ進む．

(g) 3％過酸化水素メタノール溶液に10分間浸して室温で静置してもよい

6 二次抗体反応

❶ ろ紙の小片で組織切片周辺のPBSを拭き取り，一次抗体に応じた二次抗体を組織に乗せる(h)．

❷ 湿潤箱で室温，30分間静置する．

❸ 反応終了後，PBSで3度洗浄し，次の工程へ進む．

(h) 切片周囲のPBSを拭き取った後，切片が乾燥しないように注意する

7 酵素反応

❶ ろ紙の小片で組織切片周辺のPBSを拭き取り，酵素試薬を組織に乗せる(i)．

❷ 湿潤箱で室温，30分間静置する．

❸ 反応終了後，PBSで3度洗浄し，次の工程へ進む．

(i) 切片周囲のPBSを拭き取った後，切片が乾燥しないように注意する

One Point　タンパク質分解酵素処理

　抗原賦活処理には今回紹介した熱処理以外にタンパク質分解酵素処理がある．条件と抗原賦活液の組成は以下の通りである．酵素処理はガラス製シャーレに湿らせた丸ろ紙を置き，湿潤条件で行う．組織切片周囲の水分を拭き取り，酵素溶液を50μLずつ乗せて反応させる．

- 0.1％ トリプシン　37℃の恒温槽で30分
  - 0.05 M Tris緩衝液（pH 7.6）　100 mL
  - $CaCl_2$　　　　　　　　　　　100 mg
  - トリプシン　　　　　　　　　　100 mg（37℃で静置して溶解させる）
- 0.05％ プロテアーゼ　室温10分
  - 0.05 M Tris緩衝液（pH 7.6）　50 mL
  - プロテアーゼ　　　　　　　　　5 mg（室温で静置して溶解させる）
- 0.4％ ペプシン　37℃の恒温槽で30分
  - 0.01 N HCl　　　　　　　　　　50 mL
  - ペプシン　　　　　　　　　　　200 mg（37℃で静置して溶解させる）

8 発色反応

❶ DAB溶液を調製し，30％過酸化水素水を加えて組織切片を浸す[j][k]．

❷ 顕微鏡で確認しながら，適切な時間反応させた後，水道水で洗浄する．

❸ ヘマトキシリン溶液に浸して1分30秒静置する．

❹ 水道水で洗浄後，順にエタノール槽，キシレン槽に浸す（脱水・透徹）．

❺ 非水溶性封入剤でカバーガラスをかぶせる（封入）．

[j] DABには発癌性が報告されているため，ゴム手袋を付け，取り扱いに十分注意する
[k] DAB廃液は専用タンクに回収し，各施設での処理法に基づき，不要廃薬品として処理する

上記の試薬の組成およびプロトコールは1つの例であり，必ずしもこの条件でなければいけないというものではない．

トラブルシューティング

! 染色が弱い

原因 標本の保存状態
- **対策** 切片はその都度作製する
- **対策** 切片は高温で保存しない
- **対策** 長期保存の場合，スライドケースなどに入れて密封し，冷蔵庫に保管する

原因 過固定
- **対策** 長時間固定しない

原因 一次抗体
- **対策** 一次抗体の希釈濃度や抗原賦活処理の最適化を行う
- **対策** 抗体の有効期限，保存方法を確認する（凍結融解を繰り返さない）

! バックグラウンドが高い

原因 ブロッキングが不十分
- **対策** 内因性ペルオキシダーゼのブロッキングを十分に行う

原因 一次抗体希釈濃度が高い
- **対策** 抗体の希釈濃度を下げる

> **! 染色にむらができる**

> **原因** 抗原賦活処理
> **対策** 組織切片が緩衝液に十分浸るようにする

> **原因** 一次抗体
> **対策** PBSの拭き取りを十分に行い，切片上で試薬を混和させる

実験結果

以下に紹介する実験の条件はわれわれの研究室での染色条件であり，抗体は必ずしもすべてのメーカーを比較して選択しているわけではないことに注意が必要である．

1 Bcl-2

B-cell lymphoma-2（Bcl-2）はアポトーシス抑制活性を有する癌遺伝子として最初に発見された遺伝子である．広範なアポトーシスを効率よく抑制しており，アポトーシス制御において最も重要な因子の1つと考えられている[3)4)]．Bcl-2は多くのファミリー遺伝子が発見されている．機能面からアポトーシス抑制因子（Bcl-2, Bcl-xL, Bcl-wなど）とアポトーシス誘導因子（Bax, Bak, Bikなど）に分類される．Bcl-2ファミリータンパク質は主にミトコンドリア膜で作用し，膜透過性を制御することにより細胞の生死を決定している．

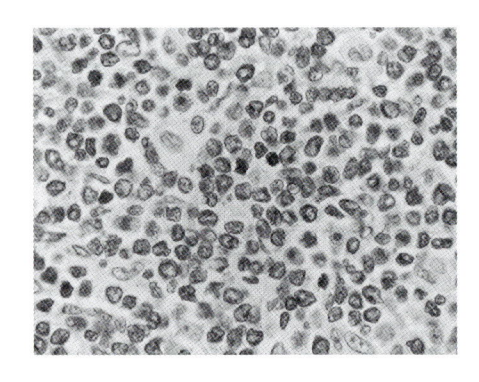

図3 Bcl-2陽性例（リンパ腫）（巻頭カラー図6参照）
一次抗体：Mouse monoclonal anti-human Bcl-2 antibody（Clone 124：ダコ社）
一次抗体の希釈倍率：1/80
検出試薬：Histofine kit（マウス一次抗体用）
抗原賦活処理：オートクレーブ（121℃，5分間）
細胞内局在：細胞膜
陽性組織：反応性リンパ節，リンパ腫，神経系組織，扁桃腺，虫垂など
撮影倍率：400倍

2 Bax

Bcl-2 associated X protein（Bax）はミトコンドリア膜においてアポトーシスを誘導するBcl-2ファミリーの1つである[3)5)]．アポトーシス刺激を受けるとBaxはオリゴマーを形成し，細胞質からミトコンドリア膜へ移動する．そこで膜の透過性を高めることにより，ミトコンドリアからのシトクロムcの放出およびカスパーゼ経路の活性化を誘導する．

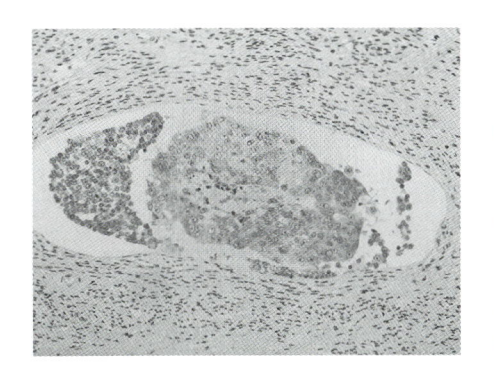

図4　Bax陽性例（子宮体癌）（巻頭カラー図7参照）
一次抗体：Rabbit polyclonal anti-human Bax antibody（ダコ社）
一次抗体の希釈倍率：1/200
検出試薬：Histofine kit（ウサギ一次抗体用）
抗原賦活処理：オートクレーブ（121℃，5分間）
細胞内局在：細胞質
陽性組織：アポトーシス過程にある各種組織および癌
撮影倍率：100倍

3 p53

　*p53*遺伝子は癌抑制遺伝子の1つである．Bcl-2の活性化の抑制とBaxの活性化の促進によりアポトーシスを誘導し，癌に対する主要な防御機構として作用する．また，p21の発現を誘導して細胞の増殖を停止させることもある．DNAと結合し核内に存在することから，癌細胞の核に局在を示す．このタンパク質には正常な遺伝子が作るwild type（野生型）と，上記の作用を示さない変異を起こした遺伝子が作るmutant type（変異型）が存在する．前者の代謝は比較的速やかであるのに対し，後者では半減期が長く核内に長期にわたり蓄積される[3]．このため，免疫組織染色による検出は過剰に発現した変異型p53が陽性となる．半数以上の悪性腫瘍において変異や欠失が認められる．

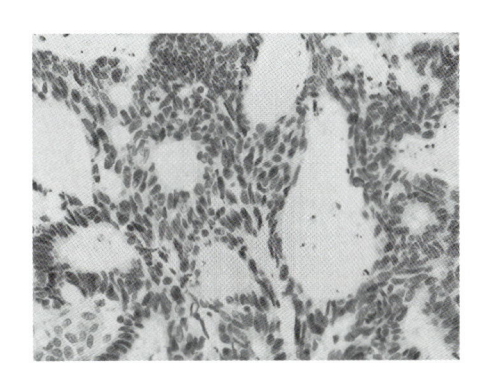

図5　p53陽性例（大腸癌）（巻頭カラー図8参照）
一次抗体：Mouse monoclonal anti-human p53 antibody（Clone DO-7：ライカマイクロシステムズ社）
一次抗体の希釈倍率：1/200
検出試薬：Histofine kit（マウス一次抗体用）
抗原賦活処理：マイクロウェーブ（500 W，15分間）
細胞内局在：癌細胞の核
陽性組織：各種癌
撮影倍率：200倍

4 p63

　p53ファミリーにはp63とp73が存在する．デスレセプターやBax，カスパーゼなどを標的とするとされているが，アポトーシスにおけるp63の機能は未だ不明な点が多い[3]．細胞周期については，p53は主にG2期を対象とするのに対し，p63はG1期を対象とすると言われている．また，p63の免疫組織染色は正常の筋上皮細胞と基底細胞，および腫瘍性筋上皮細胞と基底細胞のマーカーとして用いられる．

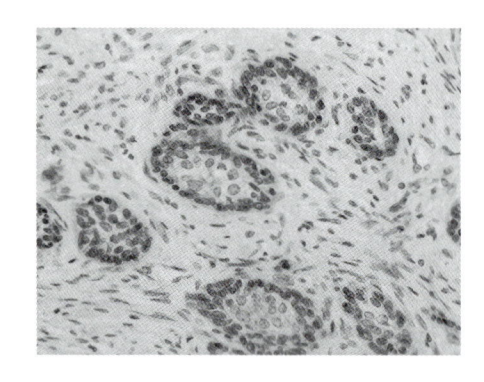

図6　p63陽性例（前立腺）（巻頭カラー図9参照）
一次抗体：Mouse monoclonal anti-human p63 antibody（ニチレイ社）
一次抗体は希釈済を使用
検出試薬：Histofine kit（マウス一次抗体用）
抗原賦活処理：オートクレーブ（121℃，5分間）
細胞内局在：核
陽性組織：前立腺，乳腺，上皮組織
撮影倍率：200倍

5　TIA-1

　T-cell intracellular antigen-1（TIA-1）はRNA結合タンパク質である．ナチュラルキラー（NK）細胞や細胞障害性T細胞において発現しており，アポトーシスや炎症に対する細胞の機能調節にかかわっている．TIA-1はアポトーシス誘導因子Fasの活性化セリン／スレオニンキナーゼによりリン酸化され，DNAの断片化を誘導する[7]．末梢性T細胞性リンパ腫，非特異型において約40％に陽性であり，予後不良との相関性が報告されている．

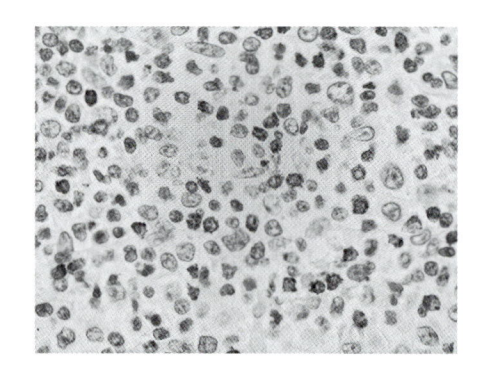

図7　TIA-1陽性例（リンパ腫）（巻頭カラー図10参照）
一次抗体：Mouse monoclonal anti-human TIA-1 antibody（Clone 2G9，イムノテック社）
一次抗体の希釈倍率：1/800
検出試薬：Histofine kit（マウス一次抗体用）
抗原賦活処理：オートクレーブ（121℃，5分間）
細胞内局在：細胞質（顆粒状）
陽性組織：扁桃腺，リンパ腫
撮影倍率：400倍

6　Survivin

　Survivinはカスパーゼの活性を阻害するアポトーシス抑制タンパク質IAPファミリーに属す．通常は精巣，膵臓や胸腺を除き，免疫組織化学的にほとんど検出できない．さまざまな悪性腫瘍においてSurvivinの過剰発現が認められ，その発現と予後や化学療法抵抗性との相関が確認されている．アポトーシスの阻害メカニズムに関する詳細は未だ明らかではないが，カスパーゼに直接作用すると考えられている[9]．また近年，Survivinを標的とした薬剤の開発が進んでおり，現在臨床試験が実施されている．

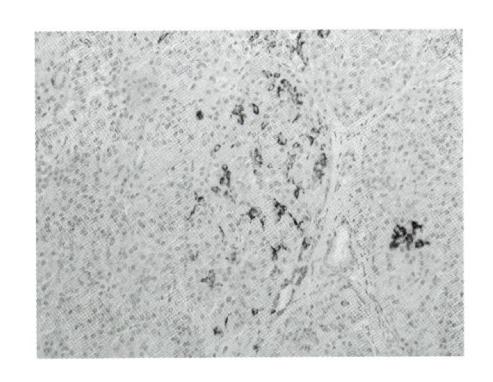

図8 Survivin陽性例（膵臓：細胞質に局在）（巻頭カラー図11参照）
一次抗体：Mouse monoclonal anti-human survivin antibody（ダコ社）
一次抗体の希釈倍率：1/6400
検出試薬：CSA II kit
抗原賦活処理：オートクレーブ（121℃，5分間）
細胞内局在：核，細胞質
陽性組織：精巣，膵臓，胸腺
撮影倍率：100倍

7 ssDNA

DNAは通常二本鎖であるが，アポトーシスによる核の断片化過程において寸断化されたDNAの端は一本鎖である．この部分を特異的に認識する抗体が抗single-stranded DNA（ssDNA）抗体である[3)10)]．同様に断片化したDNAを検出するTUNEL法との相関性が報告されている[1)]．TUNEL法とは異なり，ホルマリン固定組織で特別な処理を要さずに核内に反応が得られる．

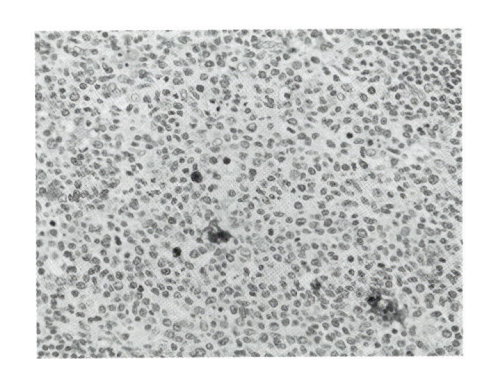

図9 ssDNA陽性例（扁桃腺）（巻頭カラー図12参照）
一次抗体：Rabbit polyclonal anti-human ssDNA antibody（ダコ社）
一次抗体の希釈倍率：1/400
検出試薬：EnVision
抗原賦活処理：未処理
細胞内局在：核
陽性組織：リンパ濾胞，扁桃腺，腫瘍等でアポトーシス過程にある細胞
撮影倍率：400倍

参考文献
1) Hemann, M. T. & Lowe, S. W. : Cell Death and Differ., 13：1256-1259, 2006
2) 『渡辺・中根　酵素抗体法　改訂四版』（名倉　宏，他/編），学際企画，2002
3) 『病理と臨床　臨時増刊号−病理診断に役立つ分子生物学』（坂元亨宇，他/編），分光堂，Vol. 22, 2004
4) Hochkenbery, D. et al. : Nature, 348：334-336, 1990
5) Finucane, D. M. et al. : J. Biol. Chem., 274：2225-2233, 1999
6) Perez, C. A. & Pietenpol, J. A. : Cell Cycle, 6：463-468, 2001
7) Förch, P. & Valcárcel, J. : Apoptosis, 6：463-468, 2001
8) Asano, N. et al. : Am. J. Surg. Pathol., 10：1284-1293, 2005
9) Guha, M. & Altieri, D. C. : Cell Cycle, 8：2708-2710, 2009
10) Watanabe, I. et al. : Jpn. J. Cancer Res., 90：188-193, 1999

[E-mail：hsasano@patholo2.med.tohoku.ac.jp（笹野公伸）]

4章 細胞小器官の変化の検出法

1 ミトコンドリアの変化

清水重臣

　ミトコンドリアは従来，生存のためのエネルギー産生器官としてほとんどすべての生命体の生存に必須のオルガネラであるととらえられてきた．しかしながら近年の研究により，ミトコンドリアは生存のみならず，細胞死の誘導においても重要な役割を果たしていることが明らかとなった[1]．生体で見られる最も重要な細胞死はアポトーシスであるが，最近の研究では，オートファジーを介した細胞死やネクローシスも重要な役割を果たしていることが明らかになってきた[2)3)]．これらの細胞死のうち，アポトーシスの実行には，ミトコンドリアが決定的な役割を果たしている．本稿では，アポトーシス実行過程で生じるミトコンドリア変化の解析法を概説する．

　アポトーシスはさまざまな刺激によって誘導されるが，各刺激によって活性化されたアポトーシスのシグナルは，最終的にほとんどすべての細胞死に共通なシグナル伝達機構に集約される[1]．FasやTNFレセプターによる刺激の一部を除いて，多くの場合ミトコンドリアが集約される場となる．ミトコンドリアがアポトーシスの刺激を受けると，アポトーシス促進タンパク質BaxあるいはBakが活性化し，その結果ミトコンドリア外膜の透過性が亢進し，膜間スペースに存在するシトクロムc，Smac，Omi/HtRA2などのアポトーシス実行タンパク質が細胞質に漏出する（図1）．細胞質に漏出したシトクロムcはATP（も

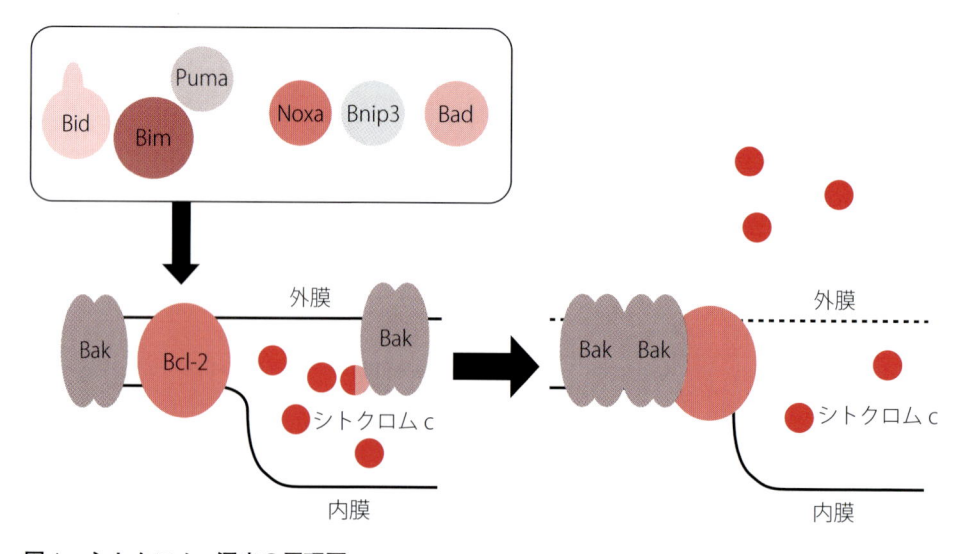

図1　シトクロムc漏出の原理図

しくは deoxy ATP），Apaf-1 と共同でカスパーゼの活性化を介して，アポトーシスを実行する．Smac や Omi/HtRA2 は内在性のカスパーゼ阻害分子である IAP ファミリータンパク質を阻害することを介して，カスパーゼの活性化に寄与する[1]．

以上の事実より，①シトクロム c，Smac，Omi/HtRA2 の漏出，②Bax（Bak）の活性化を測定することにより，アポトーシス刺激がどの程度ミトコンドリアに伝わっているかを測定することができる．ミトコンドリア膜電位は論文などによく記載されているが，基本的にはシトクロム c 漏出に遅れて，アポトーシスの実行に伴って低下するものと考えられている．また，ネクローシスなどの細胞死においても観察されるため，アポトーシス評価系としての特異性は乏しい．アポトーシス細胞の中で起こっているミトコンドリア変化は，③単離ミトコンドリアを用いても再現できる[4]．この単離ミトコンドリアのアッセイ系は，(1) ミトコンドリア上で起こっている詳細な分子メカニズムの解明[5]，(2) 薬剤やタンパク質がアポトーシス誘導活性を有しているか否かの検討[6]に有用である．

1-1 シトクロム c（Smac，Omi/HtRA2）漏出

実験の概略　［培養細胞］

前述したように，ミトコンドリアにアポトーシスシグナルが加わると，ミトコンドリア外膜の透過性が亢進し，膜間スペースに局在するタンパク質が細胞質に漏出する．このようなタンパク質のミトコンドリアから細胞質への局在変化を捕捉することにより，アポトーシス時のミトコンドリア変化を把握することができる．

具体的には，①細胞分画による生化学的解析，②抗体を用いた免疫染色，③蛍光タンパク質との融合タンパク質（Smac-GFP など）を用いた方法がある．細胞分画法とは，細胞に非イオン性界面活性剤であるジギトニンを加えて細胞膜を溶かし，遠心分離によって細胞質成分とそれ以外（オルガネラ）の分画に分ける方法である[7]．健常細胞の細胞質分画にはシトクロム c は存在しないが，アポトーシスが進行すると細胞質分画にシトクロム c が漏出してくる．本法では，細胞質成分のおよそ 95％が細胞質分画に回収され，ミトコンドリアタンパク質の 90％がオルガネラ分画に回収される．ジギトニンの反応時間を長くすると，細胞膜以外にミトコンドリア外膜も溶解してくるので，丁寧な実験が必要である．

免疫染色法は，シトクロム c 抗体を用いて細胞の免疫染色を行い，蛍光顕微鏡で観察する方法である[8]．アポトーシスが誘導されても局在が変化しないミトコンドリア局在タンパク質（電子伝達系に属する膜タンパク質や Tom 複合体の構成分子など）に対する抗体を併用することにより，シトクロム c の局在変化はより明確になる．一方，蛍光タンパク質との融合タンパク質を用いる方法では，まず，シトクロム c と同様の挙動を示す Smac や Omi/HtRA2 などのカルボキシ末端に蛍光タンパク質を付与した融合タンパク質の発現プラスミドを構築する．このプラスミドを細胞に発現させ，アポトーシス刺激を加えた後に蛍光顕微鏡で観察する．アミノ末端に蛍光タンパク質を付与すると，融合タンパク質はミト

コンドリアに局在しなくなるので注意する．本稿では，細胞分画法と免疫染色法に関して記載する．

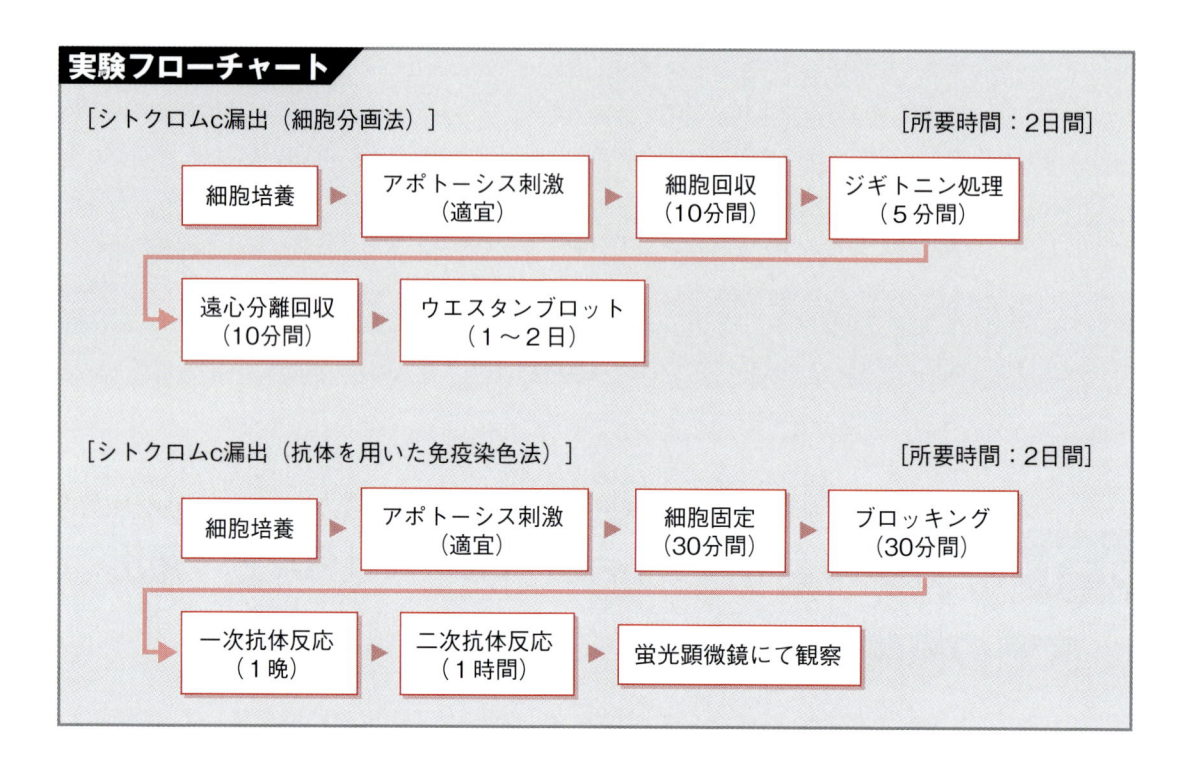

実験フローチャート

[シトクロムc漏出（細胞分画法）]　　　　　　　　　　　　　　　　　　　　[所要時間：2日間]

細胞培養 ▶ アポトーシス刺激（適宜）▶ 細胞回収（10分間）▶ ジギトニン処理（5分間）▶ 遠心分離回収（10分間）▶ ウエスタンブロット（1〜2日）

[シトクロムc漏出（抗体を用いた免疫染色法）]　　　　　　　　　　　　　　[所要時間：2日間]

細胞培養 ▶ アポトーシス刺激（適宜）▶ 細胞固定（30分間）▶ ブロッキング（30分間）▶ 一次抗体反応（1晩）▶ 二次抗体反応（1時間）▶ 蛍光顕微鏡にて観察

準備するもの

1）器具
- 8-well チャンバースライド（コラーゲンコート）
- カバーガラス

2）試薬
- 10 μM Digitonin（和光純薬工業社）
- PBS
- RIPA Buffer
- 4% パラホルムアルデヒド/PBS
- 0.1% Triton-X100/PBS
- 2% FCS/PBS
- 一次抗体
- 蛍光標識付き二次抗体
- 蛍光退色防止薬 prolong gold

プロトコール

1 シトクロム c 漏出（細胞分画法）

❶ 細胞（1.0×10^6 cell）を 6-well dish に播種.

❷ アポトーシスの刺激を加え，一定時間後に細胞を 50 mL チューブに回収する.

❸ 細胞を遠心分離（800 G）にて沈殿させ，400 μL の PBS で懸濁し，1.5 mL チューブに移す.

❹ 細胞を遠心分離（800 G）にて沈殿させ，10 μM のジギトニン 50 μL で懸濁し，37℃，5 分間反応させ，直ちに遠心分離（800 G）を行う.

❺ 上清（細胞質分画）を別の 1.5 mL チューブに移した後に，沈殿（オルガネラ）に RIPA Buffer（1 ×）を 50 μL 加える.

❻ これらのサンプルをウエスタンブロットに供する.

2 シトクロム c 漏出（抗体を用いた免疫染色法）

❶ 細胞（3.0×10^4 cell）を 8-well チャンバースライド（コラーゲンコート）に播種.

❷ アポトーシスの刺激を加えた後に培地を除去し，PBS（500 μL/well）で細胞を洗う.

❸ 4％ パラホルムアルデヒド（PFA）を添加し，4℃で 15 分間細胞を固定する.

❹ PFA を除去した後に，チャンバースライドの枠を外す.

❺ 洗浄瓶の中で，細胞を PBS で洗浄する（5 分間 3 回）.

❻ 0.1％ Triton-X100/PBS で室温 5 分間反応させ，細胞膜の透過性を亢進させる（抗体が細胞内に入りやすくする）.

❼ PBS で，5 分間 3 回洗う.

❽ 2％ FCS/PBS を加え，30 分間 4℃静置する（抗体の非特異的反応を抑えるため）.

❾ 一次抗体としてシトクロム c 抗体を 1/100（in 2％ FCS/PBS）加え，4℃で一晩静置する.

❿ PBS で 5 分間 3 回洗った後，蛍光標識された二次抗体を 1/200（in PBS）加え，1 時間反応させる.

⓫ PBS で 5 分間 3 回洗った後，prolong Gold を 1 滴滴下する. その後，カバーガラスをのせ，蛍光顕微鏡で観察する.

トラブルシューティング　　1-1：シトクロム c（Smac，Omi/HtRA2）漏出

1 シトクロム c 漏出（細胞分画法）

❗ 健常細胞の細胞質分画にシトクロム c が存在する

原因 ジギトニンが強く作用している
- **対策** ジギトニンの反応時間を短くする
- **対策** ジギトニンの反応温度を下げる
- **対策** ジギトニンの濃度を薄くする

❗ アポトーシス細胞の細胞質分画中にシトクロム c が存在しない

原因 ジギトニンの効果が弱過ぎる
- **対策** ジギトニンの反応時間を長くする

2 シトクロム c 漏出（抗体を用いた免疫染色法）

❗ 染色されない

原因 PFA の固定がうまくいっていない，Triton-X100 が十分に作用していない
- **対策** 新鮮な PFA を使う．PFA や Triton-X100 の反応時間を長くする

❗ 正常細胞でミトコンドリアパターンに見えない

原因 ブロッキングが弱い
- **対策** 2％FCS/PBS の反応時間を長くする

原因 抗体の洗浄が不十分である
- **対策** PBS で洗う回数を増やす

実験結果 ― 1-1：シトクロム c（Smac，Omi/HtRA2）漏出

1 シトクロム c 漏出（細胞分画法，図 2）

　　HeLa 細胞に抗癌剤エトポシド（200 μM）を加え，上記の方法にて細胞分画を行い，シトクロム c の局在変化をウエスタンブロットにて検出した．同時に，アポトーシスの多寡

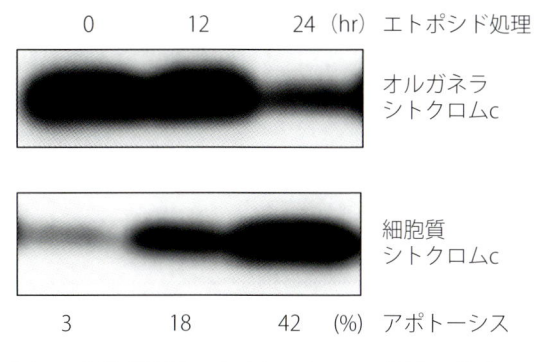

図2 細胞分画法によるシトクロムc漏出の検出

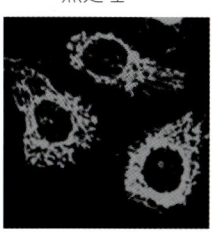

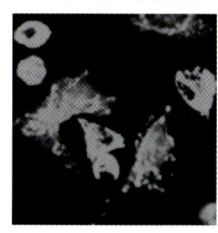

図3 シトクロムcの免疫染色
A) シトクロムcはミトコンドリアに局在している．
B) シトクロムcは細胞質に漏出している

をアネキシンⅤ染色にて測定した．その結果，シトクロムcは，アポトーシスの進行に伴ってミトコンドリアから細胞質に漏出していることが伺えた．

2 シトクロムc漏出（抗体を用いた免疫染色法，図3）

HeLa細胞に抗Fas抗体（CH11：0.5μg/mL）を加え，4時間後に上記方法にてシトクロムcの免疫染色を行った．その結果，シトクロムcはミトコンドリア局在を示さず，細胞質に漏出していることが伺えた（図3）．対照は，健常なHeLa細胞を用いている．

1-2 Bax/Bakの活性化検出

実験の概略　[培養細胞]

ミトコンドリアでのアポトーシス反応が誘導されるためには，Bcl-2ファミリータンパク質に属するBaxあるいはBakのいずれかの活性化が不可欠である[9]．現在これらのタンパク質の活性化を同定するのに，①タンパク質構造変化を捕捉する方法（Bax, BakのN末端が露出する）と②Bax/Bakの多量体化を検出する方法がある[7]．本稿では，より簡便に実験できる多量体化の検出方法に関して記載する．

本法の概要は以下の通りである．まず，アポトーシス刺激が加わった細胞に，細胞膜透過性を有しSDSで切断されないタンパク質クロスリンカーを加えて，多量体化しているBax（Bak）を架橋する．クロスリンカーとしてはBismaleimidohexane（BMH：アーム長は16.1Å）が最適である．架橋反応を行った後，dithiothreitol（DTT）を加えてBMHを中和する（非特異的なタンパク質架橋を防ぐため）．その後，タンパク質を回収し，通常の方法でBax（あるいはBak）抗体を用いてウエスタンブロッティングを行う．Bax（Bak）が活性化している場合には，二量体，三量体に相当するバンドが検出できる．

実験フローチャート

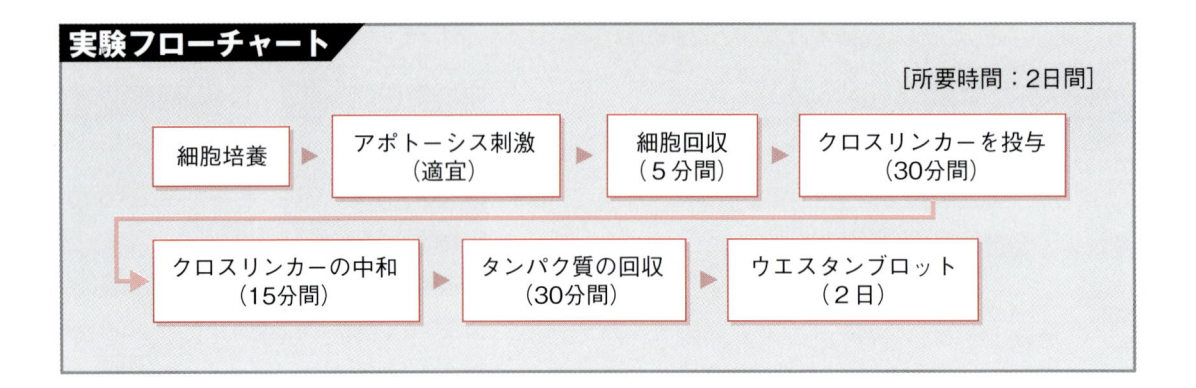

[所要時間：2日間]

細胞培養 ▶ アポトーシス刺激（適宜） ▶ 細胞回収（5分間） ▶ クロスリンカーを投与（30分間） ▶ クロスリンカーの中和（15分間） ▶ タンパク質の回収（30分間） ▶ ウエスタンブロット（2日）

準備するもの

● タンパク質クロスリンカー

		（最終濃度）
BMH	276.3 mg	（100 mM）
DMSO	10 mL	
total	10 mL	
（用事調製）		

● 1 M dithiothreitol（DTT）

● RIPA Buffer

プロトコール

❶ 細胞（5.0×10^6 cell）を10 cm dishに播種．

❷ アポトーシスの刺激を加え，一定時間後に細胞を50 mLチューブに回収する．

❸ 細胞を遠心分離（800 G）にて沈殿させ，400 μLのPBSで懸濁し，1.5 mLチューブに移す．

❹ タンパク質クロスリンカーであるBMHを最終1 mMになるように加え，30分間室温で反応させる（この間，1.5 mLチューブはローテーションしておく）．

❺ 非特異的な反応を中和するために，1 MのDTTを最終濃度1 mMになるように追加投与する．

❻ 15分間室温で反応させた後に，遠心分離（800 G）により細胞を集め，1 mLのPBSで懸濁する．

❼ 細胞をsonicationなどの方法により破砕した後に，50 μLのRIPA Bufferを加え，15分氷上で反応させた後，遠心分離（8,000 G）にて上清を回収し，ウエスタンブロットに供する．

トラブルシューティング　1-2：Bax/Bakの活性化検出

⚠ Bax/Bakの多量体バンドが見えない

原因 アポトーシス刺激が不十分である
　対策 アポトーシス刺激を加えてから経時的にサンプルを作製する

原因 クロスリンカーの掛かりが不十分である
　対策 新品のクロスリンカーを用いる．反応時間を長くする

原因 sonicationが不十分でタンパク質の回収が十分できていない
　対策 sonicationの回数を増やす

実験結果 ― 1-2：Bax/Bak の活性化検出

HeLa細胞に抗Fas抗体（CH11：$0.5\,\mu g$/mL）を加え，4時間後に上記方法にてBakの活性化検出を行った．その結果，クロスリンカーBMHの投与により，アポトーシス細胞においてのみ，Bakの多量体バンドが検出された（図4）．

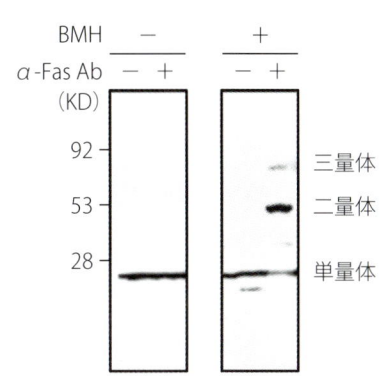

図4　Bakのウエスタンブロット

1-3 単離ミトコンドリアを用いた実験

実験の概略

上記の2つのアッセイ法は，アポトーシスシグナルがミトコンドリアに伝わったか否かを検討するうえでは，簡便な方法であるが，より詳細な分子機構を解析するには不十分である．このような欠点を克服するためには，細胞内で起こっている現象を模倣できる単離ミトコンドリアのアッセイ系を用いるとよい[4)7)]．

すなわち，マウスの臓器からミトコンドリアを単離し，ミトコンドリアにアポトーシスを与えることができるタンパク質や低分子化合物を添加すると，シトクロムc漏出などが観察できる．

実験フローチャート

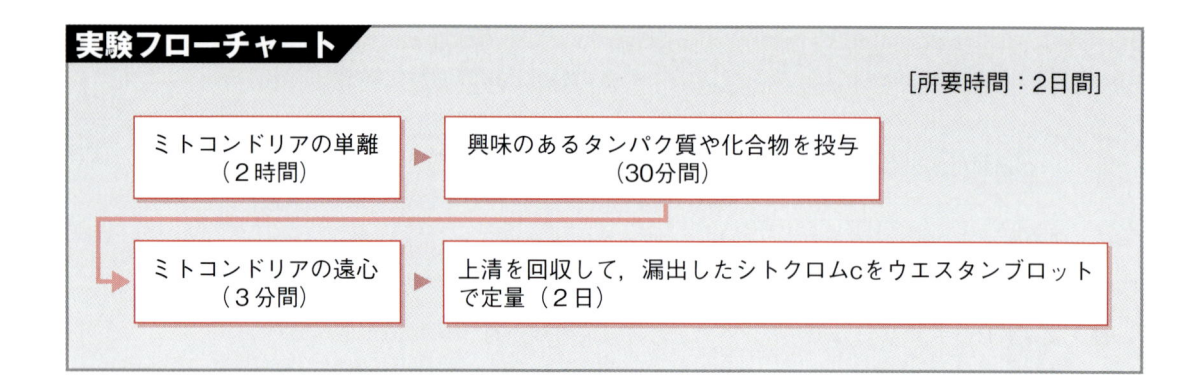

[所要時間：2日間]

ミトコンドリアの単離（2時間） → 興味のあるタンパク質や化合物を投与（30分間） → ミトコンドリアの遠心（3分間） → 上清を回収して，漏出したシトクロムcをウエスタンブロットで定量（2日）

準備するもの

1）機械

- 遠心機
  われわれはトミー精工社製GRX-220を用いている．

- 遠心ローター（50 mL テフロンチューブを回せるもの）
  われわれはトミー精工社製TA-24BHを用いている．

2）器具

- テフロン遠心チューブ 10本
- 50 mL ガラス・テフロン ポッターホモジナイザー

3）試薬

- BufferA （最終濃度）

mannitol	54.6 g （0.3 M）
1 M　Hepes–KOH （pH 7.4）	10 mL （10 mM）
500 mM　EDTA–KOH （pH 8.0）	0.4 mL （0.2 mM）
10 %　BSA （fatty acid free）	10 mL （0.1 %）
蒸留水	
total	1000 mL

  4 ℃で保存，on iceで使用する．

- BufferB

mannitol	54.6 g （0.3 M）
1 M　Hepes–KOH （pH 7.4）	10 mL （10 mM）
1 M　KPB （pH 7.4）	1 mL （1 mM）
10 %　BSA （fatty acid free）	10 mL （0.1 %）
蒸留水	
total	1000 mL

  4 ℃で保存，on iceで使用する．

- succinate
  KOHでpH 7.4にし，1 M溶液を作製する．

- シトクロムc抗体

プロトコール

❶ マウス（ラット）などの臓器（肝臓や心臓など必要に応じて）を摘出し，ただちに約100 mLのBufferAにつける．

❷ はさみでミンスした後，ポッターホモジナイザーで細胞を破砕する．

❸ 直ちにテフロンチューブに移し，2,000 Gで10分間遠心する．

❹ 上清を新しいチューブに移し，5,000 Gで8分間，10,000 Gで5分間を連続して遠心する．

❺ 上清を捨てた後，BufferBを約10 mL入れ，沈殿物をガラス棒に巻き付けた綿でほぐす（綿はあらかじめBufferAでよく洗っておく）．

❻ 再度，2,000 Gで10分間遠心する．

❼ 上清を再度新しいチューブに移し，9,000 Gで10分間遠心する．

❽ 沈殿物に1 mLのBufferBを入れて，綿でほぐす．

❾ タンパク質定量を行う．

❿ ミトコンドリア1 mg, succinate-KOH 50 mM, BufferBを加え，全量1 mLにして，ミトコンドリアをインキュベートし，10分おきに100 μLのミトコンドリア液を回収，1.5 mLチューブで10,000 G，2分間回転させ（正常のミトコンドリアは沈殿する），上清を回収する．この分画に含まれるシトクロムcをウエスタンブロット法にて定量する．

トラブルシューティング　1-3：単離ミトコンドリアを用いた実験

! ミトコンドリアにアポトーシス刺激を加えても，シトクロムcが漏出されない

原因 ミトコンドリアが死んでいる
　対策 ミトコンドリアを新たに単離する

原因 リコンビナントタンパク質や化合物が失活している
　対策 リコンビナントタンパク質を新たに作製する

! 無刺激のミトコンドリア上清でもシトクロムcが大量に観察される

原因 単離ミトコンドリアを作製する際に，ミトコンドリア膜を壊している
　対策 ミトコンドリアを新たに単離する

原因 ミトコンドリアのbufferに不純物が入っている
対策 ミトコンドリアbufferを作り直す

実験結果 ―1-3：単離ミトコンドリアを用いた実験

健常マウスの肝臓からミトコンドリアを単離し，リコンビナントBaxを20分間反応させ，その間にミトコンドリアから上清に漏出したシトクロムcをウエスタンブロットにて定量評価した（図5）．

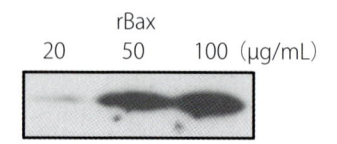

図5　シトクロムcのウエスタンブロット

参考文献
1) Tsujimoto, Y. & Shimizu, S.：FEBS lett., 466：6-10, 2000
2) Shimizu, S. et al.：Nat. Cell Biol., 6：1221-1228, 2004
3) Nakagawa, T. et al.：Nature, 434：652-658, 2005
4) Narita, M. et al.：Proc. Natl. Acad. Sci. USA, 95：14681-14686, 1998
5) Shimizu, S. & Tsujimoto, Y.：Proc. Natl. Acad. Sci. USA, 97：577-582, 2000
6) Konishi, A. et al.：Cell, 114：673-688, 2003
7) Nomura, M. et al.：J. Biol. Chem., 278：2058-2065, 2003
8) Mizuta, T. et al.：J. Biol. Chem., 282：16623-16630, 2007
9) Lindsten, T. et al.：Mol. Cell, 6：1389-1399, 2000
10) Shimizu, S. et al.：Nature, 399：483-487, 1999

[E-mail：shimizu.pcb@mri.tmd.ac.jp（清水重臣）]

4章 細胞小器官の変化の検出法

2 小胞体の変化

森島信裕

　小胞体ストレスは，正しくない立体構造をもつタンパク質が小胞体内で蓄積した状態である．強い小胞体ストレスが持続し，自己防衛システムによって対応しきれない場合に細胞死（基本的にアポトーシス）が起こる．

　自己防衛システムはアンフォールドタンパク質応答（Unfolded Protein Response：UPR）とよばれる．小胞体ストレスに応じて小胞体膜上のセンサータンパク質（PERK，IRE1，ATF6）が活性化し，シグナルを翻訳開始因子や転写因子に伝えて翻訳抑制，フォールディング関連タンパク質の発現上昇を導く．また，構造異常タンパク質を小胞体外へ出し，プロテアソームによって分解するしくみ（小胞体関連分解）も働く．小胞体内の構造異常タンパク質を可視化したり，直接定量することは困難なので，UPRの起動を捉えて小胞体ストレスの発生を知る．UPRは細胞防御のしくみであるが，強いストレスが継続した場合にはアポトーシスを引き起こすと考えられている．したがって，UPRとアポトーシスの解析を行い，その因果関係を検討することが小胞体ストレスによるアポトーシスの解析につながる．

　この節では，1）小胞体ストレスによる細胞死の機構を調べたい，2）注目している細胞死の原因が小胞体ストレスであるかどうかを知りたい（示したい），という場合に役立つ手法について述べる．

実験の概略

　小胞体（Endoplasmic reticulum：ER）内でのタンパク質立体構造形成はさまざまな要因で阻害される．ERストレッサーと呼ばれる試薬はそうした状況を人為的に作り出すことができる．主なERストレッサーの働きは次のようなものである．①小胞体内の糖鎖修飾酵素を阻害することで新生タンパク質の糖鎖修飾を阻害する（ツニカマイシン），②小胞体カルシウムATPアーゼを阻害することで小胞体内カルシウムの濃度を低下させ，カルシウム依存性分子シャペロンの機能を阻害する（サプシガルジン）．

　小胞体ストレスが生じるとUPRが起動し，その結果ストレスが減弱すれば細胞は正常に戻る．このようにUPRは細胞レベルでのホメオスタシス維持を行っている．小胞体ストレス誘導性アポトーシスはストレスがUPRの許容範囲を超えた後に起こると考えられている．

このモデル（小胞体ストレスの惹起〜UPR〜アポトーシス）に沿った実験を行うためにはERストレッサーの適正用量を設定する必要がある．培養細胞の場合は分から時間のオーダーでUPRの開始が認められ，その後，数時間から数十時間の間にアポトーシス関連タンパク質の挙動の変化が検出できる条件を設定する．マウスやラットの生体を用いる場合はこれまでの報告を参考にして用量を決定する．一方，注目しているアポトーシスの原因が小胞体ストレスであるかどうかを調べるときには，UPRの起動と小胞体ストレスで特異的に活性化するとされているカスパーゼの挙動を確かめる．ただし，小胞体ストレスを含む複合的な要因でアポトーシスが起こっている可能性やサイトゾルにおける異常によって二次的に小胞体ストレスが起きている可能性なども検討する必要がある．

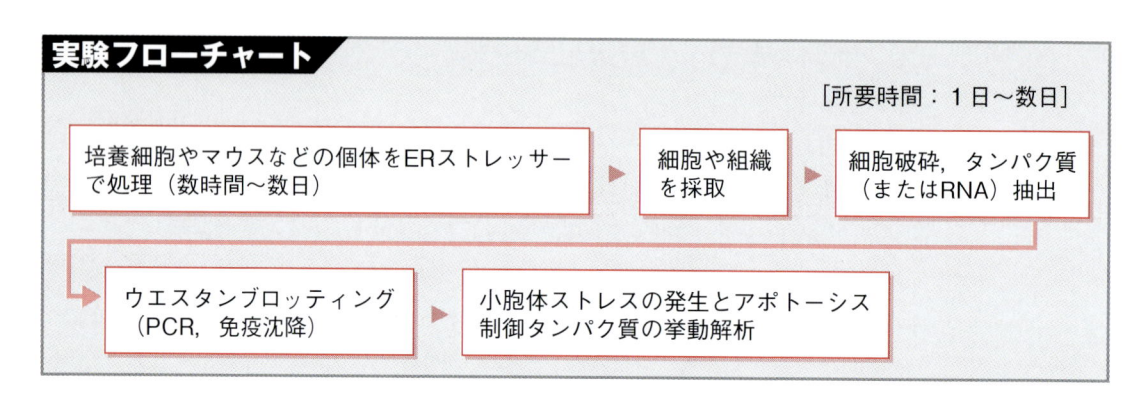

実験フローチャート

[所要時間：1日〜数日]

培養細胞やマウスなどの個体をERストレッサーで処理（数時間〜数日）→ 細胞や組織を採取 → 細胞破砕，タンパク質（またはRNA）抽出 → ウエスタンブロッティング（PCR，免疫沈降）→ 小胞体ストレスの発生とアポトーシス制御タンパク質の挙動解析

2-1 ERストレッサー適正用量の決定　[培養細胞]

準備するもの

- ERストレッサーストック溶液（下記のうち，できれば2種類以上）

ツニカマイシン	10 mg/mL	（DMSO）[a]	
サプシガルジン	10 mM	（DMSO）	
ジチオスレイトール	1 mM	（超純水）	
ブレフェルジンA	1 mg/mL	（メタノール）	
A23187	10 mM	（DMSO）	

[a] ERストレッサーは−20℃で保存．DMSOはきわめて吸湿性の高い溶媒なので空気中からの水分混入をできるだけ防ぐこと

- PBS
- Hoechst33342（1 mg/mL）
- 蛍光顕微鏡

（オプション）

- 血清を含まない培地
- JC-1試薬を利用したミトコンドリア膜電位検出キット〔Mitosensor（クロンテック社），APO LOGIX-JC-1（Bachem社）など〕

プロトコール

❶ 24 ウェルプレートを用い，そのうち 10 ウェルに細胞を播種し，一晩培養する[a].

❷ 翌日，細胞の状態が良好なことを確認する．

❸ ER ストレッサーの原液（濃度 C_0）と溶媒を用いて $0.1 \times C_0$, $0.01 \times C_0$ の希釈溶液を調製する．

❹ 培地を取り除き，等量の PBS を加えて細胞をリンスする[b].

❺ PBS を除き，ER ストレッサーの入った培地（1 ウェルあたり 0.5 mL）と交換する[c].

    培地に入れる ER ストレッサーの量[d]（例：ツニカマイシンの場合）
                                              （最終濃度）

    原液（C_0）：0.5, 1, 2.5 μL   （10, 20, 50 μg/mL）
    $0.1 \times C_0$：0.5, 1, 2.5 μL   （1, 2, 5 μg/mL）
    $0.01 \times C_0$：0.5, 1, 2.5 μL   （0.1, 0.2, 0.5 μg/mL）
    DMSO：2.5 μL   （コントロール）

❻ 顕微鏡で細胞の形態を観察する．変化が見られなければ観察の間隔を延ばしてよい．

❼ 12 時間〜24 時間後に細胞を観察し，30％〜100％の細胞でアポトーシスが起きるストレッサーの用量を決定する[e].

❽ Hoechst33342 を培地に加え（最終濃度 1 μg/mL），15〜30 分おいてから蛍光顕微鏡観察を行う．アポトーシス細胞の染色体凝縮を確認する．

（オプション）

❾ ER ストレッサーの効果が見られる濃度範囲をさらに細かく変えて ER ストレッサーの量を最適化する．

---

[a] 目安として二日後にサブコンフルエントになるようにする

[b] 浮遊細胞の場合は遠心によって液の交換を行う（以下同様）

[c] ウェルに培地と ER ストレッサーを順次入れてもよいが，薬剤および溶剤が局所的に濃くならないよう手早く均一にすること

[d] 数 μg/mL のオーダー以下のストレッサーを用い，12〜24 時間程度でアポトーシスが起こる条件が望ましい．caspase-12 ノックアウト細胞は小胞体ストレスに部分的に抵抗性を示すが[1]，数十 μg/mL のストレッサーを与えた例では野生型との差が見られないとされる

[e] アポトーシス誘導の効率が低すぎるとウエスタンブロットによる解析が難しくなる

One Point

ERストレッサーについて

小胞体ストレス誘起剤（ER ストレッサー）は，小胞体内のタンパク質構造形成過程に直接的な影響を与えるものと間接的に小胞体ストレスを生じさせるものにわかれる（表1）．第一の選択は前者だが，うまくアポトーシスを誘導できない場合は後者も検討する．

表1　ER ストレッサーおよび小胞体ストレス誘起条件

小胞体内のフォールディング機構に直接的な影響を与えるもの
ツニカマイシン（tunicamycin） サプシガルジン（タプシガルギン，thapsigargin）
小胞体ストレス以外の影響も及ぼす可能性のあるもの
ジチオスレイトール（dithiothreitol） ブレフェルジン A（Brefeldin A） golgicide A A23187 各種のプロテアソームインヒビター グルコース飢餓 低酸素

（オプション）ミトコンドリアの活性を見る

❿ 上記の実験で決定した濃度のERストレッサーを用い，アポトーシスを誘導する．

⓫ 所定の時間が経過したら培地をできるだけ穏やかに除き，培地（血清なし，37℃）を入れて細胞を一度洗う．

⓬ 培地を除きJC-1試薬を投与する(f)．

⓭ 15〜20分，細胞培養用インキュベーターに置く．

⓮ 蛍光顕微鏡を用いて細胞を観察する．ミトコンドリア膜電位が保たれている細胞は橙色，ダメージがある細胞は緑色の蛍光を発する．

(f) JC-1試薬の調製と添加は検出キットの製品プロトコールに従って行う

トラブルシューティング　2-1：ERストレッサー適正用量の決定

❗ アポトーシスが起きない

原因 細胞が高い基底レベルのERストレスに適応している，ERストレッサーを無毒化する可能性のある酵素の発現量が高いなどさまざまな要因がありうる
- **対策** ストレッサーの添加でUPRが起きるかどうかを確認する（本節2-3参照）．異なるERストレッサーを用いて小胞体ストレスの発生源を変える

原因 抗アポトーシス性のタンパク質が高発現されている
- **対策** UPRが起きているかどうかを確認する（本節2-3参照）．細胞株を変える

原因 ERストレッサーの保存状態が悪い
- **対策** UPRが起きているかどうかを確認する（本節2-3参照）．新品または脱水した有機溶媒を使用し，ストック液を作り直す

❗ アポトーシスが起きるまで何日もかかる

原因 ERストレス以外の原因でアポトーシスが起きている可能性がある
- **対策** 条件検討をやり直す

❗ アポトーシスが起こる頻度が実験のたびに大きく変動する

原因 細胞の状態がその都度異なっている
- **対策** 細胞培養の条件（継代数，継代の仕方など）を揃える．ERストレッサーを加える際のコンフルエンシーは一定にする

原因 濃度や保存状態が異なる薬剤ストック液を使用している
対策 保存状態の良好な同一のストック液を用いる

実験結果 — 2-1：ERストレッサー適正用量の決定

マウス筋芽細胞株C2C12にツニカマイシン（2μg/mL），サプシガルジン（1μM）を24時間与えてアポトーシスを誘導した（図1）．約40％の細胞がアポトーシスを起こす条件である．生細胞は繊維芽細胞様の形態を示し，プレートによく接着しているのに対し，アポトーシス細胞は丸く小さくなっている．

小胞体ストレスによるアポトーシスにミトコンドリア経路が関与するかどうかは組織，細胞ごとに異なり，アポトーシスのメカニズムを知るうえで重要なポイントとなる．C2C12細胞では小胞体ストレスのシグナルがミトコンドリア障害を起こすことなくアポトーシスを誘導する[2]．アポトーシス細胞中でもJC-1試薬がミトコンドリアに取り込まれ，会合体を形成して赤い蛍光を発している（図2, 巻頭カラー図5）．

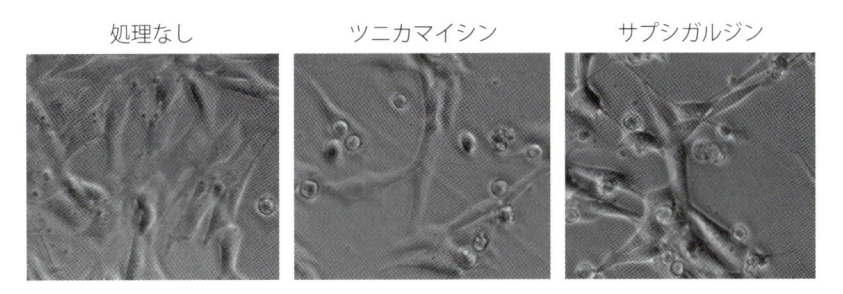

図1　ERストレッサー処理後の形態変化
文献2より転載

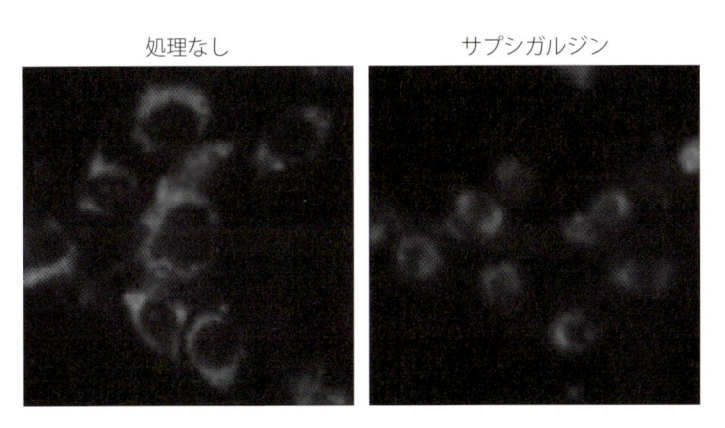

図2　ミトコンドリア経路の検討（巻頭カラー図13参照）
文献2より転載

2-2 小胞体ストレスによるアポトーシスを起こした組織の調製

準備するもの

- C57BL/6 マウス（8週齢～12週齢）
  できれば2匹以上
- ツニカマイシン溶液
  DMSOに溶かしたストック溶液（10 mg/mL）
- 1または2 mLの滅菌シリンジと針（25G程度）
- 150 mM デキストロース
  フィルター滅菌したもの
- 4％パラホルムアルデヒド/PBS
  用時調製が望ましい
- Lysisバッファー
  Tris-HCl（pH 7.5）　　50 mM
  NaCl　　　　　　　　 150 mM
  NP-40　　　　　　　　1 %
  SDS　　　　　　　　　0.05 %
  プロテアーゼインヒビターカクテル（COMPLETE，ロシュ・ダイアグノスティックス社など）

  ホスファターゼインヒビターは必須ではないが，安定した結果を得るためには添加した方がよい．Lysisバッファーに0.5 mM Na-vanadate, 100 mM NaF, 50 mM β-glycerophosphateを加えるか，またはロシュ・ダイアグノスティックス社，ナカライテスク社などから販売されているホスファターゼインヒビターカクテルを添加する．

- ポッター型またはダウンスホモジナイザー（手動用，容量2 mL程度のもの）
- Bradford試薬（ProteinAssay Kit, バイオラッド社など）

プロトコール

1. 上皿秤を用いてマウスの体重を量る．
2. ツニカマイシンの必要量を計算する（体重1 gあたり1 μg）
3. ツニカマイシンをデキストロース溶液で200倍に薄め，50 μg/mLとする．マウス一匹あたりの必要量より多めに作る．
4. マウスを片方の手の平上で固定し，希釈したツニカマイシン溶液を腹腔内に注入する（右図参照）．

ERストレッサーのマウス腹腔内投与

❺ 1〜4日後に，麻酔下で肝臓（または腎臓）を摘出する[a]．

❻ 肝臓をはさみやナイフで切って約100 mg分を取り，氷上に置いたホモジナイザーに入れる．残りは液体窒素中で凍結し，−80℃で保存する[b]．

❼ 氷冷したLysisバッファーを肝臓100 mgあたり700 μL加え，氷上で10〜20回程度ペッスルを上下させて肝臓をホモジナイズする[c]．

❽ ホモジナイズした肝臓をマイクロチューブに移す〔オプション：小型の超音波プローブを用いて超音波処理する（20〜30秒を数回）〕．

❾ 8,000 G，4℃で20分遠心した後，上清を新しいマイクロチューブに移す．

❿ タンパク質の濃度をBradford法により決定する．

[a] ツニカマイシンが効いていると体重が減少する

[b] 腎臓は肝臓に比べて固いので氷上に置いたガラスシャーレ上で細分化する．電動ホモジナイザーを使用すると抽出効率がよい

[c] RNAサンプルの抽出を行ってReverse Transcription (RT)-PCRの解析に用いることができる．XBP1[5]やBiPの解析を行う

（オプション）腎臓の組織学的解析（ステップ❹の続き）

❺ 4日後に4％パラホルムアルデヒトを含むPBSを用いて還流固定する（方法は文献3などを参照）．

❻ 腎臓をパラフィン包埋後，2〜5 μm厚の切片を作製する[d]．

❼ TUNEL染色（2章3節）によりアポトーシスが起きていることを確認する．

❽ また，抗体染色によって注目しているタンパク質の挙動を見ることも可能である[4]．解析に適したタンパク質のリストは下記のウエスタンブロットの項を参照のこと．

[d] 免疫組織染色に用いる抗体によっては凍結切片を作製する

トラブルシューティング　2-2：小胞体ストレスによるアポトーシスを起こした組織の調製

！ 小胞体ストレスが生じない

原因 ERストレッサーが皮膚と腹膜の間に入った，またはERストレッサーが腹部から外へ漏れた

　対策 腹腔内注射の手技を磨く

原因 ツニカマイシン投与の効果が弱い

　対策 体重が十分減少しているマウスを選択して試料作製を行う

原因 週齢やストレインによっては効果が出にくい

　対策 体重1 gあたり1〜2 μgの範囲でストレッサーの量を調節する

> **！マウスが死んでしまう**
>
> **原因** 週齢やストレインによっては死にやすいことがある
> **対策** 体重1gあたり0.25〜1μgの範囲でストレッサーの量を調節する
>
> **原因** 腹腔内注射の針で横隔膜や腸管を傷つけた
> **対策** 針をマウス腹部の下側に刺す．マウスの頭部を心持ち下げ気味にして腹圧を下げ，針先の手応えにも注意する

実験結果 —— 2-2：小胞体ストレスによるアポトーシスを起こした組織の調製

マウス腎臓切片の免疫染色像を図3に示す．ツニカマイシンを腹腔に投与したマウスの腎臓はCHOP，断片化ビメンチン（caspase-9による切断であることが示唆されている），活性化caspase-3それぞれに陽性な細胞を多数含む．

2-3 ウエスタンブロットによる小胞体ストレスの検出およびアポトーシス関連因子の挙動解析 ［培養細胞］

小胞体ストレスの発生に応じてBcl-2ファミリーやカスパーゼファミリーの挙動変化，アポトーシスマーカーの変化が起こっていることを確認する．小胞体は多彩な現象にかかわるので，特に in vivo の場合，小胞体ストレス以外の現象が細胞死にかかわっている可能性も考慮する．

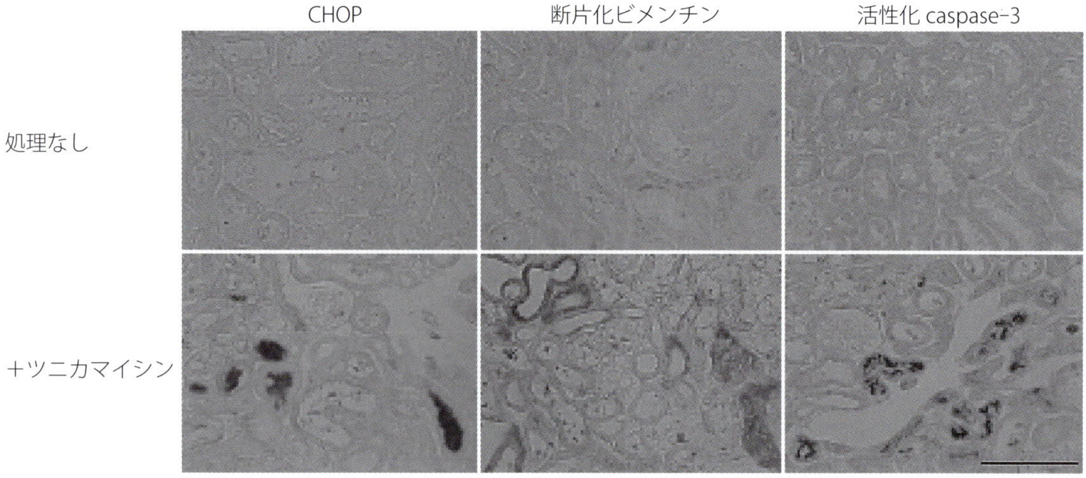

図3 マウス腎臓のアポトーシス
文献4より転載

準備するもの

- ERストレッサー（本節2-1参照）
- PBS
- セルスクレーパー
- RIPA
Tris-HCl (pH 7.6)	25 mM
NaCl	150 mM
NP-40	1 %
sodium deoxycholate	1 %
SDS	0.1 %

  RIPAに含まれる成分の濃度，pHは研究室によって若干違っていることがあるが，少々の違いについては気にしなくてよい．
- プロテアーゼインヒビターカクテル（COMPLETE，ロシュ・ダイアグノスティックス社など）
- ホスファターゼインヒビター
- SDS-ポリアクリアミドゲル
- PVDFまたはニトロセルロース膜
- ケミルミネッセンスキット（ECL-Plus，GEヘルスケア社など）
- 抗体（表2）

表2　小胞体ストレスによるアポトーシスを解析するための抗体

UPRセンサーとその基質に対する抗体
抗リン酸化PERK（活性化PERK）抗体
抗リン酸化eIF2α（PERKの基質）抗体
抗リン酸化IRE1α（活性化IRE1α）抗体
抗XBP1（mRNAのスプライシングにIRE1が必要）抗体
抗ATF6α（切断によって活性化する）抗体
UPRによって発現上昇またはリン酸化が起きるタンパク質に対する抗体
抗ATF4抗体　（PERK経路）
抗CHOP抗体　（PERK，IRE1，ATF6経路の制御を受ける）
抗c-Jun　　　（IRE1経路）
抗BiP抗体　　（主にATF6経路）
アポトーシス促進または実行タンパク質に対する抗体
抗caspase-4抗体（ヒト）または抗caspase-12抗体（マウス，ラット）
抗caspase-3（または活性化型caspase-3）抗体
抗Bim抗体[6) 7)]

これらの抗体を最初からすべて揃える必要はない．UPRに関してはPERK，IRE1，ATF6経路それぞれについて1種類ずつ使用し，各経路における活性化の様子を見る．カスパーゼに関しては，イニシエータータイプのcaspase-4，-12とエフェクタータイプのcaspase-3について解析するとよい

プロトコール

❶ 細胞を培養する．接着細胞の場合，10 cm（または6 cm）プレート1枚を用いる．タイムコース実験用に，ストレッサー処理時間の数に対応した枚数の培養を行う[a]．

❷ 50％〜80％のコンフルエンシーとなったところで細胞をPBSでいったんリンスし，フレッシュな培地とともにERストレッサーを細胞に与える．

❸ 所定の時間が経過したら細胞を回収する．死細胞はプレートへの接着性を失い，培地中に浮遊しているので培地は捨てずに遠心チューブに回収する[b]．

❹ 培地を除いたプレートに氷冷PBSを3 mL（10 cmプレートの場合，以下同様）加え，スクレーパーによって生細胞をはがす．

❺ 生細胞を含むPBSを回収する．プレートをさらに3 mLのPBSでリンスし，残った細胞を合わせて回収する．

❻ 回収した培地とPBSとを合わせて遠心し（800 G，10分，4℃），上清を除いたのち細胞を沈殿として得る．

❼ 細胞を氷冷PBS1.2 mLで懸濁し，マイクロチューブに移してから遠心する（800 G，4分，4℃）．

❽ 上清を除く．ここで中断する場合は細胞を−20℃または−80℃で保存する．液体窒素で凍らせてから保存するとなおよい．

❾ RIPA（＋プロテアーゼインヒビター，ホスファターゼインヒビターを添加したもの）を細胞の湿体積に対して等量〜3倍量程度入れる[c]．

❿ 凍結融解を行って細胞を破砕する[d]．

⓫ 細胞抽出液を遠心（15,000 G，10分，4℃）して上清を得る．

⓬ タンパク質濃度をBradford法により決定する．

⓭ SDSゲル電気泳動で分離し，PVDF（またはニトロセルロース）膜に転写後，特異的抗体で解析する[e]．

[a] 浮遊細胞の場合は，目安として1×10^6個かそれ以上の細胞を培養する．液の交換は低速遠心によって行う

[b] 培地と接着細胞とを別々に回収することで生死細胞を分けて回収，解析することもできる[4,7]．浮遊細胞の場合はFACSやマグネットビーズによる分離キットを用いる

[c] タンパク質濃度の決定を必要としない場合は，細胞にSDS入りのサンプルバッファーを等量以上加え，95℃で5分加熱して試料調製を行ってもよい．DNAによって液の粘度が増すので，超音波処理（極小プローブ付き）を行うか，25G程度の針（1 mLシリンジを使用）に数回通す

[d] 液体窒素中（またはフリーザー）で凍結し，融解は氷上で行う．液体窒素を用いる際は防護眼鏡の使用など安全面に注意．タンパク質の回収率を上げたいときは凍結融解を繰り返す

[e] 解析するタンパク質の存在量，一次抗体による検出感度に応じて1レーンあたり1〜50 μg程度のタンパク質をロードする

トラブルシューティング

2-3：ウエスタンブロットによる小胞体ストレスの検出およびアポトーシス関連因子の挙動解析

! ウエスタンブロットのバンドが検出できない

原因 非特異的プロテアーゼや脱リン酸化酵素の阻害が不十分

対策 電気泳動サンプルを調製するまでの操作を低温で手早く行う，インヒビターを入れる，SDSサンプルバッファーを加えたら直ちに熱するなどの工夫をする

- **原因** 細胞によってUPRを構成する因子やアポトーシス制御因子の量が大きく異なる
  - **対策** 市販されている抗体の特異性，感度がまちまちなので，類似の抗体を複数試してみる．なお，基質や下流因子はセンサーからのシグナルが増幅されるために検出が容易なことが多い

- **原因** 別のホモログが機能している
  - **対策** ホモログの発現をあらかじめ文献などで調べておく．例えばATF6には組織特異的な相同タンパク質が数種類存在する

- **原因** 良質の抗体がない
  - **対策** Trizol（ライフテクノロジーズ社）などの溶解試薬を用いてRNAを抽出し，定量的RT-PCRやリアルタイムPCRを行って特異的mRNA量の増加やスプライシングを検出する

❗ バンドは見られるがストレスの有無でリン酸化や発現上昇の変化がない

- **原因** 非特異的なシグナルを見ている
  - **対策** ポジティブコントロールによってシグナルが目的のタンパク質由来であることを確認する．リン酸化タンパク質に対する抗体を用いた場合は，リン酸化の有無にかかわらず認識できる抗体を用いてバンドの位置を確認する

- **原因** UPRのサブ経路（PERK，IRE1，ATF6）の中で活性化の基底レベルが高いものがある
  - **対策** 変化の見られるサブ経路を詳細に調べる

❗ イニシエーターカスパーゼのプロセシング産物が見られない

- **原因** アポトーシス細胞の割合が少ない
  - **対策** ERストレッサーの種類や処理条件を再検討する．死細胞を分離して集める[4)7)]

- **原因** 小胞体ストレス以外の要因によって細胞死が起きている
  - **対策** 小胞体ストレス特異的なアポトーシス誘導条件を再設定する．アポトーシス誘導時間が長い場合は特に注意

- **原因** わずかなイニシエーターカスパーゼのプロセシングで下流のカスパーゼが十分活性化する
  - **対策** 死細胞を分離して集める．前駆体の減少をプロセシングの証拠とすることは勧められない．小胞体ストレス下において前駆体の量が変動しないという保証はなく，非特異的分解との区別もつかない

実験結果 — 2-3：ウエスタンブロットによる小胞体ストレスの検出およびアポトーシス関連因子の挙動解析

マウス筋芽細胞株（C2C12）を2μg/mLツニカマイシンで処理したときのタイムコースを図4に示す．小胞体ストレスに対してUPRが速やかに応答し，CHOPの発現上昇が早い段階から見られる．カスパーゼ-12の活性化は16時間ほど経ってからウエスタンブロット上で検出可能となる．カスパーゼカスケードの下流にあるカスパーゼ-3も活性化し，この時間帯から細胞の形態的変化が認められるようになる．

C2C12細胞をツニカマイシン（2μg/mL）で24時間処理し，接着細胞（生細胞）と浮遊細胞（死細胞）に分けてウエスタンブロット解析を行った例を図5に示す．死細胞においてカスパーゼ-12のプロセシングが効率よく起こっていることがわかる．

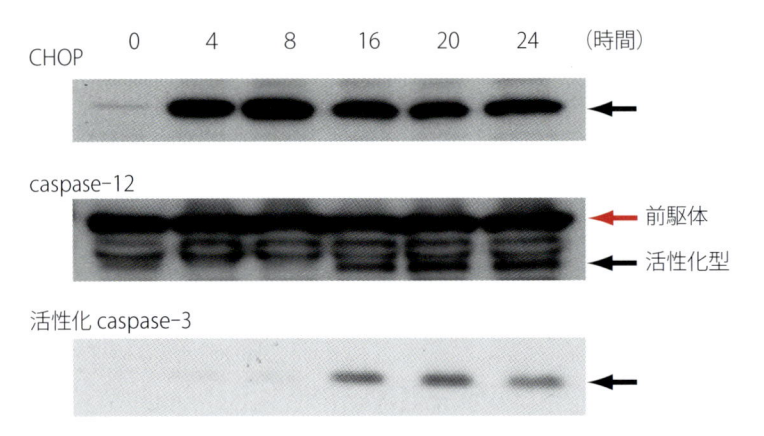

図4　ストレスの発生とカスパーゼの活性化
文献7より転載

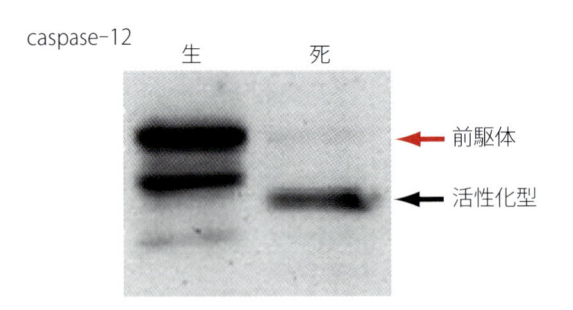

図5　生細胞，死細胞の分離
文献7より転載

One Point　小胞体ストレスによる細胞死に対する低分子阻害剤

　小胞体ストレスによる細胞死に関して，決定的あるいは汎用性の高い細胞死阻害剤は見出されていないが，分子シャペロンの高発現やUPR経路の一部を遮断することによって細胞死を抑制できる場合がある．また，構造を不安定にする変異をもつ特定のタンパク質に結合して構造を安定化する低分子化合物（ケミカルシャペロン）がいくつか報告されている．こうした薬剤による細胞死抑制の効率は細胞や小胞体ストレスの原因の違い，UPRサブ経路の活性化状況に応じて異なるが，試す価値はあるだろう（表3）[8]．今後低分子阻害剤が新たに見出される可能性も十分ある[9]．

表3　細胞死阻害剤の例

BIX	BiPを特異的に発現上昇させる
Salubrinal*	eIF2αの脱リン酸化酸素の阻害剤
CID-2891837（benzodiazepinoneの一種）	ASK1の阻害剤（IRE1-ASKI-JNK/p38経路）[9]
4-phenyl butyric acid（PBA）*	ケミカルシャペロン
trimethylamine N-oxide dihydrate（TMAO）*	ケミカルシャペロン

＊：市販されている

参考文献

1) Nakagawa, T. et al.：Nature, 403：98-103, 2000
2) Morishima, N. et al.：J. Biol. Chem., 277：34287-34294, 2002
3) 注目のバイオ実験シリーズ『免疫染色 & in situ ハイブリダイゼーション最新プロトコール』（野地澄晴/編），羊土社，2006
4) Nakanishi, K. et al.：J. Cell Biol., 169：555-560, 2005
5) Yoshida, H. et al.：Cell, 107：881-891, 2001
6) Puthalakath, H. et al.：Cell, 129：1337-1349, 2007
7) Morishima, N. et al.：J. Biol. Chem., 279：50375-50381, 2004
8) Kim, I. et al.：Nat. Rev. Drug Discov., 7：1013-1030, 2008
9) Kim, I. et al.：J. Biol. Chem., 284：1593-1603, 2009

[E-mail：morishim@postman.riken.jp（森島信裕）]

5章 FACSによる検出法

1 細胞膜の抗原性

山村真弘，西村泰光

　培養細胞におけるアポトーシスの検出法はいくつかの方法があり，その実験や研究目的にあった最適な方法，またそれらの組み合わせを選ぶことが大切である．

　アポトーシスの検出法では，アポトーシスに特徴的な細胞の形態変化（クロマチンの凝縮やアポトーシス小体など）を光学顕微鏡などで確認する方法，TUNEL法や電気泳動法によるDNA断片化を検出する方法，フローサイトメトリー（FCM）によるPropidium iodide（PI）を用いたDNAヒストグラムやAnnexin Vを用いた細胞膜構造変化を検出する方法，ミトコンドリアの膜電位変化を検出する方法などがある．研究対象が個々の細胞のアポトーシスの誘導で，FCMを用いて簡便に検出したいのならば，Annexin Vを用いた細胞膜構造変化を検出する方法が有用である．Annexin Vを用いたキット商品は多数あるが，今回ロシュ・ダイアグノスティックス社のAnnexin V-FLUOS Staining kitを用いた方法を紹介する．

実験の原理

　正常細胞の細胞膜では，ホスファチジルセリン（Phosphatidylserine：PS）は細胞膜脂質二重層の内側に存在している（図1A）．アポトーシスの初期段階の細胞膜は，リン脂質の構築の乱れを生じ，細胞膜内側にあるPSが細胞膜の外側に露出するようになる．Annexin Vは，35～36 kDaのCa^{2+}依存性のリン脂質結合タンパク質で，特にPSに高い親和性があり，PSを曝露した細胞に結合することで，初期段階のアポトーシスを検出することができる[1)2)]．この段階では，まだ細胞膜の状態が失われておらず，DNAの断片化を検出する他の方法よりも早い段階のアポトーシスを特定することが可能である（図1B）．さらに，ネクローシスやアポトーシスの進んだ後期の段階でもPSの露出は起きるが，この場合には同時に細胞膜の破壊，透過性の亢進が起きており，PIの染色で細胞は陽性になる（図1C）．したがって，Annexin VとPIを組み合わせることによって，アポトーシスの初期段階の細胞群とアポトーシス後期かネクローシスの細胞群に分けて捉えることが可能になる[3)4)]．

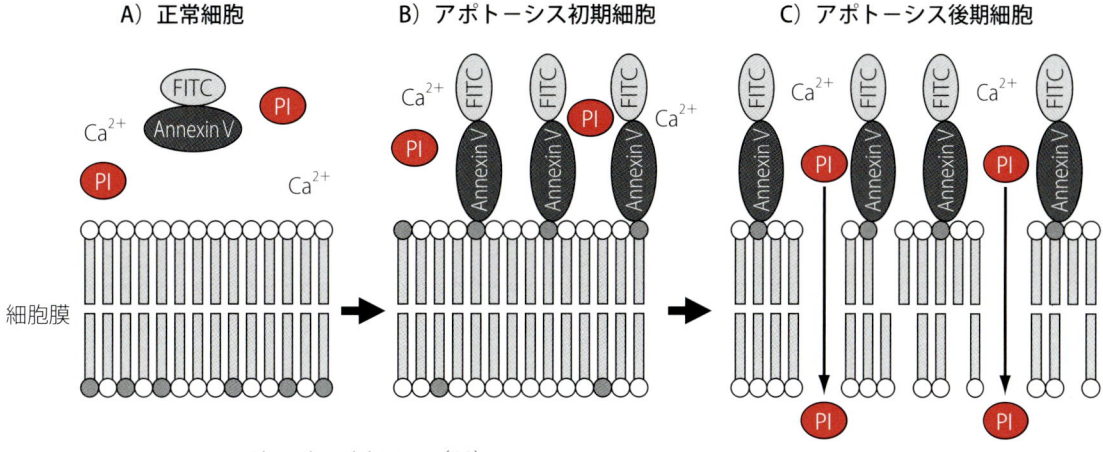

A）正常細胞　　B）アポトーシス初期細胞　　C）アポトーシス後期細胞

細胞膜

Phosphatidylserine（PS）
細胞膜構成リン脂質の一種で，通常細胞膜の内側に存在するが，アポトーシス反応が起こると外側に露出してくる

Propidium iodide（PI）
細胞膜構造が壊れると細胞内に入り，DNAと結合する

FITC標識 AnnexinⅤ
AnnexinⅤは，Ca^{2+}存在下でPSと高親和性を示すリン脂質結合タンパク質

図1　アポトーシス細胞の細胞膜変化

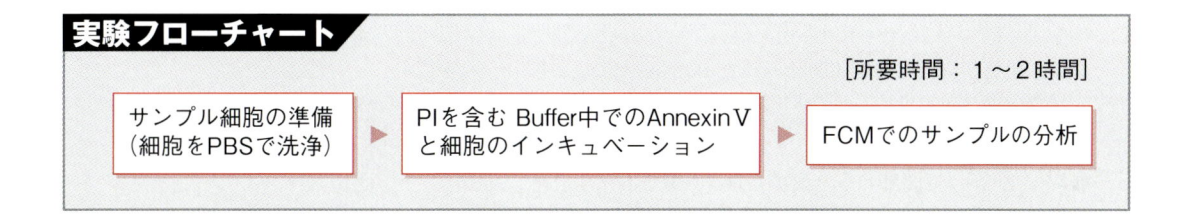

実験フローチャート

サンプル細胞の準備（細胞をPBSで洗浄）　▶　PIを含むBuffer中でのAnnexinⅤと細胞のインキュベーション　▶　FCMでのサンプルの分析

［所要時間：1～2時間］

準備するもの

- Annexin V-FLUOS Staining Kit（ロシュ・ダイアグノスティックス社）
  AnnexinⅤ，Propidium iodide（PI），4×Incubation Bufferを含む
- PBS

プロトコール

1 染色

❶ まず，表1のような染色コントロールサンプルを用意．

❷ 培養細胞（2～5×10^5 cells/mL）をPBSで2回洗浄（接着細胞の場合はトリプシンで剥がし，血清含有培地で1回，PBSで2回洗浄）．

5章　1　細胞膜の抗原性

表1 コントロールサンプル

	サンプル	Annexin V	PI
1	ポジティブコントロール	○	○
2	ポジティブコントロール	○	(−)
3	ポジティブコントロール	(−)	○
4	ポジティブコントロール	(−)	(−)
5	ネガティブコントロール	○	○
6〜	テストサンプル	○	○

サンプル1：陽性サンプルの染色で，アポトーシス細胞集団のAnnexin VとPIの細胞分布の位置を確認する
サンプル2，3：機器のCompensationに使用する
サンプル4：染色手順のトラブルシューティングのため，準備しておく
サンプル5：アポトーシス誘導前のアポトーシス細胞，死細胞の割合を確認する

❸ 各試験管の細胞ペレットに100 μLのIncubation Bufferを加え撹拌．

❹ 表1に従い，2 μLのAnnexin V-FITCと2 μLのPIを加え，室温暗所で15分インキュベート．

❺ 400 μL Incubation Bufferを加え撹拌して，FCMで分析．

2 測定

ここでは便宜，Becton Dickinson社のFACSCalibur™および操作アプリケーションであるCell Questを用いた測定手順を述べる．

❶ FSCとSSCを調整する．まずサンプルを流し（図2 A），dot plotエリアにおおよそすべてのdotが含まれるようにFSCとSSCのAmp GainまたはVoltageを調整する（図2 B）．

❷ FL1を調整する．Annexin Vのみ染色した試料（表1-サンプル2）をFL1/log, FL2/logのdot plotで観察し細胞集団を十分右に寄せるようにFL1 Voltageを調整する．この時，細胞集団右端が右壁から離れるように注意する（図2 C，D）．

❸ FL2を調整する．FL2-% FL1のCompensationを上げ細胞集団がX軸に水平になるように調整する．下がり切らない場合はFL2 Voltageを一定量下げて再調整する（図2 D，E）．

❹ 調整が済んだらAnnexin V/PI二重染色した試料（表1-サンプル1）を観察し，象限（Quadrant）で細胞集団が区別できることを確認する（図2 F）．念のため，PIのみ染色した試料（表1-サンプル3）がY軸に水平に観察されることを確認（図2 G）．

❺ ポジティブコントロールとネガティブコントロール（表1-サンプル1，5）をQuadrantで比較し，ポジティブコントロールの右下・右上に細胞集団が多いことを確認する（図2 H，I）．

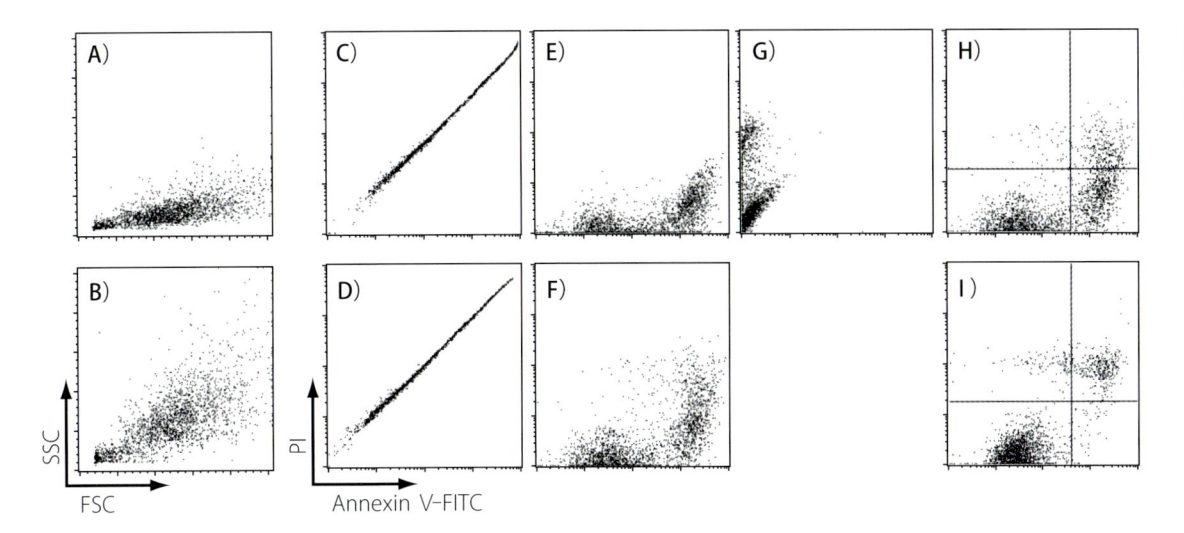

図2　ポジティブコントロールサンプルを使ったflow cytometer調整の手順

ポジティブコントロール（アポトーシスが多いことがわかっている）細胞試料を用いてflow cytometerを調整する．A）FSC，SSC調整前．B）FSC，SSC調整後．C）（B）の設定でAnnexin Vのみ染色した試料（表1－サンプル2）をFL1/log，FL2/logのdot plotで観察．D）細胞集団右端が右壁より離れるようにFL1 Voltage調整し得られた図．E）（D）の状態からFL2-％FL1のCompensationを上げ（および便宜FL2 Voltageを調整し）細胞集団がX軸に水平になるように調整された図．F）（E）の設定でAnnexin V/PI二重染色した試料（表1－サンプル1）を観察し得られた図．G）（E）の設定でPIのみ染色した試料（表1－サンプル3）を観察し得られた図．この設定でポジティブコントロール（H）とネガティブコントロール（I）（表1－サンプル1，5）を観察すると，ポジティブコントロールの右下・右上に細胞集団が多いことが確認できる（ネガティブコントロールでは一定のアポトーシス細胞が右上に確認できる）

トラブルシューティング

⚠ dot plotが歪んだ形になる

原因 FL1とFL2の調整が適切でない

対策 FL1，FL2のVoltageおよびFL2-％FL1のCompensationを再調整する．筆者の経験[3)4)]から知る適切なdot plotを得るためのポイントは，FL2 Voltageを上げすぎないことである．通例，FL1に合わせてFL2 Voltageを相対的に上げようとするが，それが仇となりFL2-％FL1のCompensationを目一杯上げても細胞集団が下がり切らないという問題が生じる．機種にもよると思われるが，むしろ少しFL2を下げることを念頭に置いた方がよい．適切な設定が行われないと図2，3のようなdot plotが得られず，平行四辺形のような歪なdot plotとなり，アポトーシスの判別が困難となる．いくつかの論文ではそのような図も散見されるが，正確なアポトーシス観察のためには上記を参考にして是非マスターすることをお勧めする

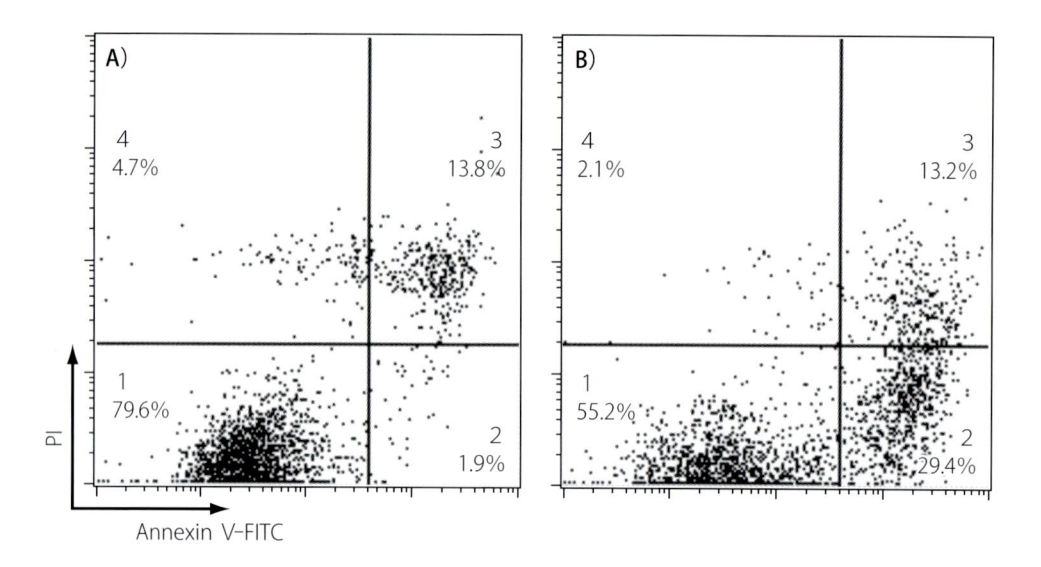

図3　Annexin V-FITCとPI染色によるアポトーシスの検出
A）HCT116細胞 未処理（コントロール群）．B）HCT116細胞 CDDP 50μM 24h（CDDP群）．
1はFITC-/PI-でアポトーシスもネクローシスも起こしていない細胞群
2はFITC+/PI-で初期のアポトーシスを起こしている細胞群
3はFITC+/PI+で，後期のアポトーシスかネクローシス細胞群
4はFITC-/PI+でネクローシス後期の細胞群か細胞の断片

実験結果

大腸癌細胞（HCT116）を，抗癌剤であるシスプラチン（CDDP）（50μM，24時間）で処理してFCMで分析した（図3）．A）はCDDP処理していない細胞．BはCDDP処理した細胞．4個の分画のうち，1はFITC-/PI-でアポトーシスもネクローシスも起こしていない細胞群，2はFITC+/PI-で初期のアポトーシスを起こしている細胞群，3はFITC+/PI+で，後期のアポトーシスかネクローシス細胞群，4はFITC-/PI+でネクローシス後期の細胞群か細胞の断片を示している．今回の解析結果は，3の領域のコントロール群が13.8％に対してCDDP群が13.2％で，後期のアポトーシスかネクローシス細胞の変化はみられなかったが，2の領域では，コントロール群の1.9％に対してCDDP群が29.4％で，CDDPによる初期アポトーシス細胞の増加がみられている．

参考文献
1）Vermes, I. et al.：J. Immunol. Methods, 184：39-51, 1995
2）van Engeland, M. et al.：Cytometry, 24：131-139, 1996
3）Nishimura, Y. et al.：Immunology, 107：190-198, 2002
4）Nishimura, Y. et al.：Int. J. Immunopathol. Pharmacol., 20：661-671, 2007

［E-mail：yamamura@med.kawasaki-m.ac.jp（山村真弘）］

5章 FACSによる検出法

2 細胞内の抗原性―シトクロムc 漏出細胞のFACSによる検出

刀祢重信

　本法では主として浮遊系細胞を用いる．内在性経路によってアポトーシスを起こした細胞では，ミトコンドリア外膜の変化によって内膜・外膜の膜間腔にあるシトクロムcが細胞質に漏出する．このシトクロムcが引き金となって，カスパーゼ-9の活性化のメカニズムが発動する．したがってシトクロムcがミトコンドリアの外にあるかないか，が内在性経路の活性化を知る手段となる．

　この状態を生化学的にウエスタンブロット法で解析する方法については4章を参照されたい．生化学的に解析する方法にはどれだけシトクロムcが漏出しているかを定量できるというメリットはあるが，どれだけの割合の細胞でシトクロムcが漏出しているかという情報は本法でしか得ることができない．

　本法には1つトリックがある．アポトーシスによってたとえシトクロムcがミトコンドリアから細胞質に漏出したとしても，細胞あたりのシトクロムc含量にはあまり変化がないので，FACSではそのイベントを感知できない．そこで細胞膜のみを透過性にし，ミトコンドリア外膜には影響を与えない試薬を，細胞に作用させる．そうすることで，アポトーシスを起こした細胞では，シトクロムcが細胞外に出てしまうので，シトクロムcの抗体で染色しても陰性になるが，アポトーシスを起こしていない細胞では，シトクロムcはミトコンドリアにとどまるので陽性になる．この作用を起こす試薬にはdigitoninやstreptolysinO (SLO) が知られるが，容易に入手できるのは前者である．

実験の概略

　まずdigitoninを細胞にきかせる最適条件を調べる．そののちに健常細胞，アポトーシス細胞をその条件のdigitoninで処理し，固定後，抗シトクロムc抗体で染色したあと，FACSにて解析する．

実験フローチャート

[所要時間：4時間〜オーバーナイト]

digitonin処理 ▶ 固定 ▶ 抗シトクロムc抗体で処理（蛍光標識二次抗体で処理）▶ FACS解析

準備するもの

● digitonin溶液

5 mg/mL digitonin	2 μL
2M KCl	50 μL
10×PBS	100 μL
DW	848 μL
total	1,000 μL

digitonin（#300410, Calbiochem社）を使用直前に5 mg/mLになるように95℃でPBSに溶解させる．digitoninの最終濃度は10〜200 μg/mLの間で適当なものを検討する．

● 抗シトクロムc抗体（マウスモノクローナル）

どこのメーカーでも結局は同じモノクローナル抗体である．ただしnative用と変性タンパク質用の2種があるので，当然後者の抗体を選ぶ（例えば#556433, BD Pharmingen社）．

● 蛍光標識抗マウスIgG抗体

例えばAlexa 488標識 F(ab')$_2$ fragment of goat anti-mouse IgG（H＋L）（ライフテクノロジーズ社）．

● ブロッキング液

3％BSA，0.05％ saponin in PBS.

● BSA入りPBS

0.03％ BSA in PBS.

● ホルムアルデヒド溶液

マイルドホルム（和光純薬工業社）など．10％中性緩衝ホルマリンと同等．

プロトコール

❶ 細胞数を数えて1条件当たり3〜4×10^{6}個をマイクロチューブにいれる．

❷ 遠心（800 G，5分）[a]．

❸ 上清を除去し，沈殿した細胞をBSA含有PBSで一度洗浄．

❹ 遠心（800 G，5分）．

❺ 沈殿をdigitonin溶液100 μLで懸濁する．

❻ 37℃または氷上で5分反応させる（例えばdigitonin 10 μg/mL入りの溶液で37℃，5分）[b]．

❼ 4度で遠心（800 G，5分）．

❽ 沈殿を直接ホルムアルデヒド100 μLで懸濁し，20分固定（室温）．

[a] 遠心のローターは必ずスイング型が必要．アングル型は遠心時，細胞がチューブ内壁に非特異的に吸着するので細胞のロスが多い．もし微量遠心機にスイング型ローターがない場合は，冷却高速遠心機（スイング式）で行う方がよい

[b] 細胞によって至適条件が変わってくるので，あらかじめトリパンブルーの排除試験を行って9割程度，染色される条件を選ぶ．しかしFACSの結果を見てから微妙にdigitonin濃度や処理温度を変えることが多い．次ページのトラブルシューティングを参照

❾ 遠心（800 G，5分）後，上清を除去し，沈殿をBSA入り PBS 1 mLで懸濁する．これをもう2回繰り返す[c]．

⓾ 沈殿をブロッキング液で懸濁，30分～1時間室温放置．

⓫ 遠心後，沈殿をすぐにシトクロムc抗体入りのブロッキング液で懸濁．

⓬ 室温1時間，または4℃オーバーナイト．

⓭ 遠心，上清除去後BSA入りPBS 1 mLを加え，懸濁．これを3回繰り返す．

⓮ 遠心，上清除去後，沈殿を二次抗体で懸濁，1時間室温放置[d]．

⓯ 遠心，上清除去後BSA入りPBS 1 mLを加え，懸濁．これを3回繰り返す．

⓰ FACS解析に供する．

[c] 上清を完全に除去しないで少し（例えば10 μL程度）残すようにする

[d] 反応中マイクロチューブをアルミホイルなどで遮光する

トラブルシューティング

> **！ シトクロムcが漏出した細胞のピークとミトコンドリアに変化のない健常細胞のピークが分離できない**
>
> **原因** digitonin処理の条件が弱すぎて完全には細胞からシトクロムcが抜けていないと考えられる．あるいは二次抗体の洗浄が不完全のために細胞内に残存する蛍光が無視できない
>
> **対策** digitoninの条件を再検討する（濃度を上げるか温度を上げる）．あるいは二次抗体の洗浄を完全にする

> **！ 健常細胞のシトクロムcの含量が低下している**
>
> **原因** digitonin処理の条件が強すぎて，細胞膜だけではなくミトコンドリア外膜も損傷させている可能性がある
>
> **対策** digitonin溶液の濃度を下げるか，温度を下げる

実験結果

Jurkat細胞を無処理（図1A）またはエトポシド処理50 μM，12時間（図1B）したものをdigitonin 10 μg/mL，37℃，5分処理し，シトクロムcに対する抗体で染色しFACS Caliburで解析した．

シトクロムcを喪失した細胞が，無処理サンプルでは，全体の12％程度に対し，エトポシド処理したものでは，全体の74％になる．アポトーシスにおいてミトコンドリアからシトクロムcを漏出した細胞の割合が本法で決められる．

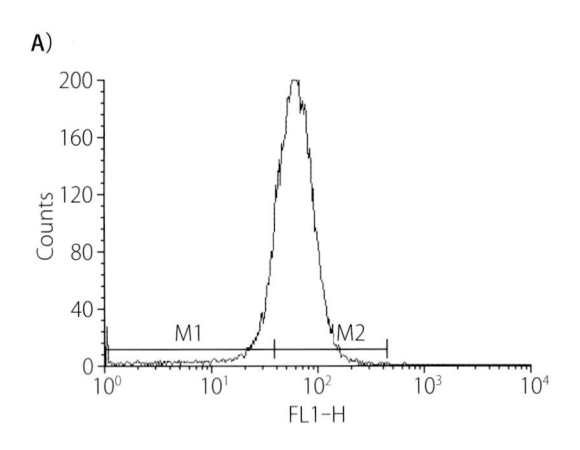

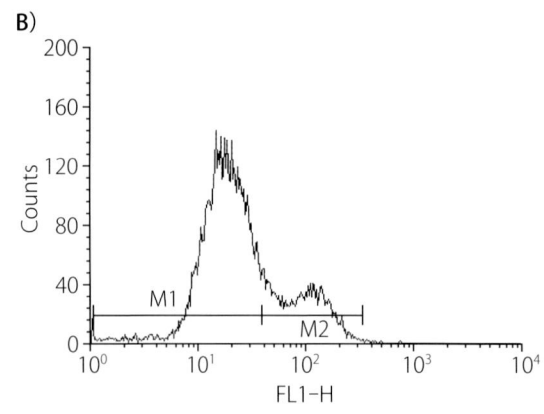

図1 Jurkat細胞におけるシトクロムcの漏出

謝辞

本項執筆にあたり貴重な助言をいただいた川崎医学大学　大山内明博士に感謝致します．

参考文献
1）Waterhouse, N. J. & Trapani, J. A.：Cell Death Diffe., 10：853-855, 2003
2）Waterhouse, N. J. et al.：Methods Mol. Biol., 284：307-313, 2004

[**E-mail**：tone@med.kawasaki-m.ac.jp（刀祢重信）]

5章 FACSによる検出法

3 DNA切断

川上 純

アポトーシスにおいては染色体DNAの断片化が核に生じる特徴的な変化の1つである．ネクローシスではこのDNA断片化はほとんど検出されない．このDNA断片の検出はアポトーシスの実行過程を証明する場合に非常に有用でありこれを生成するDNaseはcaspase-activated DNase（CAD）である．アガロースゲル電気泳動では180～200 bpの整数倍のDNA断片（DNAラダー）が検出されるが，これは定量性に乏しく，また，検出感度も必ずしも高くはない．このアガロースゲル電気泳動と並んで頻用されるのが，FACSによる細胞周期の解析とDNA量の測定である．アポトーシスが誘導された場合はG1期細胞よりDNA含量が低い細胞として検出される（sub G1期細胞とも呼ばれる）．後述にその実際を記載するが，アポトーシスを誘導していない細胞を陰性コントロールとすることで，アポトーシスが誘導されている割合を定量的に評価できる．すなわちアポトーシス誘導の至適条件やアポトーシス刺激の用量および反応時間を評価するには非常に有益な実験法である．

アポトーシスが誘導された細胞の細胞核内の断片化DNAの3'-OH末端部にTdTを作用させると末端にヌクレオチドが付加される．この反応を利用してアポトーシス誘導細胞を同定するのがTUNEL法である．このTUNEL法をdUTP-FITCもしくはdUTP-biotinとavidin-FITCを用いてFACSで解析可能である．これらPIを用いた細胞周期でのsub G1期細胞の同定とTUNEL法がFACSを用いたDNA断片化（DNA切断）を評価する代表的な手段である．

実験の概略　［培養細胞］

これは培養細胞用の実験である．浮遊系細胞でも付着系細胞でもどちらにも適応することができる．付着系細胞を用いる場合は試薬を添加する前に細胞を回収する必要がある．付着系細胞の回収はピペッティング，セルスクレーパー，EDTA，トリプシン-EDTAを細胞の状態に応じて用いる．フローチャートを次ページに示すが，細胞を回収→冷70％エタノールで細胞を固定→RNaseA処理→ヨウ化プロピジウム（PI）染色→FACSで細胞周期を測定しsub G1期細胞を同定が，一連のPI染色実験の流れである．TUNEL法のフローチャートも次ページに示すが，細胞を回収→冷4％ paraformaldehyde（PFA）で細胞を固定→70％エタノールで細胞の浸透性を亢進→TUNEL→FACSで陽性細胞を同定が，一連の流れである．

実験フローチャート

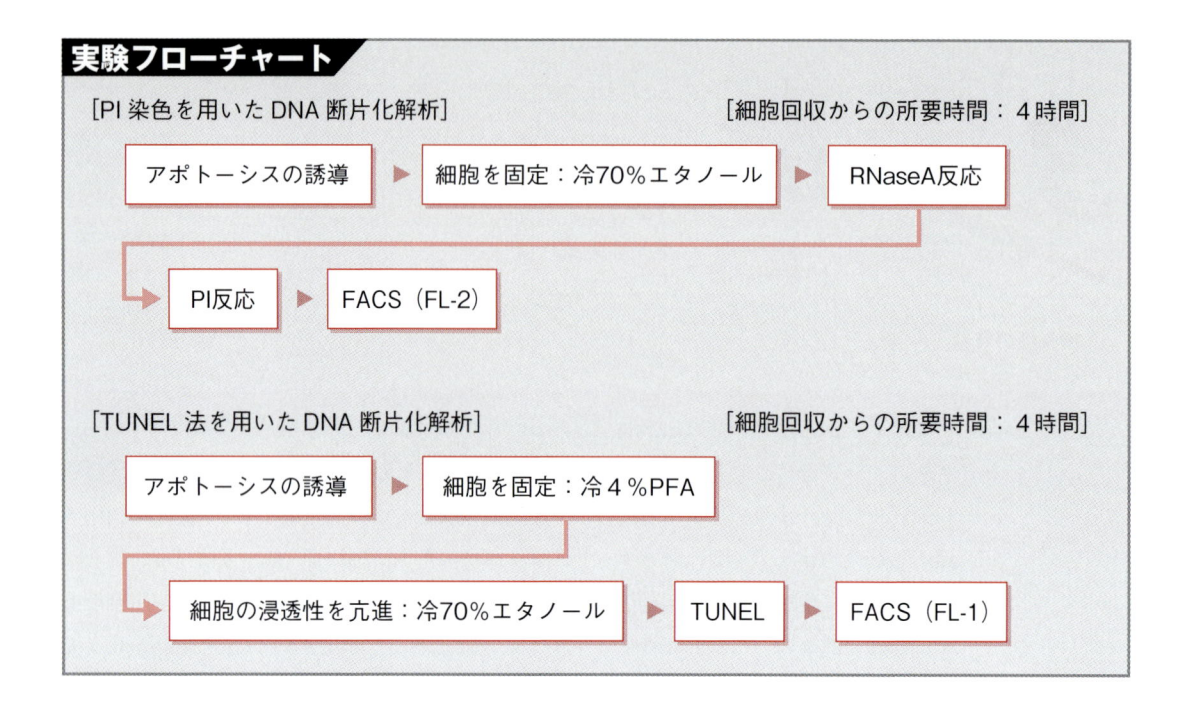

[PI 染色を用いた DNA 断片化解析]　　　　　　　　　　[細胞回収からの所要時間：4時間]

アポトーシスの誘導 ▶ 細胞を固定：冷70％エタノール ▶ RNaseA反応
▶ PI反応 ▶ FACS（FL-2）

[TUNEL 法を用いた DNA 断片化解析]　　　　　　　　[細胞回収からの所要時間：4時間]

アポトーシスの誘導 ▶ 細胞を固定：冷4％PFA
▶ 細胞の浸透性を亢進：冷70％エタノール ▶ TUNEL ▶ FACS（FL-1）

準備するもの

1）PI染色で準備するもの
- RNaseA 溶液（10 mg/mL）
- 70％エタノール
- PI 溶液（1 mg/mL）

2）TUNEL 法で準備するもの
- MEBSTAIN Apoptosis Kit Direct（医学生物学研究所）
- 4％PFA
- 70％エタノール
- 0.2％ BSA PBS

プロトコール

1 PI染色のプロトコール

❶ 細胞にアポトーシスを誘導する．

❷ 1サンプルあたり1～2×10^6個程度に調整し1.5 mL チューブに移す．PBSで1～2回洗浄する．

❸ 上清を吸引して冷70％エタノールを1 mL 加え4℃で30分以上反応させる．この状態で4℃では1日は保存可能で，−20℃では長期保存が可能ではあるが，その日に測定するのが望ましい[a]．

[a] 固定期間が長いとFACS解析時の細胞数が減少する

❹ PBSで2回遠心して上清を吸引する.

❺ 100〜200 μLのPBSに懸濁し1/100分量のRNaseA溶液を加える. 37℃で30分反応させる.

❻ PBSで1回遠心する. 上清を吸引し900 μLのPBSに懸濁し100 μLのPI溶液を加える. 冷暗所4℃(アイスボックス)で30分反応させる.

❼ PBSで2回遠心しFACSで解析する(FL-2).
遠心は1,500 rpm, 1分で十分の場合が多いが, 回収される細胞数の状態で, 適宜増減する.

2 TUNEL法のプロトコール

❶ 細胞にアポトーシスを誘導する.

❷ 1サンプルあたり1〜2×10⁶個程度に調整し1.5 mLチューブに移す. 0.2％BSA PBSで2〜3回洗浄する. 上清を吸引し1 mLの冷4％PFAを加え4℃で30分反応させる.

❸ 0.2％BSA/PBSで2回遠心して上清を吸引し200 μLの冷70％エタノールを1 mL加え, −20℃で30分反応させる.

❹ 上記の30分の間に添付文書に則りFITC-dUTPを含むTdT液を調整し, 冷暗所(アイスボックス)に保存しておく.

❺ 0.2％BSA/PBSで2回遠心して上清を吸引する. 30 μLのTdT液を加え, 37℃で60分反応させる.

❻ 0.2％BSA/PBSで2回遠心し, 0.2％ BSA PBSに懸濁し, FACSで解析する(FL-1).
遠心は1,500 rpm, 1分で十分の場合が多いが, 回収される細胞数の状態で, 適宜増減する.

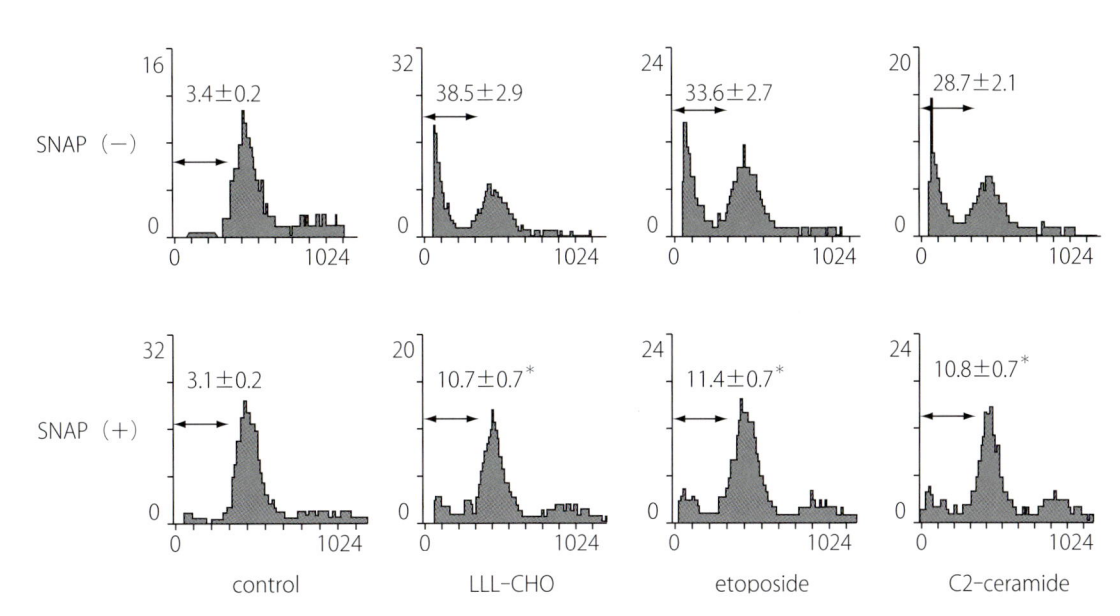

図1 FACSを用いたsub G1期細胞の同定
血管内皮細胞に種々のアポトーシス刺激を加え, アポトーシスをsub G1細胞の陽性率で評価した. SNAP:NOドナー

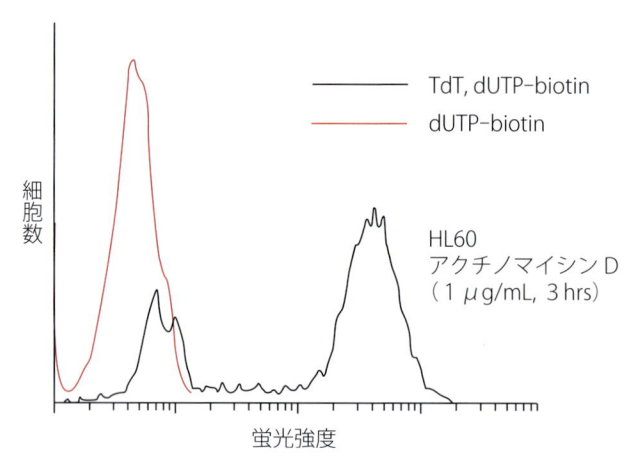

図2　FACS を用いた TUNEL 陽性細胞の同定
HL60 細胞株のアクチノマイシン D で誘導したアポトーシス．dUTP-biotin は negative control である

トラブルシューティング

⚠ 細胞の回収率が悪い

対策▶ エタノールを加えた後の遠心の回転数を落とすなどの工夫をする

実験結果

図1 に PI 染色による sub G1 期細胞の同定を，また，図2 には TUNEL 法による陽性細胞の同定を示す．陽性細胞率で DNA 断片化の程度を示す．

参考文献
1）Kawakami, A. et al.：Blood, 94：3847-3854, 1999
2）Hida, A. et al.：J. Lab. Clin. Med., 144：148-155, 2004
3）Tamai, M. et al.：J. Lab. Clin. Med., 147：182-190, 2006

[E-mail：atsushik@nagasaki-u.ac.jp（川上　純）]

5章 FACSによる検出法

4 その他—アポトーシス関連分子発現の検出

川上 純

　FACSの利点は発現検討の定量性に優れることや生細胞での発現検討が可能なことである．これらの特徴を利用してアポトーシス関連タンパク質やカスパーゼの活性化をFACSで評価できる．細胞表面のアポトーシス関連タンパク質はFACSで簡便に検出できる．FasやTRAIL receptorは代表的なdeath receptorであり，この手法で検討されることが多い．細胞内のアポトーシス関連タンパク質はウエスタンブロットで評価することが多いが，ジギトニンなどで細胞膜を可溶化後に抗体を作用させることでFACSで評価できる．Bcl-2はこの手法で検討可能な抗アポトーシス分子である（次ページのフローチャート上段）．カスパーゼはアポトーシス実行過程で活性化されるプロテアーゼである．カスパーゼ活性化の検出はアポトーシス実験では必須と思われ，ウエスタンブロット，発色基質，蛍光基質で評価される場合が多い．これらカスパーゼも細胞内タンパク質であるが，この活性化カスパーゼを細胞内に浸透可能な蛍光基質を用いてFACSでも検出可能である．カスパーゼ-3，カスパーゼ-8，カスパーゼ-9，カスパーゼ-12などの活性化はこの手法で検討可能である（次ページのフローチャート下段）．しかしながらこれらカスパーゼ活性化は先述のウエスタンブロット，発色基質，蛍光基質で評価するのがスタンダードであり，FACSのみでの活性化評価が困難な場合はウエスタンブロット，発色基質もしくは蛍光基質で確認することが望まれる（3章1節参照）．

実験の概略　［培養細胞］

　これは培養細胞用の実験である．浮遊系細胞でも付着系細胞でもどちらにも適応することができる．付着系細胞を用いる場合は試薬を添加する前に細胞を回収する必要がある．付着系細胞の回収はピペッティング，セルスクレーバー，EDTA，トリプシン-EDTAを細胞の状態に応じて用いる．

実験フローチャート

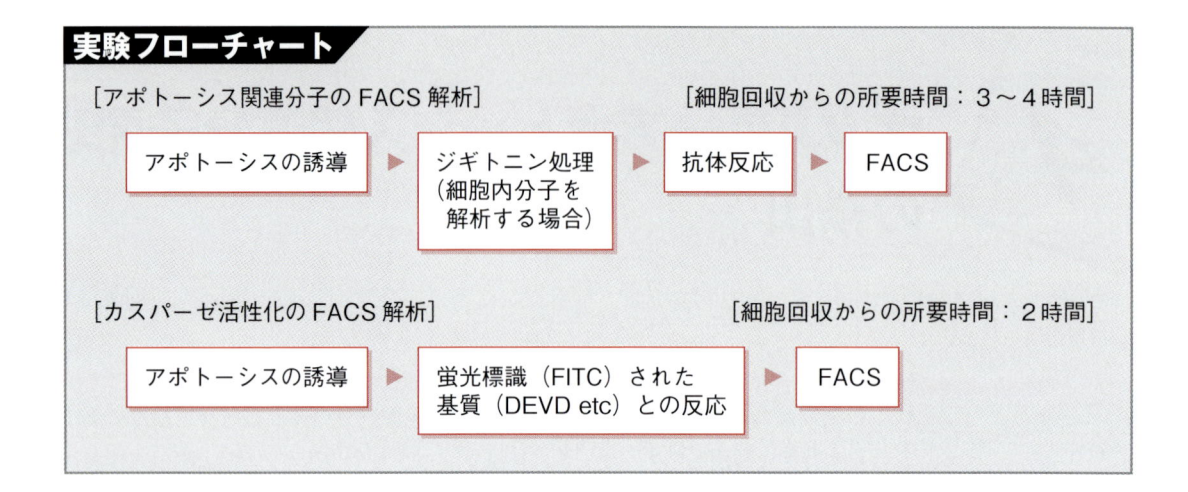

[アポトーシス関連分子のFACS解析]　　　　　　　　　［細胞回収からの所要時間：3〜4時間］

アポトーシスの誘導 ▶ ジギトニン処理（細胞内分子を解析する場合）▶ 抗体反応 ▶ FACS

[カスパーゼ活性化のFACS解析]　　　　　　　　　　　［細胞回収からの所要時間：2時間］

アポトーシスの誘導 ▶ 蛍光標識（FITC）された基質（DEVD etc）との反応 ▶ FACS

準備するもの

1）アポトーシス関連分子のFACS解析で準備するもの

- 抗Fas抗体，抗TRAIL receptor抗体，抗Bcl-2抗体など必要な抗体
  FITCなどで標識されているほうが簡便である
- 細胞内分子の解析：ジギトニン溶液（1 mg/mL）

2）カスパーゼ活性化のFACS解析で準備するもの

- CaspGLOW™ Fluoresceinキット（医学生物学研究所）
  汎カスパーゼ，カスパーゼ-2，カスパーゼ-3，カスパーゼ-8，カスパーゼ-9，カスパーゼ-12に対するキットがある

プロトコール

1 アポトーシス関連分子のFACS解析のプロトコール

❶ 細胞にアポトーシスを誘導する．

❷ 1サンプルあたり0.5〜1×10^6個程度に調整し1.5 mLチューブに移す．PBSで1〜2回洗浄する．

❸ 上清を吸引して抗体を添加し冷暗所4℃（アイスボックス）で30〜60分反応させる．
細胞内分子を解析する場合は細胞膜の可溶化が必要である．この場合はPBS 1 mLに懸濁し10 μLのジギトニンを加えて冷暗所4℃（アイスボックス）で5分反応させ，その後にPBSで2回遠心し，抗体と反応させる．

❹ PBSで1〜2回遠心しFACSで解析する．遠心は1,500 rpm，1分で十分の場合が多いが，回収される細胞数の状態で，適宜増減する．ジギトニンによる細胞膜の可溶化はトリパンブルー染色で効率を確認するのが望ましい．

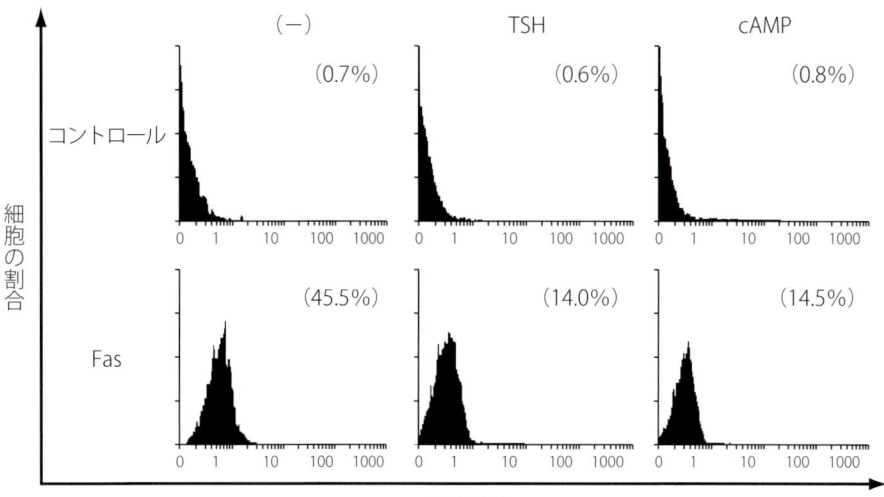

図1　FACSを用いたFas発現の検討例
甲状腺濾胞細胞のFas発現をFACSで解析した．Fas発現はTSH，cAMPで抑制されている．コントロールはアイソタイプをマッチさせたIgGである

2 カスパーゼ活性化のFACS解析のプロトコール

❶ 細胞にアポトーシスを誘導する．

❷ 1サンプルあたり0.5〜1×10^6個程度に調整し1.5 mLチューブに移す．PBSで1〜2回洗浄する．

❸ 上清を吸引して300 μLのPBSに懸濁し，1 μLの蛍光標識された基質を加える（キットに添付）．

❹ 37℃ 5% CO_2のインキュベーターで30〜60分反応させる．

❺ Wash Buffer（キットに添付）500 μLで2回遠心し，その後に300 μLのWash Buffer（キットに添付）に懸濁してFACSで解析する．遠心は1,500 rpm，1分で十分の場合が多いが，回収される細胞数の状態で，適宜増減する．

トラブルシューティング

！ うまく発現を検出できない

原因 細胞内分子の場合，ジギトニン処理による細胞膜の可溶化がうまくいっていない可能性がある

対策 細胞内分子を解析する場合はジギトニン処理がポイントである．すなわち，トリパンブルーでほとんどの細胞核が染色され，かつ，遠心で十分な細胞数が回収される条件を見つけることが重要である．アポトーシス関連分子の場合はウエスタンブロット，カスパーゼ活性化の場合は，ウエスタンブロットや発色基質を用いるキット（医学生物学研究所に各種のキットがある）などで確認する必要がある

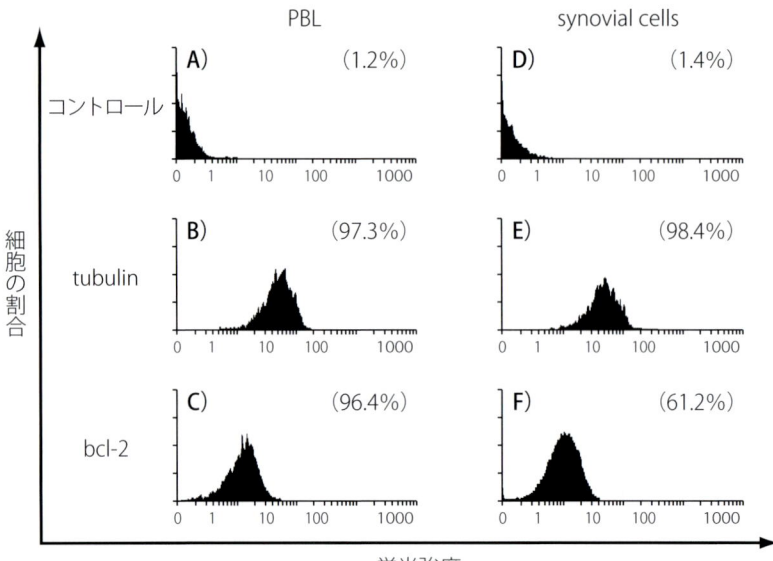

図2 FACSを用いたBcl-2発現の検討例
末梢血リンパ球（PBL）と滑膜細胞（synovial cells）のBcL-2発現をFACSで解析した．tubulin（抗tubulin抗体）は細胞内染色のポジティブコントロールである．コントロールはアイソタイプをマッチさせたIgGである

回収細胞数が少ない

原因 ジギトニンで処理した場合は細胞が壊れやすくなる
　対策 遠心の回転数を適宜調整する

実験結果

　図1と図2にFACSによるアポトーシス関連分子の発現検討例を示す．細胞内分子の発現解析はポジティブコントロールと比較しながらの検討が望まれる（今回はtubulin）．

参考文献
1) Kawakami, A. et al.：Endocrinology, 137：3163-3169, 1996
2) Kawakami, A. et al.：Arthritis Rheum., 39：1267-1276, 1996
3) Miyashita, T. et al.：Clin. Exp. Immunol., 137：430-436, 2004
4) Fujikawa, K. et al.：Clin. Exp. Rheumatol., 27：952-957, 2009

[E-mail：atsushik@nagasaki-u.ac.jp（川上　純）]

6章 細胞死の誘導法

刀祢重信

本章では，よく使われるヒト細胞株であるHeLa細胞とJurkat細胞に細胞死を誘導する典型的な条件を提示する．それぞれ接着系細胞株，浮遊系細胞株の代表的なものでもあり，他の細胞を用いた実験の参考にしてもらいたい．またJurkatは容易にアポトーシスを起こしやすいので，個々の実験においてアポトーシス誘導がはっきりしない場合に，アポトーシス検出の手技は確かであることを示すための陽性対照として使われることも多い．

実験の概略

HeLaは，トリパンブルーの排除試験（測定はライフテクノロジーズ社Countessを使用）ならびにカスパーゼ-3活性化キットNucView 488（Biotium社）（3章1節を参照）で染色し，Molecular Device社ImageXpressで測定．

Jurkatは，トリパンブルーの排除試験ならびにsubG1測定法（Becton Dickinson社FACS Caliburを使用）

準備するもの

1）試薬類
- エトポシド（シグマ・アルドリッチ社）
- NucView 488（Biotium社）

2）機器類
- ImageXpress（Molecular Device社）
- FACS Calibur（Becton Dickinson社）
- X線照射装置（MBR-1520R-3, 日立製作所）
- Countess（ライフテクノロジーズ社）
- UVクロスリンカー（CL-1000, UVP社）

プロトコール・実験結果

1 接着系 HeLa の場合

1) 薬物（図1）

抗がん剤エトポシド（シグマ・アルドリッチ社）100 μM，NucView 488 染色（初期アポトーシス）またはPI染色（後期アポトーシス）後ImageXpressで測定（下記One Point参照）．
初期アポトーシスはエトポシド処理開始後約27時間で出現し，次第に増加．40時間程度で約50％が初期アポトーシスになる．後期アポトーシスは，約30時間で出現する．

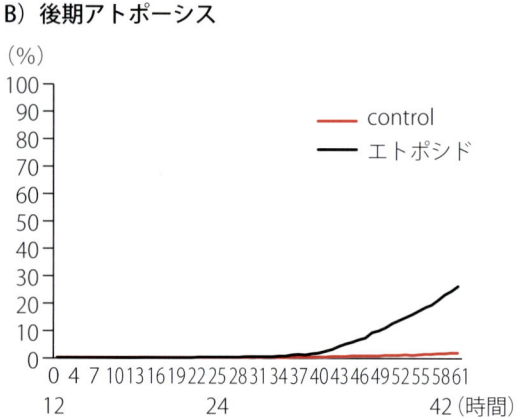

図1 HeLa 細胞にエトポシド（100 μM）を処理しImageXpressで初期ならびに後期アポトーシスを測定した

エトポシド添加後12時間から測定開始．30分に1回の測定．したがって，24回＝12時間＋24時間/2＝24時間，60回＝12時間＋60時間/2＝42時間．A）NucView 488，Caspase-3 activation．B）PI staining

One Point　Image Xpress について

ハイコンテンツアナリシス（異なる条件下で96穴などで培養された細胞の多数のパラメーターを，個々の細胞ごとに測定し，解析する）を行う自動装置である．対象は生細胞のみならず，培養後，固定，抗体をかけたものでも使える．連続的に画像を取得すればリアルタイムムービーも作成できる．あらかじめ使用する細胞に，GFPなどを融合させたタンパク質を発現させておけば，そのまま測定，画像取得もできる．あるいは細胞膜透過性の試薬（例えばNucView 488やヘキスト33324）を培養液に加えておく．基本的にすべての核を染色しておくことによって，個々の細胞の位置を特定し（細胞全体ではすぐ隣の細胞と接している場合に個別化するのが困難だが，核は重なり合うことは稀であるので），その周りにどれだけのパラメーターが存在するかを測定するのである．アポトーシス関連のパラメーターをはじめ，細胞周期，細胞内局在性の変化，血管新生，神経突起伸長など，測定できる現象は数多い．またこの装置は各自の測定したい対象に応じて測定ソフトを新しく設定することも容易にできるので，これまで自動化が困難であった測定も可能になると期待できる．

> **One Point　トリパンブルー排除試験**
>
> 　最も簡便に細胞の生死を判定できる方法の1つである．ただしこの原理は，細胞膜が破たんしていると細胞外の色素を排除できなくなり，とりこんで染色されるというものであるから，ネクローシスでもアポトーシスの後期でも染色され，区別がつかない．また適用は培養細胞または血球系などの生体から採取した浮遊細胞で，組織には不向きである．細胞の懸濁液に等量のトリパンブルー液（0.3〜0.5％になるようPBSに溶解したもの）を加えて，染色されている細胞の割合を数分以内にカウントする．カウントは血球計算盤または最近では自動細胞カウンター（例えばCountess）で行う．後者ではトリパンブルー陽性細胞の割合も自動的に出してくれる．
>
> 　この方法の変法としてトリパンブルーの代わりにエリスロシンBや蛍光色素（ヘキスト33258やPI）を用いるものがある．例えばPIは原液0.2 mg/mLを作り，それを100倍希釈になるように培養液に（必要なら無菌的に）添加して室温で10分程度放置後，生きたまま倒立蛍光顕微鏡で観察する．細胞死を起こした細胞の核が赤く光る．その後培養を続行することも可能．また必要ならばヘキスト33324を最終10 μMになるように培養液に添加すれば生細胞と死細胞を染め分けられる．

2) 放射線 (図2)

　線量を振って，培養中の細胞にそのまま放射線を照射し，照射後58時間で測定した．X線照射装置は，MBR-1520R-3（日立製作所）を使用した．トリパンブルー排除試験（カウントはライフテクノロジーズ社Countess）．

　線量依存的に死細胞が増加した．しかし，10〜20 Gy照射しても20％に達しない．

3) 紫外線 (図3)

　UVクロスリンカー（UVP社 CL-1000, UVC 254 nm）．照射後48時間．培養液中の血清やフェノールレッドなどは紫外線を吸収するので，培養液層の厚みを一定にするために培養シャーレの底面積に応じて培養液の量を一定にしている．HeLaは培養中の細胞にそのまま照射している（例えば培養液の層の厚みを0.1 cmにするために35 mm皿：1 mL，60 mm皿：2.9 mL，100 mm皿：8 mL）．トリパンブルー排除試験（カウントはライフテクノロジーズ社Countess）．

　線量依存的に死細胞が増加した．$50〜100 \text{ J/m}^2$で40％程度が死ぬ．

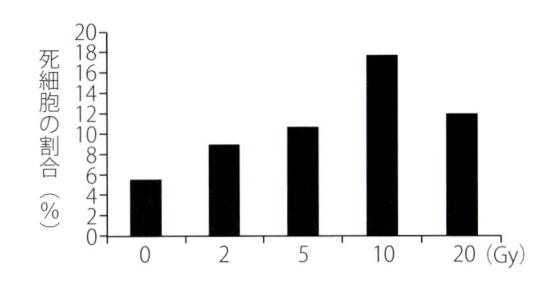

図2 HeLa細胞に種々の線量のX線を照射し58時間培養後Countessによってトリパンブルー陽性（後期アポトーシス）細胞の割合を測定した

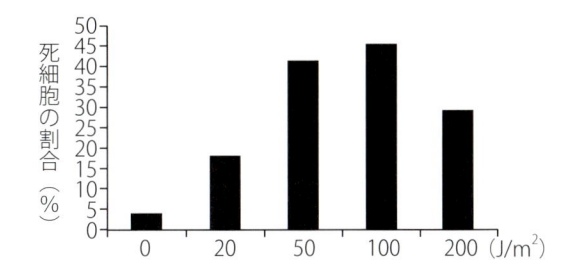

図3 HeLa細胞に種々の線量のUVCを照射し，48時間培養後Countessによってトリパンブルー陽性細胞の割合を決定した

2 浮遊系Jurkatの場合

1) 薬物（図4）

エトポシド処理の死細胞の割合の時間的変化．測定はsubG1法（6章4節「DNA切断」を参照）．FACS Calibur 使用（10 mg/mL RNaseA 3 μL，200 μg/mL PI 4 μL，PBS 993 μL）．薬物処理の条件はHeLaに準ずる．

処理開始後6時間で死に始め，12時間でプラトーになる．HeLaに比べ非常に早い．

2) 放射線（図5）

放射線照射線量と死細胞の割合（照射後48時間後）．測定はsubG1法．FACS Calibur 使用（10 mg/mL RNaseA 3 μL，200 μg/mL PI 4 μL，PBS 993 μL）．放射線照射の条件はHeLaに準ずる．

X線照射では，5 Gy程度でプラトーになる．

3) 紫外線（図6，図7）

測定はsubG1法．FACS Calibur 使用（10 mg/mL RNaseA 3 μL，200 μg/mL PI 4 μL，PBS 993 μL）．紫外線照射の条件はHeLaに準ずる．浮遊系細胞に紫外線照射する場合も，PBSに置き換えることをせず，あらかじめ細胞密度を測定しておいた細胞を培養液に懸濁しプラスチックシャーレに入れてふたを開けて照射している．このときに培養液の層が一定になるように培養液量も一定にしている．

紫外線照射線量と死細胞の割合（照射後5時間後，図6）．線量に依存的に死細胞が増加する．

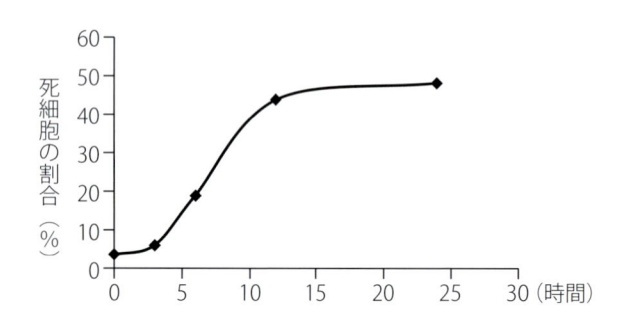

図4 Jurkat細胞エトポシド処理後のタイムコース（subG1法）
エトポシド 20 μM

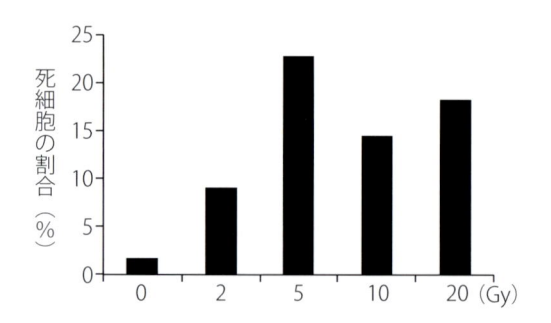

図5 Jurkat細胞を種々の線量のX線照射後死細胞の割合を測定した（subG1法）

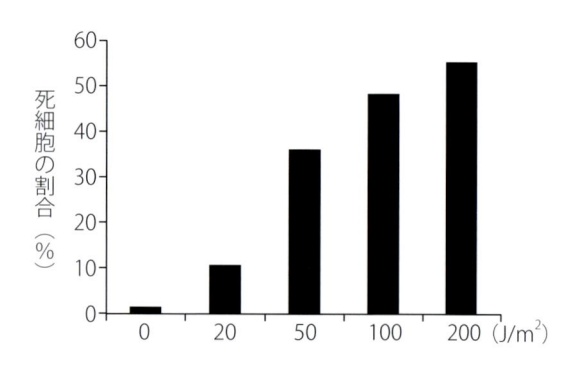

図6 Jurkat細胞を種々の線量のUVC照射後死細胞の割合を測定した（subG1法）

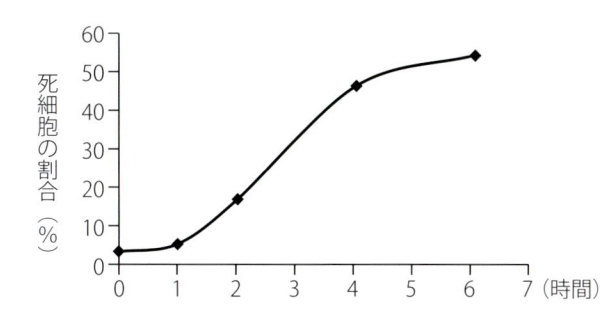

図7 Jurkat細胞UV照射後のタイムコース（subG1法）
UVC 100 J/m^2

紫外線照射後の死細胞の割合の時間的変化（図7）．UVC照射後2時間で死に始め，6時間でプラトーになる．HeLaに比べ非常に早い．

[E-mail：tone@med.kawasaki-m.ac.jp（刀祢重信）]

7章 アポトーシス細胞の貪食誘導と検出

1 アポトーシス細胞の in vitro 貪食反応

白土明子, 中西義信

　アポトーシスが電子顕微鏡像の形態から定義された言葉である以上, その貪食検出にも同等の解像度の高い画像で判定することが本来の方法であろう. しかし, 数値化解析や多数の試料解析を短時間で行う必要性から, 研究現場では簡便法が便宜的に用いられ, 複数の実験事実から結論を導いているのが現状である. 食細胞による貪食反応は複数の素過程から成る. すなわち, 1) 食細胞の標的細胞への接着, 2) 食細胞の貪食受容体の活性化, 3) 食細胞内での情報伝達による仮足形成と標的の取り込み, 4) 取り込まれた標的細胞の貪食胞からリソソームへの輸送, 5) リソソームでの分解などに分けられる[1]. 検出される貪食像はこれらの素過程の総和を反映したものであるが, 一般には, 食細胞内に存在する標的細胞量が貪食能の基準とされる場合が多い. しかし, 食細胞内での標的細胞の輸送や分解の量的・質的な違いや, 反応系における食細胞と標的細胞の量比の違いが, 食細胞内に存在する標的量に変化を与えるため, 特定条件下の測定だけでは貪食能の評価に誤りが生じる可能性がある. また, 貪食は陽性か陰性かのデジタルに判定されることが多く, 数値化時の最大誤差はこの段階に生じるといえる.

　アポトーシス細胞の貪食反応の解析では, 別々に調製した食細胞とアポトーシス細胞とを混合して in vitro 貪食反応を行わせる場合と, 摘出した組織や丸ごとの個体を観察して生体内で起きた貪食反応を検出する場合とに分かれる. 前者では, 貪食反応の素過程の解析が可能である反面, 生理環境を反映していない可能性を考慮する必要がある. 一方, 後者では生理状況に近い試料を解析できるが, 反応素過程の区別は難しく, また, 細胞の重なりや組織構造物により検出精度が低い場合がある. 以上のことより, 実験をデザインする際には, 研究目的に応じて調べる素過程を意識し, 「正確さ・スピード・コスト」の要素より手法を選択する必要がある.

実験の概略

　貪食反応の素過程を厳密には区別せず, 哺乳類食細胞内の標的細胞を検出し, 貪食像を得る簡便な方法として, in vitro 貪食反応系を記す. この方法では, アポトーシス細胞を内部に含む食細胞が検出されたときに, アポトーシス細胞貪食が起きたとみなす. そのために, 食細胞とアポトーシス細胞とを区別して検出する必要がある. in vitro 解析では, 食細

胞と標的細胞とを別途調製するため，両者を形態的に区別できる場合には，事前に細胞を標識する必要はない[1]〜[3]．形態による判別が難しい場合は，アポトーシス細胞を標識することが多い[4][5]．よく利用される標識試薬は，細胞表層構造物に共有結合する物質や，脂質に親和性をもち非共有結合で細胞膜に保持される物質である．あらかじめ標識した細胞を反応に用いる場合には，標識物質により細胞間認識や取り込み反応が影響を受ける可能性を意識し，得られた実験結果を精査する必要がある．

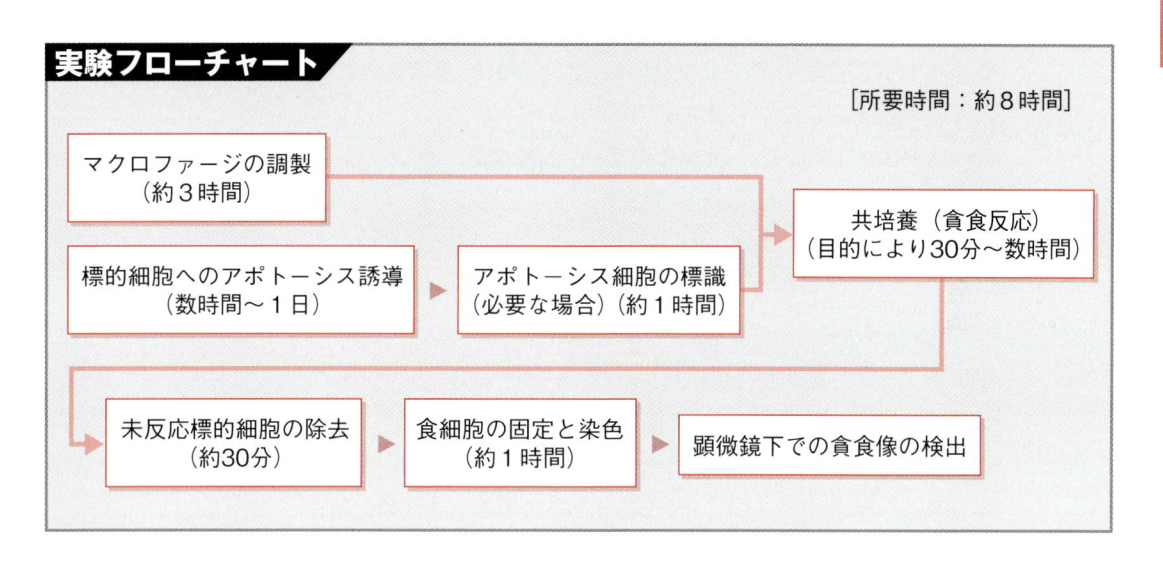

実験フローチャート

[所要時間：約8時間]

- マクロファージの調製（約3時間）
- 標的細胞へのアポトーシス誘導（数時間〜1日）
- アポトーシス細胞の標識（必要な場合）（約1時間）
- 共培養（貪食反応）（目的により30分〜数時間）
- 未反応標的細胞の除去（約30分）
- 食細胞の固定と染色（約1時間）
- 顕微鏡下での貪食像の検出

準備するもの

1）器具と機器

- テフロンチューブ（径16 mm × 11 cm，マクロファージ調製用）
- テフロンビーカー（約100 mL，マクロファージ調製用）
- 丸形カバーガラス（直径1 cm弱）
- マルチウェル培養皿（24穴培養器などカバーガラスが入るもの）
- コニカルチューブ（15 mL，50 mL）
- ガラスビーカー（100 mL，オートクレーブ）
- 精密ピンセット
- 注射針（26 G）
- 注射筒（5 mL，10 mL）
- パスツールピペット
  先端を焼いて丸め，食細胞が内壁に接着しないようシグマコート（#SL-2，シグマ・アルドリッチ社）などで処理後に乾熱滅菌する
- 太径パスツールピペットとニップル（未反応細胞洗浄用）
- 解剖台（コルクボードなどで代用可）
- 解剖用ピンセット（表皮用，腹腔内用）
- 解剖用ハサミ（表皮用，腹腔内用）

- 血球算定盤
- 冷却遠心機とスイング型バケット
- 炭酸ガスインキュベーター
- 明視野顕微鏡
- 蛍光-位相差顕微鏡

2）試薬類

- 3％(w/v)チオグリコレート培地（Fluid Thioglycollate Medium: #0256-17-2, DIFCO社）
- Hank's balanced solution（HBSS）（Hank's solution Nissui-2, #05906, 日水製薬社）
- RPMI1640培地（RPMI1640 Nissui-2, #05918, 日水製薬社）
- 1 M Hepes-NaOH（pH 7.0）
- RPMI1640/10％(v/v) 非動化処理ウシ胎仔血清，ペニシリン/ストレプトマイシン添加培地
- Phosphate-buffered saline（PBS）
- 細胞固定液
  - パラホルムアルデヒド　　　2％　（w/v）
  - グルタールアルデヒド　　　0.1％（w/v）
  - Triton X-100　　　　　　　0.05％（v/v）
- メタノール（膜透過化用）
- 培養細胞用トリプシン/PBS溶液
- 標識用ビオチン（Sulfo-NHS-LC-biotin, Pierce21335）（あらかじめ標的を標識する場合）
- 3％(w/v)ウシアルブミン（BSA）/PBS溶液（蛍光検出用）
- FITC標識avidinD（Vector Laboratories社）（蛍光検出用）
- ヘマトキシリン染色液（非蛍光染色用）
- 50％(v/v) 非蛍光グリセリン
- 標的とするアポトーシス細胞（デキサメタゾン処理マウス胸腺細胞，抗がん剤ドキソルビシン処理Jurkat細胞，インフルエンザウイルス感染処理HeLa細胞など）

3）試薬調製

- チオグリコレート培地の調製
  　チオグリコレート培地を3％となるよう超純水に溶解し，培地瓶に分注してオートクレーブ後，室温で1〜2カ月以上置いてから使用する．

- 固定液
  　パラホルムアルデヒドを2％となるように脱イオン水に溶解し，終濃度0.1％グルタールアルデヒドおよび0.05％となるようにTriton X-100を添加して4℃に保存する．

- RPMI1640-Hepes培地の調製
  - RPMI1640　　　　　　　　10.2 g
  - L-グルタミン　　　　　　　0.3 g
  - ペニシリン　　　　　　　　1×10^5 力価
  - 硫酸ストレプトマイシン　　0.1 g 力価
  - 超純水　　　　　　　　　　1 L

  1 M Hepes-NaOH（pH 7.0）10 mLを添加して濾過滅菌後に4℃に保存する．

- HBSSの調製
  - Hank's balanced solution　　9.8 g
  - ペニシリン　　　　　　　　1×10^5 力価
  - 硫酸ストレプトマイシン　　0.1 g 力価

  炭酸水素ナトリウムを添加してpH 7.0とし，濾過滅菌後に4℃に保存する．

プロトコール 1)〜3)

1 マウス腹腔浸出細胞の調製

❶ マウス（DDF1, 雌, 8週齢）の腹腔に3 mLのチオグリコレート培地を注射し, 3.5〜4.0日間飼育する.

❷ マウスの腹を上にして四肢を解剖台に固定し, エタノール綿で腹部を洗浄する.

❸ 腹部中央をピンセット（表皮用）でつまみ, ハサミ（表皮用）で表皮を縦方向に胸まで切る. 続いて腹から胸方向に表皮を大きく開く.

❹ HBSS 7 mLを注射筒（10 mL, 26G）に充填し, ピンセットで腹腔膜を持ち上げてHBSS 5 mLを腹腔に注入する.

❺ 腹の両脇から中央に向ってつかむようにして20回揉む.

❻ 針を刺した位置よりハサミ（腹腔用）で1〜2 mmの切り込みを入れ, そこからコーティングしたパスツールピペットで腹腔内細胞を吸い出し, 壁を沿わせてテフロンチューブに回収する（図1）.

❼ 腹部の穴から残りのHBSS 2 mLを注入し, 腹腔をピンセットで持ち上げたまま上記❺と同様に腹を揉み, さらに両足を束ねて左右に数回揺する.

❽ 上記❻と同様に腹腔細胞を回収し, 初回分と合わせる.

❾ スイングローターを用いて, 4℃, 900 rpm, 10分間の遠心を行い, 上清を除く.

❿ 細胞沈殿にHBSS 5〜7 mLを加え, 穏やかにピペッティングする.

⓫ 上記❾と同様の遠心を行い, 上清を除くことを2〜3回繰り返して, 細胞を洗う. 最後の沈殿について以下の作業を行う.

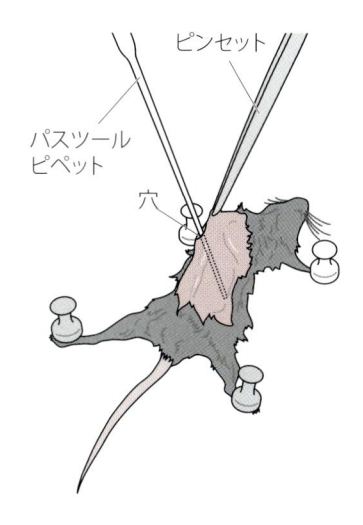

図1 腹腔浸出細胞の回収

2 腹腔浸出細胞からのマクロファージの調製

❶ マウス1頭分の腹腔浸出細胞を1 mLのRPMI-Hepes培地に懸濁する ⓐ.

❷ 細胞懸濁液20 μLを10倍または20倍に希釈し, 血球算定盤を用いて顕微鏡下に細胞の形態と数とを調べる ⓑ.

❸ マクロファージ濃度が0.85×10^6 cells/mLとなるように, 腹腔浸出細胞液とRPMI-Hepes培地とをテフロン製ビーカー内で混ぜる ⓒ.

❹ プラスチック培養皿（9 cm径）内に置いたカバーガラス（1.5 mm径）上に細胞懸濁液を150 μmずつ乗せる（図2）.

❺ 培養皿を37℃/5％炭酸ガスインキュベータ内に移し, 1時間液滴培養する ⓓ.

❻ ピンセットでカバーガラスをつまみ, ビーカーに満たしたPBS内を往復させて, 非接着細胞を除く ⓔ.

ⓐ 培養開始までは氷上または4℃で実験作業を行う

ⓑ さまざまな大きさと形態の細胞が観察され, 大半はマクロファージが占め, リンパ球, 赤血球, 好中球なども存在する. 大型で細胞内膜構造の発達した細胞をチオグリコレートにより誘導と活性化したマクロファージとみなし, マクロファージ数とそれ以外の細胞を数え, マクロファージの細胞濃度と存在割合とを算定する. 後者はマクロファージ誘導と細胞調製が適切に行われたことの指標となる

ⓒ マクロファージは他細胞に比べて接着力が強く, 調製時のロスが生じやすい. そのため, テフロン加工器具またはシリコンコート（それに準じた処理）した器具を用いる

ⓓ 腹腔細胞をカバーガラスに接着させる時間は1時間を厳守する. 培養時間が長くなると, マクロファージ以外の細胞も接着する. 純度と回収量を再現性よく得るために, PBSでのすすぎ操作は実験間で一定に保つ

ⓔ PBS 100 mLを入れたガラスビーカー（100 mL, オートクレーブ済）を2個用意する. 培養後のカバーガラスを精密ピンセットでつまみ, PBS内をゆっくり10往復させて非接着細胞を除く. カバーガラスの端をキムワイプに接触させて水分を除いた後, ピンセットの位置をずらしてから, 2つ目のビーカー内のPBSで同様に洗う

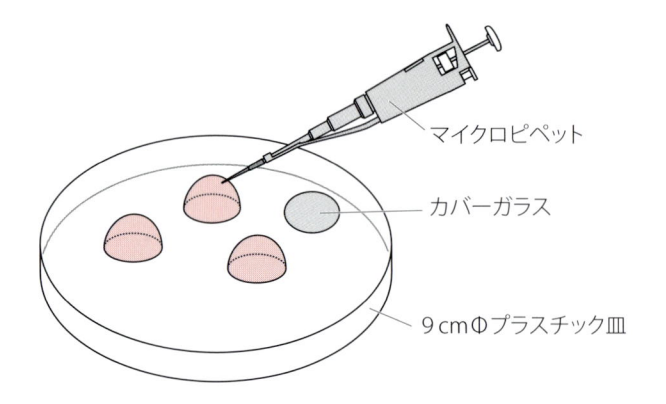

図2　腹腔浸出細胞中のマクロファージの分離と回収

❼ カバーガラスの水分を除いた後，0.5 mLのRPMI1640/10％FBS培地を含むマルチウェル培養皿に入れて，37℃/5％炭酸ガスインキュベータ内に放置する ⓕⓖ．

3 アポトーシス細胞のビオチン標識（標的細胞をあらかじめ標識する場合）[4]

❶ 約 1×10^7 個のアポトーシス細胞を，10％血清を含む1 mLの培地に懸濁する．

❷ 2 mg/mL ビオチン/PBS溶液（用事調製）を 0.5 mL 添加し，数分おきにタッピングして混和しながら室温で20分間放置する（ビオチン濃度と標識時間は細胞ごとに適切な条件を用いる）ⓗ．

ⓕ 顕微鏡下にてマクロファージの形態と数とが適切であることをカバーガラス1枚ずつ確認する．調製後の細胞は1日以内に用いる

ⓖ ここでは，マクロファージ調製法として腹腔マクロファージの例を紹介したが，マウス骨髄やヒト末梢血より調製した単球を分化誘導したマクロファージも貪食反応に汎用される．また，ヒト末梢血より調製した好中球，マウスやラットなどの肺胞マクロファージ，肝臓クッパー細胞，脳グリア細胞，脾臓マクロファージなども利用される [6) 10)]

ⓗ 標識に用いるビオチン液の濃度と用量，および標識時間は，アポトーシス細胞ごとに至適条件を求める

❸ 10％血清を含む培地7 mL を添加し，適切な時間と遠心加速度[i]で遠心して細胞を回収する．

❹ 沈殿した細胞を0.5〜1 mL の貪食反応時の培地に懸濁後に適宜希釈して，血球算定盤を用いて細胞濃度を算定する．

4 貪食反応

❶ 貪食反応に用いる食細胞とアポトーシス細胞の比を設定する[j]．

❷ マクロファージは維持用のRPMI1640/10％FBS から，貪食反応用の培地（血清なし，添加物入りなど）に交換する．

❸ 反応液量を0.3 mL として，特定数のアポトーシス細胞を加えた貪食反応用の培地を，マクロファージの培養されたカバーガラスに添加する．

❹ 緩やかなピペッティングにより反応液を均一にし，標的細胞が自然に沈降するまで待つ．

❺ 37℃/ 5％炭酸ガスインキュベータ内で設定時間培養する．

❻ 培養皿をインキュベータより取り出し，ウェル内の反応液を除いた後，氷冷PBS 1 mL を加えてすすぐ．

❼ 必要に応じて，トリプシン溶液0.3 mL をウェルに添加して室温で放置する[k]．

❽ トリプシン溶液を除き，10％血清を含む培地を添加してトリプシンの働きを停止させる．

❾ 培地を除き，マクロファージに接着しただけのアポトーシス細胞を除くため，氷冷PBS 1 mL を添加して，あらかじめ設定したストローク数のピペッティングを行う．

❿ PBS を除き，新しいPBS を添加して同様にピペッティングを行うことを繰り返す．あらかじめ適切なすすぎの回数を決めておく．

⓫ 固定：細胞固定液0.3 mL を添加し，室温で10分間放置してから液を除く．

⓬ 膜透過化：メタノールを0.3 mL 添加して10分間放置してからメタノールを除いた後，PBS を添加する．

5 貪食の判定

1）ビオチン標識細胞を標的とする反応[4]

❶ カバーガラス上のマクロファージに0.3 mL のFITC 標識アビジン液（6 μg/mL となるよう3％BSA/PBS で希釈）を添加し，室温で20分間放置する[l]．

❷ 反応液を除いた後，0.1％（v/v）のTriton X-100 を含むPBS 1 mL を添加して，緩やかに振とうして10分間放置してから除くことを3回繰り返す．

[i] アポトーシス細胞は非アポトーシス時よりも物理的衝撃に弱く密度も変わるため，用いるアポトーシス細胞種ごとに，トリパンブルー排出程度を指標に細胞膜構造が保持され，かつ適切な回収率を与える遠心加速度と時間を求める

[j] 標的と食細胞との混合比率，および，貪食反応時間を複数点設定した予備実験を行い，貪食が適切に測定できるおよその条件を決めておく．さらに，反応の飽和レベルを調べるのか速度解析を行うのかを定め，それぞれの実験を行う

[k] 貪食反応後に未反応標的細胞を除去する洗いの条件は，あらかじめ最適に定めておく．食細胞をカバーガラスに残したまま食細胞表面に接着しているアポトーシス細胞を除く条件は，食細胞と標的細胞との組み合わせにより異なる．用いるピペットの種類，洗浄液の種類と量，および，ピペッティングの速度と回数を最適化する．また，トリプシンを用いる場合には，トリプシン濃度と反応時間を最適化しておき，トリプシン溶液は実験1回分ごとに分注凍結したものを用いる

[l] FITC ではなくホスファターゼやペルオキシダーゼで標識されたアビジン（またはストレプトアビジン）を使うと，非蛍光による検出が可能である

A) 腹腔マクロファージ/胸腺細胞

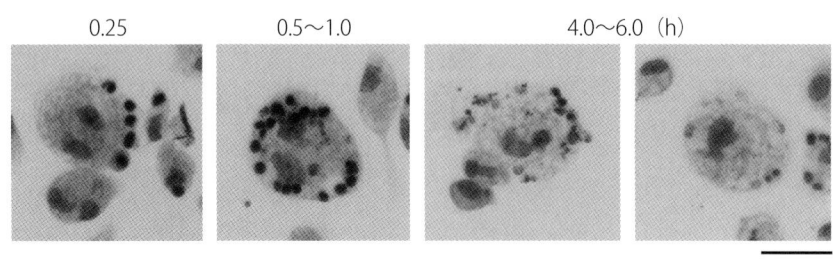

0.25　　0.5〜1.0　　4.0〜6.0（h）

10μm

B) 肺洗浄液中のマクロファージ/HeLa細胞

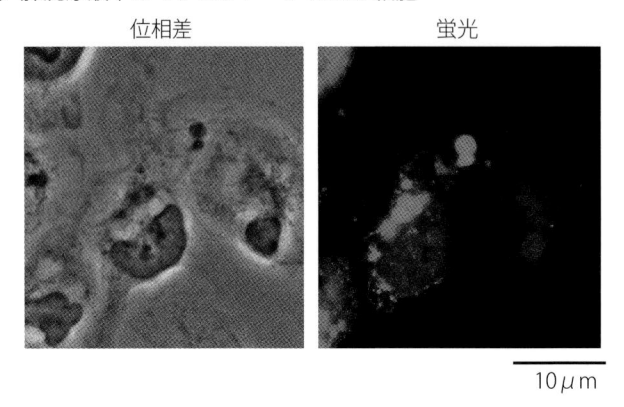

位相差　　蛍光

10μm

C) 骨髄マクロファージ/Jurkat細胞

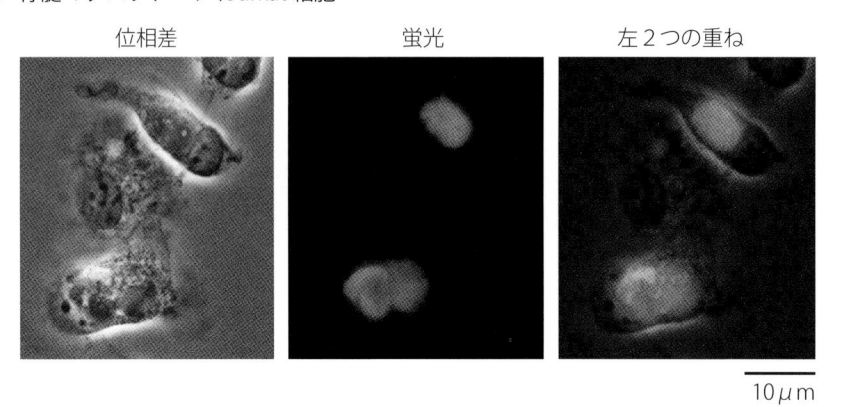

位相差　　蛍光　　左2つの重ね

10μm

図3　マウスの各種マクロファージによるアポトーシス細胞の貪食（巻頭カラー図14参照）
A) 腹腔マクロファージによるアポトーシス胸腺細胞の貪食．デキサメタゾンの存在下での培養により，アポトーシスを誘導したアポトーシス胸腺細胞を図示した時間マクロファージと共培養した．接着しているだけの標的を除去後，マクロファージを固定してヘマトキシリン染色後に観察した．大型の核をもつ細胞（マクロファージ）の中に小型で強く染色される核をもつ細胞（胸腺細胞）が検出される．共培養時間の経過に伴い，胸腺細胞がマクロファージ内で分解を受けて粒子状の弱い染色像として観察される（図の一部は文献1より転載）．B) 肺洗浄液中のマクロファージによるインフルエンザウイルス感染細胞の貪食．インフルエンザウイルス感染でアポトーシスを誘導したHeLa細胞を細胞膜結合性蛍光色素で標識し，肺胞マクロファージと共培養後に固定し，蛍光顕微鏡で観察した．マクロファージ内に標的細胞あるいはその断片が存在する．C) 骨髄由来マクロファージによるアポトーシスがん細胞の貪食．抗がん剤デキサメタゾン存在下に培養してアポトーシス誘導したJurkat細胞をビオチンで標識し，骨髄由来単球より分化させたマクロファージと共培養し，蛍光標識アビジンを添加した後に顕微鏡で観察した．マクロファージ内に取り込まれた標的細胞が検出される．スケールバーは10μm

❸ カバーガラスを脱イオン水ですすいでから，50％非蛍光グリセリンを用いてスライドガラスに封入し，余分な水分をキムワイプで除いてから，カバーガラスの縁をエナメルで固定する．

❹ 蛍光-位相差顕微鏡下に観察し，マクロファージによる貪食の有無を調べる(m)~(o)．

2）非標識細胞を標的とする反応[1)~3)]

❶ 標識なしのアポトーシス細胞を用い，マクロファージによる貪食反応と固定および膜透過化操作を行う．

❷ ヘマトキシリン染色液 0.3 mL をウェルに添加し，室温で放置して除く(p)．

❸ 水道水を 1 mL 添加して放置してから除きすすぐ．あらかじめ適切な染色時間とすすぎの回数を決めておく．

❹ マクロファージを培養したカバーガラスを 50％非蛍光グリセリンを用いてスライドガラスに封入し，余分な水分をキムワイプで除いてから，カバーガラスの縁をエナメルで固定する．

❺ 明視野顕微鏡下で観察し，細胞全体および核形態よりマクロファージとアポトーシス細胞とを検出する．

(m) アポトーシス細胞を蛍光顕微鏡で検出する際には，観察と測定を速やかに行い，非観察時は試料を冷暗所に保管する．また，位相差像の観察も同時に行い，位相のずれがないか否かを調べて，マクロファージに接着しているだけの標的細胞を貪食された細胞と判定しないように注意する

(n) 顕微鏡観察時は，まず低倍率でシグナルに偏りのないことを確認し，続いてスライドガラスの端と中心以外の場所に観察領域を定め，その領域について複数視野での観察と測定とを行う

(o) 試料の測定は，ブラインドテストにて行い，複数の実験者が独立に測定して結果に違いのないことを確認する．そのうえで，各試料の期待値とばらつきの相対標準偏差とを求め，この値を満たすことを毎回の実験で確認する

(p) 非標識アポトーシス細胞を使う反応でのヘマトキシリン染色では，食細胞のみおよびアポトーシス細胞のみの試料を同様に調製して，両細胞を区別するための対照群として用いる

実験結果

マウスの各種マクロファージによるアポトーシス細胞の貪食の様子を図3に示す．

参考文献
1) Shiratsuchi, A. et al.：J. Immunol., 172：2039-2047, 2004
2) Fadok, V. A. et al.：J. Immunol., 148：2207-2216, 1992
3) Shiratsuchi, A. & Nakanishi, Y.：J. Biochem., 126：1101-1106, 1999
4) Shiratsuchi, A. et al.：J. Biol. Chem., 272：2354-2358, 1997
5) Nakagawa, A. et al.：Mol. Reprod. Dev., 71：166-177, 2005
6) Hashimoto, Y. et al.：J. Immunol., 178：2248-2257, 2007
7) Nagaosa, K. et al.：Biol. Reprod., 67：1502-1508, 2002
8) Kuraishi, T. et al.：EMBO J., 28：3668-3878, 2009
9) Awasaki, T. et al.：Neuron, 50：855-867, 2006
10) Miyake, Y. et al.：J. Clin. Invest., 117：2268-2278, 2007

7章 アポトーシス細胞の貪食誘導と検出

2 マウス肺組織における貪食の解析

白土明子，中西義信

　動物組織を用いて貪食を解析する場合には，両細胞の形態的特徴による検出が難しい場合も多く，この場合には組織化学的手法を適用する[1)2)4)5)]．例えば，細胞表層に局在するタンパク質などを認識する特異的抗体を用いて食細胞を検出し，並行して，アポトーシス細胞をこれに特徴的反応を利用して同定する．この項では，マウス肺組織で生じたアポトーシス細胞の貪食を検出する例を記す．

　なお，アポトーシス細胞の貪食についての一般的な解説は，7章1節のイントロダクションを参照していただきたい．

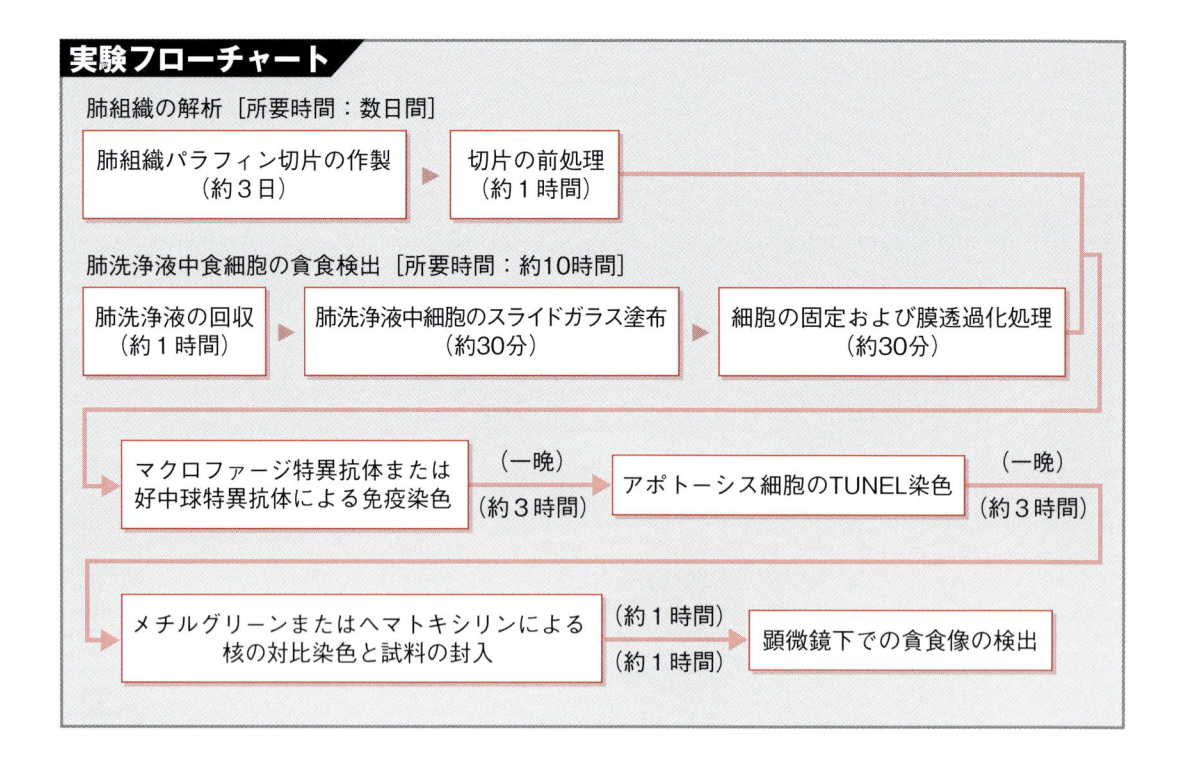

実験フローチャート

肺組織の解析 [所要時間：数日間]

- 肺組織パラフィン切片の作製（約3日） → 切片の前処理（約1時間）

肺洗浄液中食細胞の貪食検出 [所要時間：約10時間]

- 肺洗浄液の回収（約1時間） → 肺洗浄液中細胞のスライドガラス塗布（約30分） → 細胞の固定および膜透過化処理（約30分）
- マクロファージ特異抗体または好中球特異抗体による免疫染色 —（一晩）（約3時間）→ アポトーシス細胞のTUNEL染色 —（一晩）（約3時間）→
- メチルグリーンまたはヘマトキシリンによる核の対比染色と試料の封入 （約1時間）（約1時間）→ 顕微鏡下での貪食像の検出

準備するもの

1）器具と機器

- かんりゅう装置

- カテーテル（留置針，18 G）
- 手術用糸
- 注射筒（1 mL）
- 他，7章1節と同じ

2）試薬など

- ブアン固定液
- パラフィン切片作製用試薬
- キシレン（組織切片用）
- エタノール（組織切片用）
- キシレン系封入剤（メルク社のエンテランニューなど）
- 50％非蛍光グリセリン（封入剤）
- 0.1 M 酢酸ナトリウム緩衝液（pH 6.0）
- プロテイナーゼK
- TUNEL試薬（ApopTag，Millipore社など）
- dimetylaminobentizine（DAB）（ナカライテスク社など）
- マウスマクロファージ特異抗体（抗F4/80抗体など）
- マウス好中球特異抗体（抗Gr-1抗体など）
- アルカリホスファターゼ標識二次抗体
- ペルオキシダーゼ標識二次抗体
- ヘマトキシリン染色液
- メチルグリーン染色液
- RPMI1640-Hepes buffer 添加培地（7章1節と同じ）
- RPMI1640/10％非動化処理ウシ胎仔血清，ペニシリン/ストレプトマイシン添加培地（7章1節と同じ）
- 3％ BSA/PBS溶液（7章1節と同じ）
- ブタ全血清（抗体反応のブロッキング用）

プロトコール

1 マウス肺組織内でのアポトーシス細胞貪食の検出[1]

1）肺組織の摘出と組織切片の調製

組織内の病態生理的な状態の把握，細胞種の同定，およびアポトーシス細胞を貪食した食細胞の検出を適切に行うためには，肺組織を十分に膨らませた状態で固定する必要がある．そのために，マウスの解剖時には，気管から固定液を注入して肺を十分に膨らませてから，定法に従ってブアン固定したパラフィン切片を調製する（図1を参照，肺組織の固定やパラフィン切片の作製は，組織化学一般の文献を参照されたい）．以下に，そのようにして作製されたパラフィン切片を用いた貪食検出法を記す．

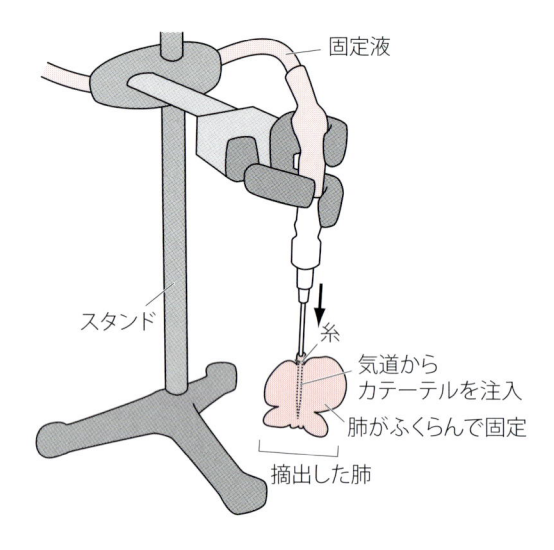

図1 肺組織の摘出と固定

2）切片の前処理

［脱パラフィン処理］

❶ パラフィン切片を常法（キシレン3回，エタノール3回，70％エタノール1回など）で脱パラフィン処理する．

❷ PBSを入れた染色壺に切片を移す．

［抗原賦活化処理（必要な場合）］

❸ 0.1 M 酢酸ナトリウム緩衝液（pH 6.0）を電子レンジ耐性プラスチック染色壺に入れ，そこに切片を浸す．

❹ 染色壺ごと大型ビーカーに入れて軽くラップでおおい，電子レンジ（500 W）で適当時間[a]処理する．加熱時間はあまり厳密でなくてよい．

Ⓐ 数十秒程度

❺ ピンセットでスライドガラスを取り出し，氷冷PBSを入れた容器に移して冷えるまで放置する．

3）TUNEL染色

反応は湿箱内で行い，すすぎには染色壺を使用する．

［陽性および陰性対照群の切片の作製］

陽性および陰性対照を用いた予備実験を行って，反応の至適条件を設定する．検体と同一種類の切片を用い，TUNEL法の陽性対照としてDNase I処理した切片，陰性対照としてDNase処理とTdT処理のどちらも行っていない切片を準備する．また，抗体染色の陰性対照には，用いる特異抗体と同サブクラスの免疫グロブリンを用いる．

［陽性対照とするDNase処理切片の作製］

適切な濃度のRNase-free DNaseを切片に乗せ，湿箱中に室温で放置する（最長で30分間）．その後，切片をPBS中で3回すすぐ．

[プロテイナーゼK処理]

❶ PBSで希釈したプロテイナーゼK溶液（正常肺組織の場合5 mg/mL，#EO0491，Fermentas社）を切片に乗せ，湿箱中に室温で放置する[b]（正常肺組織の場合5分間程度）．

❷ PBSで2回すすぐ．

[内在性ペルオキシダーゼの不活化処理]

❸ 0.3％(w/v) 過酸化水素水を含むメタノール[c]に切片を浸し，室温で30分間放置する．

❹ 切片を脱イオン水ですすぎ，PBSを入れた染色壺に移す．

[TdT反応]

❺ Equilibration buffer（ApopTag kit付属）を切片に乗せ，室温で1時間放置する．液量の目安は13 mL/cm^2．

❻ Reaction buffer：TdT（ともにApopTag kit付属）＝7：3となるように希釈したTdT液を切片に乗せ，37℃で1時間放置する．酵素液量の目安は11 mL/cm^2．

❼ 脱イオン水で35倍希釈したStop solution（ApopTag kit付属）を入れた染色壺中に切片を浸し，15秒間振とう後に室温で10分間放置する．

❽ PBSで1分間すすぐ．これを3回くり返す．

[TUNELシグナルの検出]

❾ ペルオキシダーゼ標識抗ジゴキシゲニン抗体液（ApopTag kit付属，抗Dig-PoD抗体）を切片に乗せ，室温で30分間放置する．

❿ PBSで5分間すすぐ．これを3回くり返す．

⓫ 0.1 M トリス塩酸バッファー（pH9.5），0.1 mM 塩化ナトリウム，50 mM 塩化マグネシウムを含むバッファーに室温で10分間浸す．

⓬ NBTとBCIPを含む上記バッファーを切片に乗せ，顕微鏡で観察しながら適切なシグナルが得られるまで放置する．

⓭ 切片を1 mM EDTAを含む10 mMトリス塩酸バッファー（pH 8.5）に移し，室温で10分間放置する．その後，PBSに移す．

[b] 組織や病態ごとに適切なプロテイナーゼK濃度と反応時間を試料種ごとに決定する

[c] 50 mLのメタノールに0.5 mLの30％過酸化水素水を加える．用事調製

4）免疫染色による食細胞の検出

反応は湿箱内で行い，すすぎには染色壺を使用する．

[ブロッキング]

❶ 切片に5％ブタ血清/PBSを乗せ，室温で30分間放置し，PBS中ですすぐ．

[一次抗体反応]

❷ 好中球特異抗体（抗Gr-1抗体）またはマクロファージ特異抗体（抗F4/80抗体）を適切な濃度に希釈して切片に乗せ，4℃で一晩放置する．

❸ PBS中に5分間放置する．これを3回繰り返す．

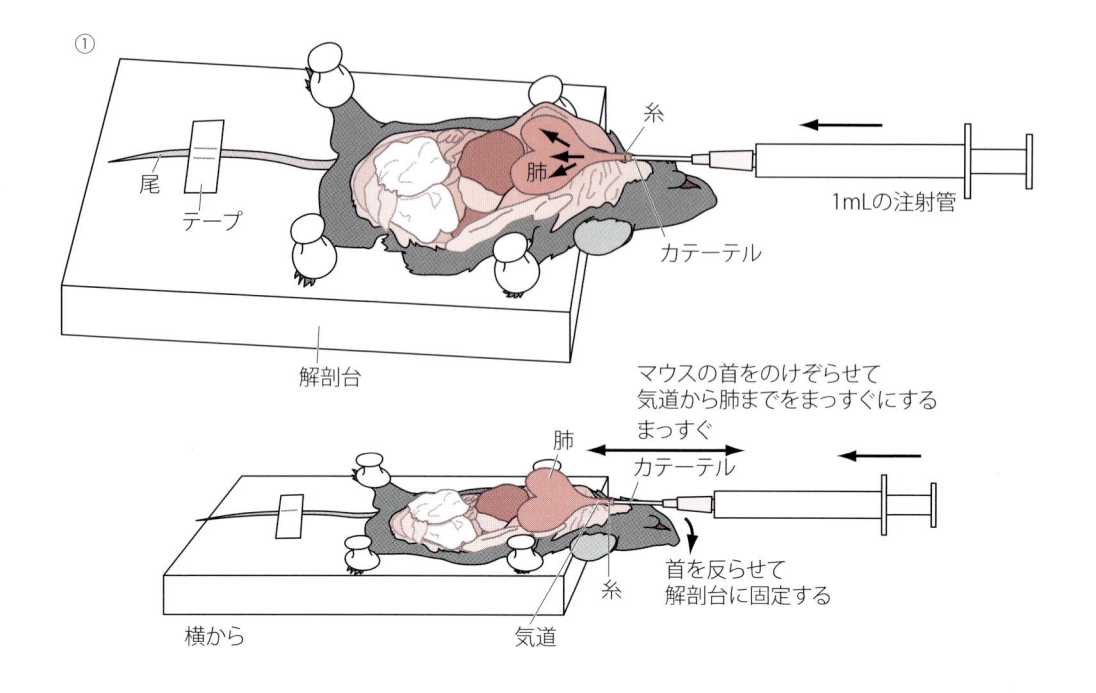

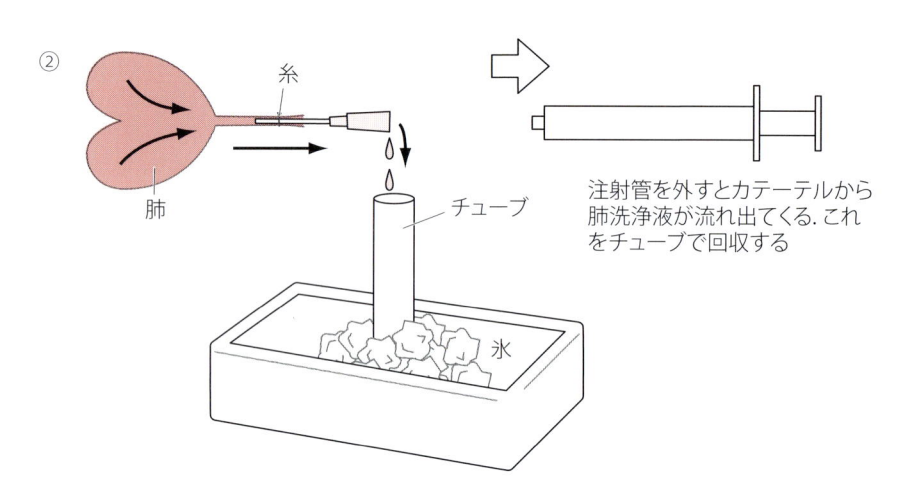

図2　肺洗浄液中細胞の調製方法

[二次抗体反応]

❹ビオチン標識二次抗体を適切な濃度に希釈して切片に乗せ，室温で30分間放置する．

❺PBS中に5分間放置する．これを3回繰り返す．

[特異シグナルの検出]

❻ペルオキシダーゼ標識ストレプトアビジンを適切な濃度に希釈して切片に乗せ，室温で30分間放置する．

❼PBS中に5分間放置する．これを3回繰り返す．

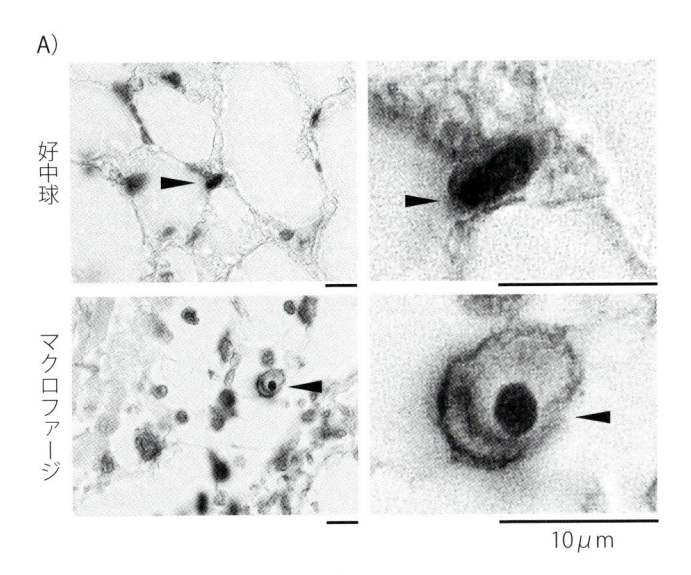

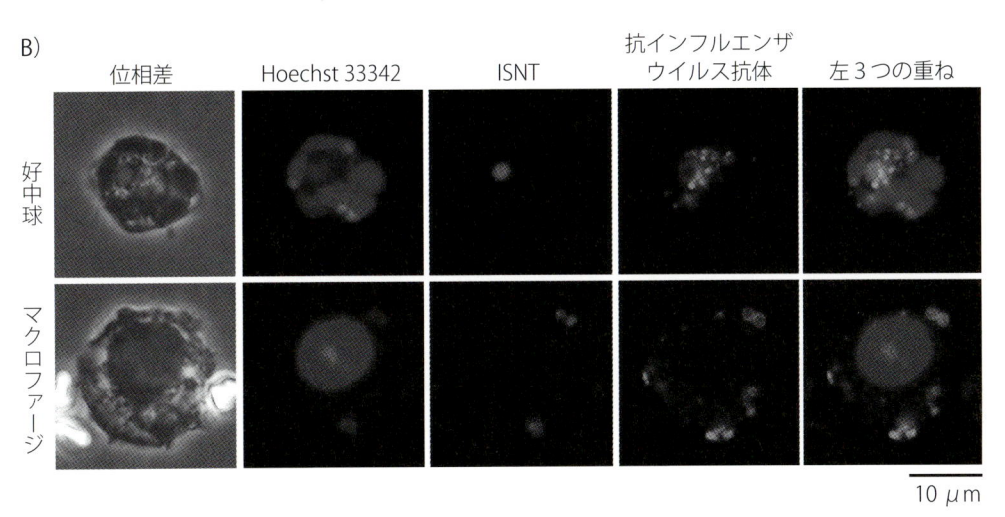

図3 インフルエンザウイルス感染マウスの肺組織内でのアポトーシス細胞貪食の検出（巻頭カラー図15参照）

A）肺組織切片の解析．好中球を抗Gr-1抗体（茶色）で，マクロファージを抗F4/80抗体（茶色），アポトーシス細胞をTUNEL法（紫色）でそれぞれ検出した．メチルグリーン（青緑）で対比染色を行った．右のパネルは左パネルの強拡大像．矢頭はTUNEL陽性細胞を取り込んだ食細胞を示す．B）肺洗浄液中細胞の解析．アポトーシス細胞を In situ nick translation 法（赤色），ウイルス感染細胞を抗インフルエンザウイルス抗体（緑色）で，すべての細胞の核をHoechst33342（青色）でそれぞれ検出した．右端は3種類の蛍光染色像の重ね．好中球とマクロファージは核と細胞の形態から判定した．スケールバーは10μm（文献1より転載）

❽ DAB反応液を入れた染色壺に切片を浸し，顕微鏡下で発色程度を観察する．シグナルは濃茶色に検出される[d]．

❾ DAB反応液に切片を浸す．

❿ 適切なシグナルが得られたら，脱イオン水を入れた染色壺に切片を移して反応を停止する．

⓫ 脱イオン水を換えてすすぐ．

[d] DAB反応液の調製（用事調製）
脱イオン水50 mLに1 Mトリス塩酸バッファー（pH 7.6）2.5 mLを加え，ここに5 mgのdimetylaminobentizine（ナカライテスク社）を加えて溶かす．5μLの30％過酸化水素水を加えて混ぜ，速やかに反応に用いる

5）TUNELおよび免疫染色後の切片試料の処理と観察

❶ 対比染色と脱水：メチルグリーン染色液またはヘマトキシリン染色液を用い，適切なコントラストとなるように染色と脱色を行う．その後，キシレンおよびエタノール中に放置して脱水する❼❽．

❷ キシレン系封入剤をカバーガラス上に乗せ，キシレンを軽く除いた切片をカバーガラスにかぶせるようにして封入する．

❸ 試料をマッペ上に置き，平坦な場所で一晩放置する．明視野顕微鏡下に試料を観察し，食細胞内に別の細胞の核が存在すること，それがTUNEL陽性であることを指標に，アポトーシス細胞が貪食された像とみなす❾．

2 肺洗浄液中食細胞による貪食の検出[1]

❶ 肺洗浄液の回収：マウスの気道周辺を露出させた後，横隔膜と肋骨を除去して肺を露出させ，気道から1 mLのPBSを肺組織内にカテーテルを用いて注入し，その液を回収する．これを5回繰り返す（図2）．

❷ 肺洗浄液をAPSコートしたスライドガラスに塗布し，10〜15分間放置して洗浄液に含まれる細胞を接着させた後，液を除く．

❸ スライドガラスに固定液，メタノールを順に乗せ，その後にPBS中ですすぐ．

❹ 上述した手順〔 1 -3）〜5）〕で，TUNELおよび食細胞特異抗体による免疫染色を行う．

❺ 50％グリセロール液で封入し，顕微鏡下に観察する．

ⓔ 一般に，ヘマトキシリン染色（紫系）よりもメチルグリーン染色（緑系）の方がDAB染色（茶系）とのコントラストがよい場合が多い

ⓕ 組織の炎症や病変により，TUNELおよび免疫組織化学での至適染色条件は変化する．そのため，組織の細胞死進行や炎症，病態変化などの生理状態に違いのある組織試料を比較する場合には，それぞれの組織試料について，死細胞および食細胞の検出条件を決めたうえで染色を行う必要がある

ⓖ 同様の手順により，精巣[5]や卵巣[7]をはじめとして他の組織に生じた貪食を検出することができる

実験結果

インフルエンザウイルスを経鼻感染させたマウスの肺組織および肺洗浄液中細胞について，アポトーシス細胞貪食を検出した（図3）．

参考文献
1）Hashimoto, Y. et al.：J. Immunol., 178：2248-2257, 2007
2）Nagaosa, K. et al.：Biol. Reprod., 67：1502-1508, 2002
3）Kuraishi, T. et al.：EMBO J., 28：3668-3878, 2009
4）Awasaki, T. et al.：Neuron, 50：855-867, 2006
5）Miyake, Y. et al.：J. Clin. Invest., 117：2268-2278, 2007
6）Watanabe, Y. et al.：Biochem. Biophys. Res. Commun., 337：881-886, 2006

7章 アポトーシス細胞の貪食誘導と検出

3 ショウジョウバエ胚における アポトーシス細胞貪食の検出

白土明子, 永長一茂, 中西義信

　食細胞によるアポトーシス細胞の貪食機構は, 死の誘導経路と同様に, 線虫から哺乳動物まで共通性が高い. モデル生物であるキイロショウジョウバエには血球系の専門食細胞(ヘモサイト)や脳グリア細胞などの非専門食細胞が存在し, 遺伝学的知見と分子生物学的手法を組み合わせた技術が発達している. さらに, 発生過程の胚や変態期の蛹では多くの死細胞の出現が知られているうえに, 個体レベル解析が比較的容易に行えることから, 貪食解析のモデル生物としても有用である. ここでは, キイロショウジョウバエの胚を用いた貪食解析例を紹介する.

　なお, アポトーシス細胞の貪食についての一般的な解説は, 7章1節のイントロダクションを参照していただきたい.

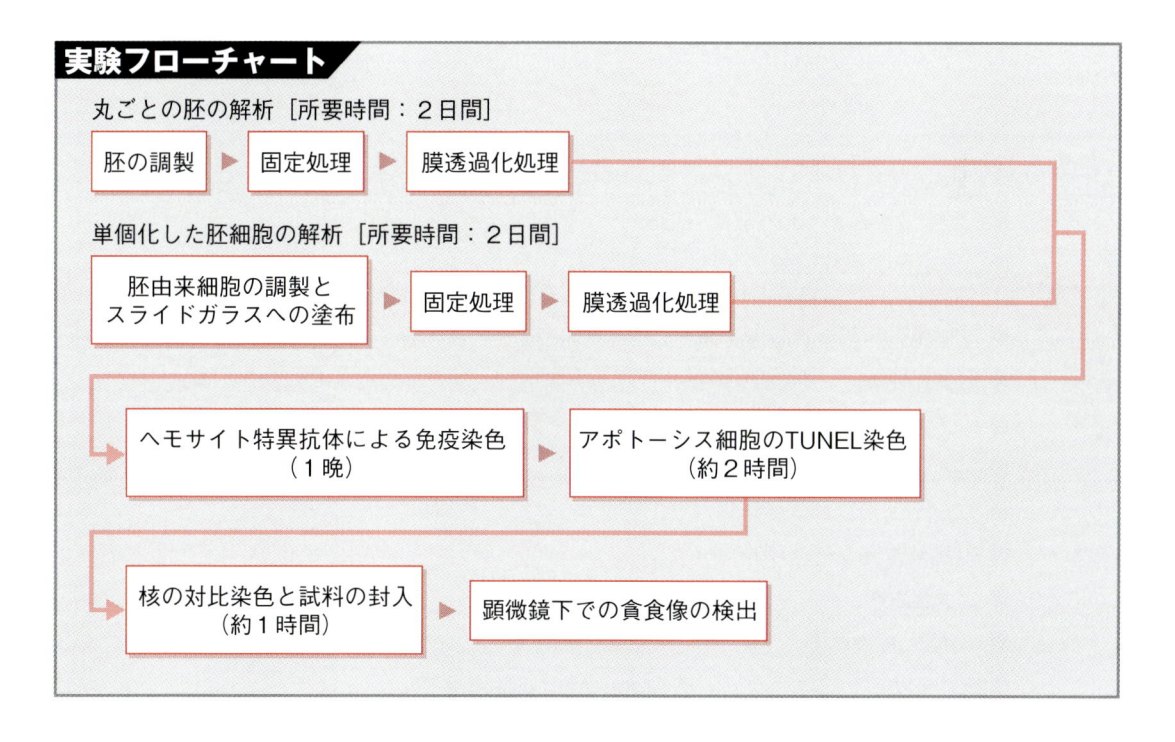

実験フローチャート

丸ごとの胚の解析 [所要時間：2日間]

胚の調製 ▶ 固定処理 ▶ 膜透過化処理

単個化した胚細胞の解析 [所要時間：2日間]

胚由来細胞の調製とスライドガラスへの塗布 ▶ 固定処理 ▶ 膜透過化処理

▶ ヘモサイト特異抗体による免疫染色（1晩） ▶ アポトーシス細胞のTUNEL染色（約2時間）

▶ 核の対比染色と試料の封入（約1時間） ▶ 顕微鏡下での貪食像の検出

準備するもの

1）器具類
- スライドガラス
- カバーガラス
- マイクロチューブ
- 管瓶（スライドガラスが入るもの，50 mL プラスチックコニカルチューブなどでもよい）
- 画材用筆
- 湿箱
- 細胞濾過用メッシュ（0.07 mm pore）
- マイクロチューブ用ペスル（ホモジナイズ用）
- APS コートスライドガラス

2）機器類
- 恒温培養器
- 明視野顕微鏡（非蛍光観察）
- 蛍光顕微鏡（蛍光観察）
- 振とう器

3）試薬
- 粉末寒天
- ぶどうジュース（果汁100％）
- エタノール
- 酢酸
- PBS
- 0.2％ Triton X-100/PBS（PBST）
- 4倍希釈次亜塩素酸ナトリウム水溶液
  市販の次亜塩素酸ナトリウム水溶液を脱イオン水で4倍に希釈
- 4％(w/v) パラホルムアルデヒド/PBS
- メタノール
- ヘプタン
- 0.25％(w/v) コラゲナーゼ/PBS 溶液
- 0.25％(w/v) トリプシン/PBS 溶液
- 50％非蛍光グリセリン
- ブタ全血清
- TUNEL 検出試薬
- 抗ヘモサイト抗体（ラット抗 Croquemort 抗血清など）
- アルカリホスファターゼ標識二次抗体（例：抗ラット IgG, KPL 475-1612 など）
- DAB
- ヘマトキシリン染色液
- dTd 酵素（ISNT 用）

- dNTP溶液（ISNT用）
- ぶどうジュース寒天塗布スライドガラス

　　脱イオン水100 mLに粉末寒天4.4 gを加えて加熱融解し，ぶどうジュース80 mL，エタノール5 mL，酢酸5 mLを加えて混ぜる．寒天液を60℃程度に保持しておき，それをスライドガラスに塗布して固化させ，4℃で保存する．

プロトコール

1 ショウジョウバエ胚の回収とコリオンおよびビテリン膜の除去[1]

❶ ぶどうジュース寒天塗布スライドガラスと，産卵用に飼育したショウジョウバエ成虫とを，管瓶に入れてスポンジ栓をし，25℃の暗所で約2時間放置する．

❷ スライドガラスを管瓶から取り出して湿箱に移し，胚が解析のための発生段階に達するまで放置する．

❸ 実体顕微鏡下に筆を用いて胚を1 mL PBSTの入ったマイクロチューブに入れる．マイクロチューブを静置し，胚が沈降してから上清を除く．1 mLのPBSTを加えて胚を混和し，静置して上清を除くことを2回繰り返す．

［胚最外層のコリオン（卵殻）の除去］

❹ 1.2 mLの次亜塩素酸ナトリウム水溶液（4倍希釈）を胚に加えて3分間緩やかに混和し，胚の沈降後に上清を除く．

❺ 1 mLのPBSTを加えて同様の操作を行うことを4回繰り返す．

［ビテリン膜の除去］

コリオンの内側にビテリン膜が存在する．胚を丸ごと解析する場合にはビテリン膜を除去する必要があるが，単個化細胞での検出を行う場合はこの操作は不要．

❻ 4%パラホルムアルデヒド0.5 mLとヘプタン0.5 mLとの混液をマイクロチューブ内でボルテックスしてから胚に加え，胚が中間層に位置することを確認し，20分間放置する．

❼ 下層（パラホルムアルデヒド）を除き，メタノール0.5 mLを加えて30秒間ボルテックスし，静置して胚の沈降後に上清を除く．

❽ メタノール1 mLを加えて混和し，静置して胚の沈降後に上清を除く．これを2回繰り返す．

上記の処理を行った胚を用い，胚単個細胞または胚丸ごとでの細胞貪食の検出を行う．

2 単個化した胚細胞の調製，ヘモサイトとアポトーシス細胞の検出

1）胚細胞の単個化と固定

❶ コリオン除去胚（約50個）をPBS 0.15 mLの入ったマイクロチューブに回収する．PBSで2回すすぐ．特定発生段階の胚を解析するときは，コリオン除去胚を顕微鏡下に観察して目的の胚を選別する．

❷ 0.25％コラゲナーゼ液0.2 mLを加え，マイクロチューブ用ペッスルを30回往復させる．

❸ P200マイクロピペットで10回ピペッティング後，37℃で1分間放置する．これを3回繰り返す．

❹ 氷冷PBS 0.8 mLを加えて懸濁し，スイング式遠心機で4℃，5 krpm，5分間遠心する．上清を除く．

❺ 0.25％トリプシン/PBS 0.2 mLを加え，P200マイクロピペットで50回ピペッティングする．

❻ 胚細胞懸濁液を細胞濾過用メッシュで濾過し，ウシ胎仔血清0.04 mLを入れたマイクロチューブに回収する．

❼ 冷PBSを加えて懸濁し，4℃，5 krpm，5分間遠心後に上清を除く．これを2回繰り返す．

❽ 沈殿した細胞を適当量のPBSに懸濁し，APSコートスライドガラスに塗布する．湿箱内で15分間放置後に液を除く．

❾ スライドガラス上の細胞に適当量の4％パラホルムアルデヒド/PBSを乗せ，湿箱内で約15分間放置する．液を除き，PBSを入れた染色壺に浸す．

2）抗ヘモサイト抗体による免疫染色

ショウジョウバエのヘモサイトは，発生段階により指標となるタンパク質の発現様式が異なる．そのため，ヘモサイトの同定には適切な指標タンパク質の特異抗体を用いる必要がある．ここでは，ヘモサイト指標としてCroquemortを検出する例を記す．

❶ スライドガラスに塗布して固定した単個細胞を，メタノール，PBST，PBSの順で，染色壺内で各10分間放置する．

❷ 5％ブタ全血清0.02 mLを細胞に乗せて，室温で20分間放置後に液を除く．

❸ PBSTで希釈したラット抗Croquemort抗血清を細胞に乗せ，4℃で1晩放置する．その後に液を除く．

❹ PBST，PBSの順で，染色壺内で各10分間放置する．

❺ 0.5％(w/v)アルカリホスファターゼ標識抗ラットIgG（KPL 475-1612）/5％ブタ全血清/PBST 0.02 mLを細胞に乗せ，室温で1時間放置する．反応液を除く．

❻ PBST中に10分間放置することを5回繰り返す．

❼ 100 mM Tris-HCl（pH 9.5）/50 mM $MgCl_2$/100 mM NaCl中に10分間放置する．

❽ 50 mg/mL BCIP（4.5 µL）と100 mg/mL NBT（3.5 µL）を，1 mLの100 mM Tris-HCl（pH 9.5）/50 mM $MgCl_2$/100 mM NaClと混ぜ，そのうち0.02 mLを細胞に乗せる．

❾ 顕微鏡下で観察して，適切なシグナルが得られたら反応液を除き，10 mM Tris-HCl（pH 8.5）/1 mM EDTAを含む脱イオン水内に10分間放置する．

3）TUNEL染色

ヘモサイトの染色後，TUNEL染色を行う．あらかじめ，陽性および陰性対照群を用いたTUNEL単染色により至適条件を求めておく．ここでは，TUNELキットApopTag（Millipore社）を用いた方法を示す．

❶ ヘモサイト染色後の試料を，PBS中に5分間放置することを2回繰り返す．

❷ Equilibration Buffer（ApopTag）0.02 mLを細胞に乗せ，室温で10分間放置する．

❸ TdT enzyme（ApopTag）：Reaction Buffer（ApopTag）＝1：3の混液0.02 mLを試料に乗せ，37℃で1時間放置する．

❹ 脱イオン水で35倍に希釈したStop/Wash Buffer（ApopTag）に試料を浸して10分間放置する．

❺ PBS中に5分間放置する．これを3回繰り返す．

❻ ペルオキシダーゼ標識抗ジゴキシゲニン抗体（ApopTag）0.02 mLを細胞に乗せて，室温で30分間放置する．

❼ PBS中に5分間放置する．これを4回繰り返す．

❽ DAB溶液（肺組織の場合と同様に調製）に浸し，乾燥しないように気をつけながら，明視野顕微鏡下で時々観察し，適切な強度のシグナルが得られたら，脱イオン水に浸す．

❾ カバーガラスで封入し，明視野顕微鏡下に観察する．
同じ試料について，ショウジョウバエグリア細胞特異抗体（グリア細胞の核に存在するホメオボックスタンパク質Repoの特異抗体など）を用いることにより，グリア細胞による貪食を検出することもできる．

3 胚丸ごとでの貪食の検出[1][2]

❶ コリオンとビテリン膜を除去した胚を入れたマイクロチューブに，1 mLのPBSを添加して室温で10分間放置する．胚が沈降したら液を除く．

❷ 単個化胚細胞と同じ方法で，ヘモサイト染色とTUNELを行う[a]．

4 ISNTによるアポトーシス細胞の検出

TUNELの代わりに *In Situ* Nick Translation（ISNT）法を利用してアポトーシス細胞を検出することができる．ただし，両方法で利用するDNA合成酵素の性質が異なるので注意が必要である．TUNELでの合成酵素はアポトーシス時に活性化されるDNA分解酵素で切断されたDNAのみに働くのに対して，ISNTでの酵素はあらゆる断片化DNAに働いてしまう．そこで，ショウジョウバエでの解析では，アポトーシス時に活性化されるDNA分解酵素が働かないような変異体（*Rep1ᵖ*）を使う．アポトーシス時にはDNA断片化は起こらず，貪食された食細胞中のリソソーム酵素による分解を受けて初めて断片

[a] ショウジョウバエを利用して，神経軸索の刈り取り反応の解析例もある[2]．

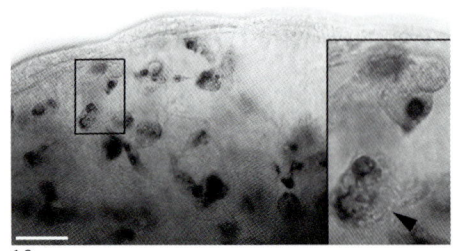

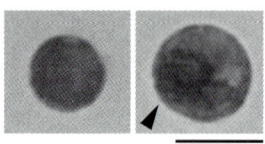

図1 ショウジョウバエ胚でのアポトーシス細胞貪食の検出（巻頭カラー図16参照）
A）胚丸ごとの解析．右の挿入図は左枠内の強拡大像を示す．矢頭はアポトーシス細胞を取り込んだヘモサイトを示す．B）胚から取り出した細胞の解析．染色方法はAと同じ．左はTUNELシグナルをもたないヘモサイト，右はTUNEL陽性核細胞を含んだヘモサイト．スケールバーは10μm（文献2より転載）

化DNAが生じる原理を利用する．ISNTとTUNELでの実験結果が異なることもあり，解釈には注意を要する．

[ISNT染色]

❶ コリオン，ビテリン膜を除去した胚を入れたマイクロチューブに，0.3% Triton X-100を含むPBSを添加して室温で放置し，膜透過化する．静置して胚が沈降したら上清を除く．

❷ DNA合成酵素バッファー，テトラメチルローダミン標識dUTPを含むdNTP混合液（至適濃度は試料ごとに求める），DNAポリメラーゼⅠ（4 units/μL）を含む反応液を添加して室温で90分間放置する．その後に液を除く．

❸ PBST中に室温で1時間放置する．

❹ 50%非蛍光グリセロールで封入して蛍光顕微鏡下に観察する．

実験結果

アポトーシス細胞が多数存在する時期（ステージ16）のショウジョウバエ胚について，食細胞（ヘモサイト）特異抗体で（茶色），アポトーシス細胞をTUNEL法（紫色）でそれぞれ検出した（図1，巻頭カラー図16参照）．

参考文献
1）Kuraishi, T. et al.：EMBO J., 28：3668-3878, 2009
2）Awasaki, T. et al.：Neuron, 50：855-867, 2006
3）Nagaosa, K. et al.：J. Biol. Chem., in press

8章 アポトーシス以外の細胞死の検出法

1 ネクローシス

塩川大介

　高度に制御された能動的細胞死であるアポトーシスとは対照的に，ネクローシスは制御機構の存在しない受動的な細胞死であるとの考え方がごく最近まで支配的であった．そのためかネクローシスを対象とした研究成果の報告はアポトーシスのそれと比較して圧倒的に少なく，それに伴い確立されたネクローシス検出法も限られているのが現実である．しかし，古くから生理的な細胞死におけるネクローシスの重要性は指摘されており，さらにはここ数年の研究成果によりセリン/スレオニンキナーゼ，RIP-1，RIP-3により制御されるネクローシス（プログラムネクローシス，またはネクロプトーシス）が発見され，細胞死研究におけるネクローシスの重要性が見直されつつある．われわれの体内で起こる細胞死はアポトーシスやオートファジー細胞死だけではない．ネクローシスは今後の発展が期待される古くて新しい研究テーマである．

実験の概略

　ネクローシスとは本来形態学的に定義された細胞死の一形態であり，細胞膜の崩壊，細胞体積の増大，オルガネラの膨潤などの特徴を示す細胞死であると定義されている[1]．生化学的にネクローシスを検出するためのマーカーも種々報告されており，ネクローシスの定性的，定量的な検出に利用されている（表）．しかし，これらの検出法はすべてのネクローシスに適用できるわけではなく，それぞれの実験系において，どのマーカーが適用可能であるかは検討を必要とする．なお，表にまとめたネクローシス検出手法のいくつかは

表　ネクローシス検出法

生化学的特徴	検出手法の例
ATPレベルの低下	ATP/ADP比の蛍光法による測定，定量
活性酸素の過剰生成	活性酸素プローブによる検出，定量
カルパインの活性化	蛍光基質を用いた活性測定，定量（2章3節参照）
カテプシンの活性化	蛍光基質を用いた活性測定，定量（3章2節参照）
リソソーム膜の崩壊	蛍光リソソームプローブによる観察，FACSによる定量
細胞膜の崩壊	膜不透過性蛍光色素による核DNAの染色，FACSによる定量（5章参照） 細胞外へ放出された細胞内タンパク質の検出 （LDHアッセイ，HMGB1の検出など）

他稿において解説されているので，そちらを参照されたい．本稿においてはネクローシスの定義でもあり，普遍的な特徴である「細胞膜の崩壊」に着目した検出法を解説し，さらに実験動物におけるネクローシス誘導法，最新のトピックスであるネクロプトーシス誘導法を，実際の実験例を基に紹介する．

1-1 培養細胞を用いたネクローシスの誘導と検出

培養細胞に典型的なネクローシスを誘導するのは意外に難しく系も限られている．ここでは過酸化水素による濃度依存的なアポトーシスとネクローシス誘導の例を紹介する[2]．

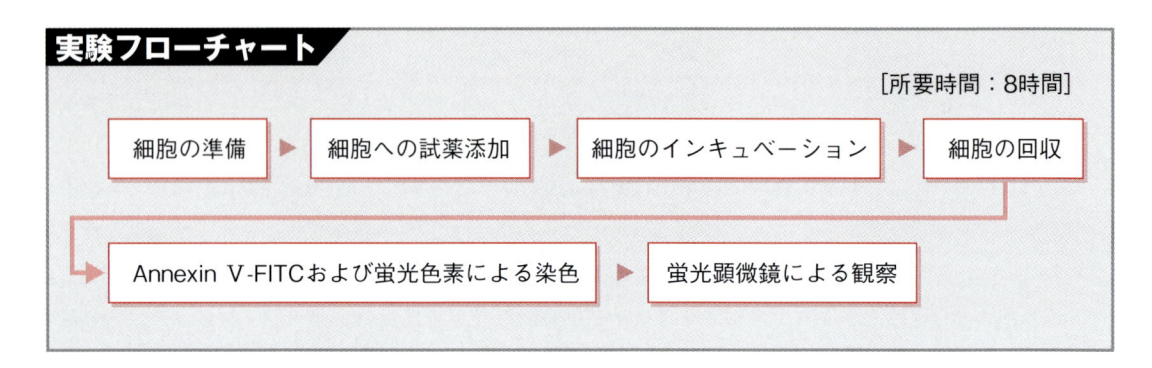

実験フローチャート

[所要時間：8時間]

細胞の準備 ▶ 細胞への試薬添加 ▶ 細胞のインキュベーション ▶ 細胞の回収 ▶ Annexin V-FITCおよび蛍光色素による染色 ▶ 蛍光顕微鏡による観察

準備するもの

1) 機器
   - 蛍光顕微鏡

2) 試薬
   - WEHI231 細胞[a]
   - 30％過酸化水素水（H_2O_2，約8.82 M）
   - Hoechst33342
     超純水を用い，1 mg/mLのストック溶液を調製する．遮光の上，−20℃保存．
   - Annexin V-FITC apoptosis 検出キット plus（JM-K201-2，医学生物学研究所）
   - PBS（−）

[a] 今回は過酸化水素濃度を変えることで，アポトーシスとネクローシスをはっきりと選択誘導できる細胞の例としてWEHI231細胞を用いた．過酸化水素濃度，処理時間を至適化することにより，多くの細胞で同様の実験を行うことができる

プロトコール

❶ WEHI231 細胞を12穴プレートに1穴あたり1 mL，2×10^5 細胞/mLになるよう準備する．

❷ H_2O_2 を培地に添加する．最終濃度50 μMでアポトーシスを，

1 mMでネクローシスをそれぞれ誘導できる（図2, 3参照）.

❸ CO₂インキュベーター内で4時間から6時間培養する.

❹ 細胞を1.5 mLマイクロチューブに移し，100 G，3分間遠心する.

❺ ペレットにPBS（−）を1 mL加え細胞を懸濁し，100 G，3分間遠心する.

❻ ペレットに1×Binding bufferを500 μL加え，ピペッティングにより細胞を懸濁する.

❼ Annexin V溶液，Propidium Iodide溶液（50 μg/mL），Hoechst33342溶液（1 mg/mL）を，それぞれ5 μLずつ加える[a].

❽ 室温で5分間インキュベートする[b].

❾ 100 G，3分間遠心し細胞を回収，❺同様細胞をPBS（−）で洗浄後，少量（10 μL程度）のPBS（−）に細胞を懸濁，スライドガラスに滴下.

❿ カバーガラスを乗せた後，蛍光顕微鏡下で観察する[c].

[a] Hoechst色素には33342と33258がある. 本実験においては，細胞膜機能を保持した細胞（生細胞，アポトーシス細胞）と細胞膜の崩壊した細胞（ネクローシス細胞）の双方を染めるため，膜透過性の33342を用いる（図1）

[b] 蛍光色素を守るため遮光条件下に行うことが望ましい

[c] サンプル中の水分の蒸散，細胞状態の変化を防ぐため，プレパラート作製は観察の直前に行い手際よく観察する．サンプルを保存したい場合は2％ホルマリンなどにより固定が可能であるが，この場合は必ず染色，洗浄後に固定を行うこと．ただし，固定をしない方が結果の見た目は美しい

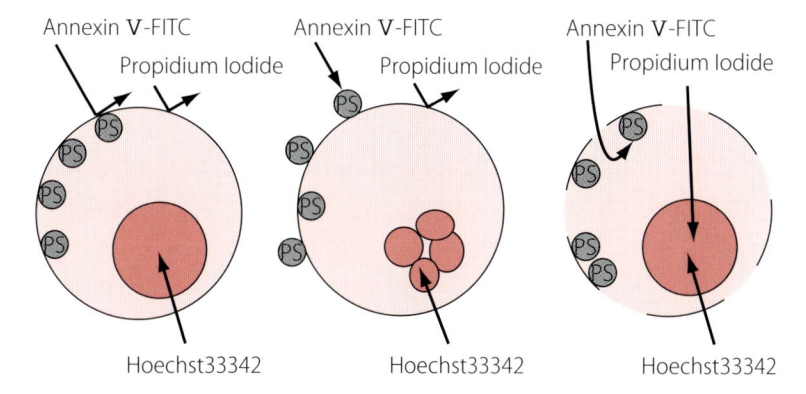

	生細胞	アポトーシス細胞	ネクローシス細胞
Annexin V	−	＋	＋
PI	−	−	＋
Hoechst33342	＋	＋	＋

図1 Annexin V/Propidium Iodide/Hoechst33342によるアポトーシスおよびネクローシスの検出
すべての細胞の核DNAは，その生死にかかわらず膜透過性蛍光色素，Hoechst33342により染色される．しかし，膜機能が保持されている生細胞，アポトーシス細胞は，膜不透過性蛍光色素であるPropidium Iodideによる染色に対しネガティブとなり，細胞膜が崩壊したネクローシス細胞の核DNAのみが染色される．細胞膜を形成する脂質の一種であるホスファチジルセリン（PS）は，生細胞では細胞質側に局在しておりAnnexinVとは接触できない．アポトーシス細胞では細胞膜のフリップフロップによりPSが細胞外側に露出しており，AnnexinVポジティブとなる．ネクローシス細胞の細胞膜もアポトーシス細胞同様染色されるが，これは細胞膜の崩壊によりAnnexinVが細胞質側のPSにアクセス可能となった結果による

トラブルシューティング　1-1：培養細胞を用いたネクローシスの誘導と検出

! ネクローシスが誘導できない

原因 過酸化水素濃度が低い．もしくは処理時間が短い

> **対策** 過酸化水素によるネクローシス誘導は，さまざまな培養細胞において可能であり普遍性の高い手法である．しかし，過酸化水素への感受性は使用する細胞により異なる．ここでの結果はあくまで一例であり，それぞれの実験系において過酸化水素の濃度，処理時間を至適化する必要がある

! 遠心の度に細胞がなくなってしまう

原因 チューブへの細胞の付着

> **対策** ここで遠心の回転数を上げてしまうのはあまりよい解決法ではない．これはチューブに細胞が付着してしまうことが原因であり，PBS（−）に少量のBSA（0.1％程度）を加えることで改善できる．固定後の細胞では，Tween 20を0.01％ほど加えるとよい

実験結果 — 1-1：培養細胞を用いたネクローシスの誘導と検出

WEHI231細胞は，低濃度（50 μM）および高濃度（1 mM）での過酸化水素処理により，それぞれアポトーシス（図2 A，B），ネクローシス（図2 C，D）による細胞死を起こす．アポトーシス細胞はホスファチジルセリンの露出によりAnnexin V陽性となるが（A-a），細胞膜機能は保持されており，PIによる染色は見られない（A-b）．また，核の凝縮，断片化が顕著である（A-c，B）．

一方ネクローシス細胞では，細胞膜の崩壊に伴うPIによる核DNAの染色が観察される（C-b）．核の形態は崩れているが，アポトーシス細胞で見られるような特徴的変化は起きていない（C-b，c，D）．

さらに参考データとして，図3に過酸化水素の濃度に依存した細胞死の変化の検討例を示す．アポトーシスに特徴的なDNA断片化，PARP-1の限定分解は50 μM〜100 μMの，比較的狭いウインドウで起きており，それより高濃度ではネクローシスとなるため観察されない．このように過酸化水素によるアポトーシスは，ある特定の濃度領域においてのみ誘導されることがわかる．故に，過酸化水素によるアポトーシス，およびネクローシスの実験を行うにあたっては，それぞれの実験系において条件の至適化が必要となる．

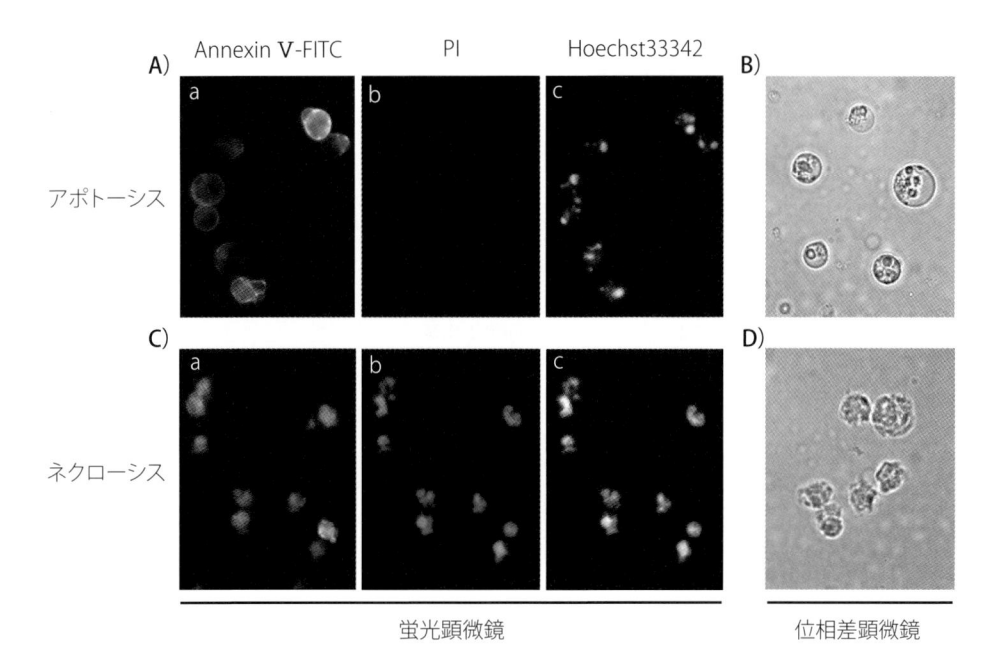

図2 過酸化水素処理により誘導されるアポトーシスとネクローシス
過酸化水素50μM，6時間処理（A, B），および1 mM，6時間処理（C, D）したWEHI231細胞．それぞれの細胞を蛍光顕微鏡（A, C），位相差顕微鏡（B, D）を用いて観察した

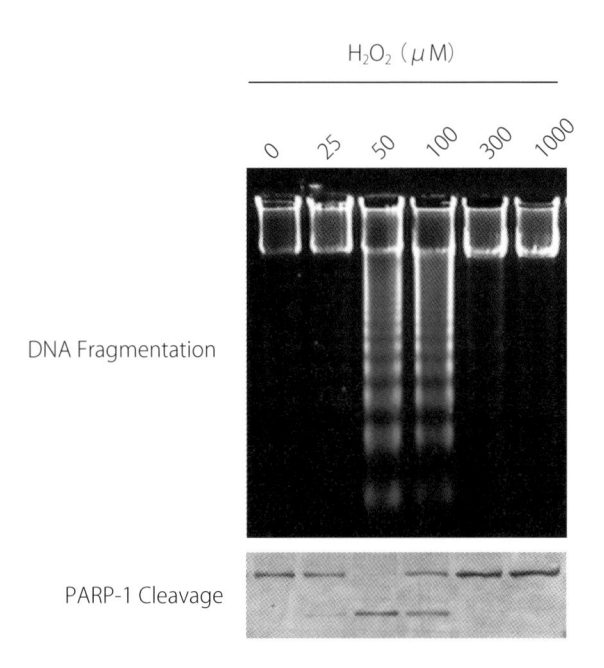

図3 WEHI231細胞における過酸化水素誘導細胞死の濃度依存性
WEHI231細胞を6時間，図に示す濃度の過酸化水素存在下に培養を行った．細胞を回収しDNA断片化，カスパーゼの基質であるPARP-1の限定分解を観察した．文献2より転載

1-2 アセトアミノフェンによる個体レベルでのネクローシス誘導法

アセトアミノフェンは副作用の少ない解熱鎮痛剤として広く用いられている．もちろん適正量を守る限りは安全な薬であるが，過剰に摂取した場合はネクローシスを伴う急性肝障害を起こすことがある．この肝障害は実験動物で比較的容易に再現できるため，個体レベルでのネクローシス実験系として確立されている[3]．ここではマウスを用いたアセトアミノフェン肝障害誘導と，肝臓におけるネクローシスの観察例を紹介する．

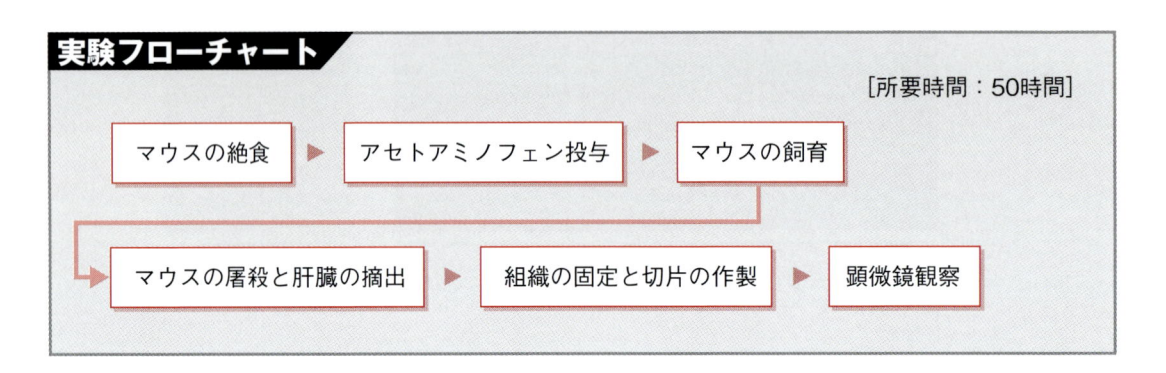

実験フローチャート

[所要時間：50時間]

マウスの絶食 ▶ アセトアミノフェン投与 ▶ マウスの飼育 ▶ マウスの屠殺と肝臓の摘出 ▶ 組織の固定と切片の作製 ▶ 顕微鏡観察

準備するもの

1）機器
- 顕微鏡
- 注射針（16 G）
- 注射器（1 mL）

2）試薬類
- C57BL/6マウス，8～10週齢
- アセトアミノフェン（A5000，シグマ・アルドリッチ社）
- 生理食塩水
  生理食塩水を用い，アセトアミノフェン15 mg/mL溶液を調製する．55℃で溶かし，フィルター滅菌する．

プロトコール

❶ マウスを18時間から24時間絶食させる[a]．

❷ アセトアミノフェンを600 mg/kg腹腔内投与する[b]．

[a] アセトアミノフェン誘導肝障害は摂食状態に影響されるため絶食を行う．ただし飲水は可能な状態とする

[b] マウスを用いた実験系でのアセトアミノフェン投与量は，通常300～600 mg/kgである．動物実験では個体差もあるため，何度かテストし至適量を見つける必要がある

耳を挟み込むように頭をつかみ固定する

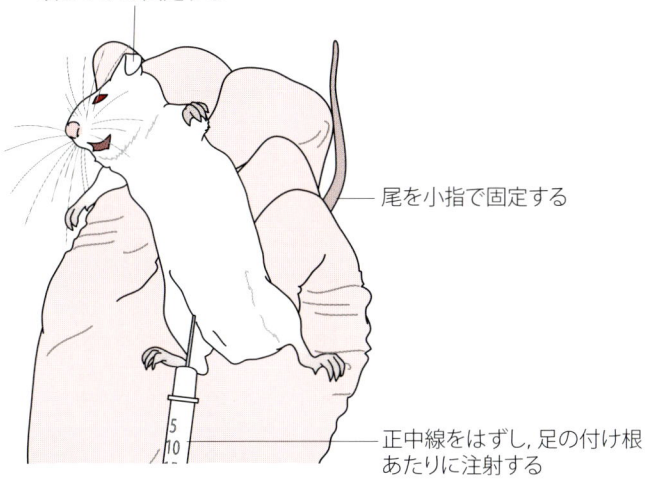

尾を小指で固定する

正中線をはずし，足の付け根あたりに注射する

❸ 24時間後にマウスを屠殺，肝臓を摘出する．
❹ 常法に従い，組織のホルマリン固定，包埋，切片作製，ヘマトキシリン・エオシン染色を行う．
❺ 顕微鏡にて観察する．

トラブルシューティング 　1-2：アセトアミノフェンによる個体レベルでのネクローシス誘導法

⚠ 腹腔内投与がうまくいかない

原因 操作が未熟

対策 腹腔内投与は慣れればそう難しいテクニックではないがある程度の練習は必要かもしれない．コツは一度ニードルを刺してから少し戻し，それから薬物を注入すること．深く刺しすぎると内臓を傷つけるため，1/2インチ程度のニードルを使用するのがよい

実験結果 ── 1-2：アセトアミノフェンによる個体レベルでのネクローシス誘導法

図4にアセトアミノフェン誘導ネクローシスの観察例を示す．写真からはわかりづらいが，膨潤・崩壊したネクローシス細胞が中心静脈を中心に広がっている．このネクローシス領域は，ヘマトキシリン・エオシン染色後の組織切片において，図に示すようなエオシン好性の低下した薄いピンク色の領域として観察される．

8章　1　ネクローシス

8章　アポトーシス以外の細胞死の検出法

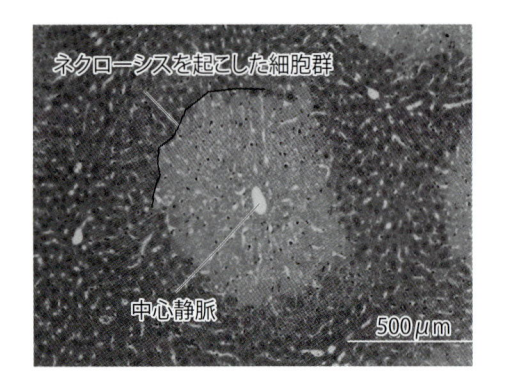

図4 アセトアミノフェン肝障害に伴うネクローシス
中心静脈を中心にネクローシスを起こした細胞が観察される（写真提供：東京理科大学生命科学研究所，水田龍信博士）

1-3 ネクロプトーシス誘導法

　TNFやFasなどのレセプター刺激による細胞死は多くの場合カスパーゼ依存的なアポトーシスである．しかしこれらのレセプター刺激は，ある種の細胞において，カスパーゼ阻害剤であるZ-VAD-fmkの存在下で細胞膜の崩壊を伴うネクローシスを誘導することが知られている．この細胞死は生理的なネクローシスとして，特にネクロプトーシスと呼ばれる[4]（図5）．ネクロプトーシスのシグナル伝達には，セリン/スレオニンキナーゼであるRIP-1，RIP-3の関与が明らかになっており，RIP-1阻害剤であるネクロスタチンの添加，RNAiによるRIPのノックダウンによりネクロプトーシスは抑制される[5)6)]．ネクロプトーシスはカスパーゼ抑制タンパク質をもつウイルスに対する，細胞の感染防御機構であると考えられており，実際，RIP-3ノックアウトマウスでは，ワクシニアウイルスの感染に対し脆弱であることが報告されている[6]．また，ネクロスタチンが虚血再還流による神経細

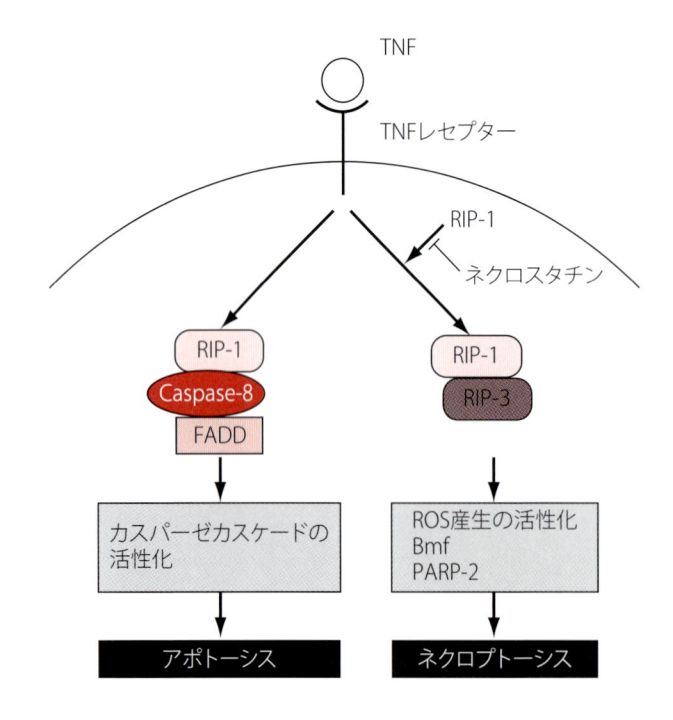

図5 TNFレセプターシグナルによるアポトーシスとネクロプトーシス
TNFレセプター刺激により形成されるRIP-1/Caspase-8/FADD複合体は，下流カスパーゼカスケードの活性化を誘導し，アポトーシスを誘導する．ウイルス感染などによりカスパーゼが抑制された状態では，RIP-1はRIP-3と複合体を形成し，細胞をネクロプトーシスへと導く．RIP-1/RIP-3複合体形成はRIP-1活性に依存し，ネクロスタチンにより抑制される．ネクロプトーシスの実行過程においてはROS産生の活性化が重要であると考えられているが，Bmf，PARP-2などの関与も示唆されており，今後の解明が待たれる

胞死などを抑制することも明らかとなっている[7].

　それでは，ある細胞死がネクロプトーシスであると判定するにはどのような実験をすればよいのであろうか？　ネクロプトーシスの定義は報告例の少なさもあり曖昧な点が多いと言わざるを得ない．狭義では「レセプター刺激により惹起される，細胞膜の崩壊を伴い，ネクロスタチンにより抑制される細胞死」と言ってよいが，例えばカドミウムが誘導するネクローシスもネクロスタチンにより抑制されることが報告されており[8]，今後はレセプター刺激によらないネクロプトーシス誘導例の報告も増えてくると思われる．ここではネクロプトーシスの典型例としてL929細胞におけるTNF-α/Z-VAD-fmkによるネクロプトーシス誘導例を解説する．

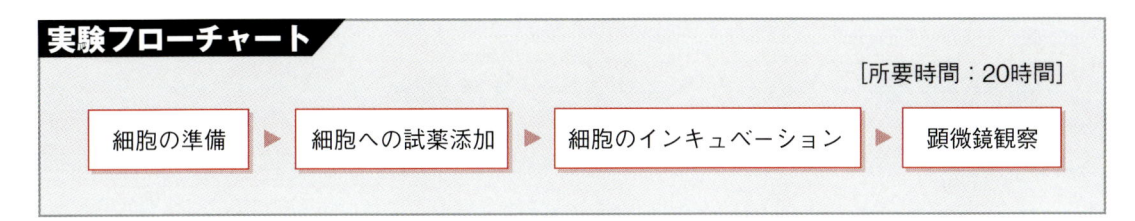

実験フローチャート

[所要時間：20時間]

細胞の準備 ▶ 細胞への試薬添加 ▶ 細胞のインキュベーション ▶ 顕微鏡観察

準備するもの

1) 機器
- 位相差顕微鏡

2) 試薬
- L929細胞[a]
- TNF-α
- Z-VAD-fmk
- ネクロスタチン（N9037，シグマ・アルドリッチ社）
  DMSOで10 mMストック溶液を作り，-20℃で保存する．

[a] ネクロプトーシス研究はL929細胞を用いた報告例が多いため，本項でもその典型例としてL929細胞を用いた．現時点でネクロプトーシスは，ウイルス感染など特殊な条件下，もしくは限られた細胞で観察される細胞死と考えられている．報告例のない細胞で実験を行うときは，条件の検討，および慎重な結果の解釈が求められる

プロトコール

❶ 12穴プレートを用い，L929細胞を50〜80％コンフルエント程度に培養する．

❷ 培地交換後，TNF-α，Z-VAD-fmkをそれぞれ終濃度10 ng/mL，20 μMになるよう添加する．ネクロスタチンによるネクロプトーシス阻害を観察する場合には，あらかじめ（30分前）終濃度10 μMになるよう加えておく．

❸ CO_2インキュベーター内で18時間培養する．

❹ 位相差顕微鏡下で観察する．

トラブルシューティング　1-3：ネクロプトーシス誘導法

❗ TNF-α, Z-VAD-fmkのみで細胞死が起こる

原因 これはL929細胞の性質によるもので，それぞれの単独処理でもネクロプトーシスが誘導されることが報告されており失敗ではない

対策 同じはずのL929細胞でも感受性に差のある細胞が存在する．いずれにおいても，両者の併用ほど強いネクロプトーシスの誘導は観察されない

実験結果 — 1-3：ネクロプトーシス誘導法

L929細胞に図6に示す処理を行い16時間後に位相差顕微鏡を用い観察を行った（A）．L929細胞はZ-VAD，TNF-α，およびネクロスタチン-1（Nec-1）それぞれの単独処理

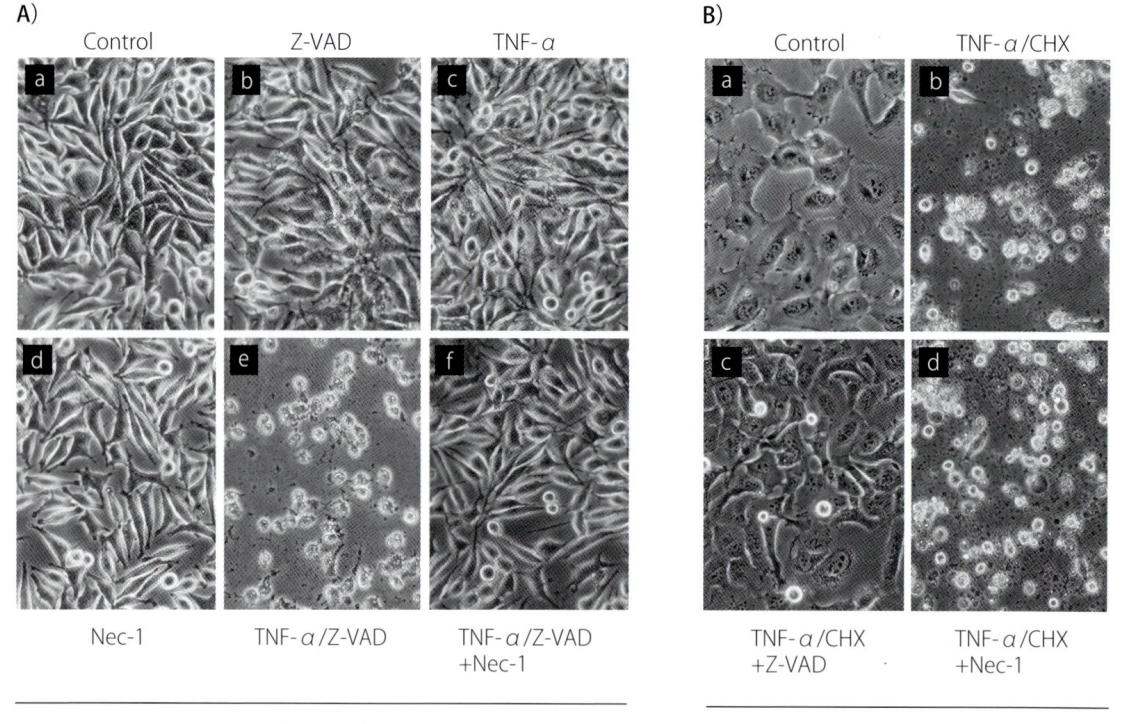

A)
a) Control　b) Z-VAD　c) TNF-α
d) Nec-1　e) TNF-α/Z-VAD　f) TNF-α/Z-VAD +Nec-1

L929細胞（ネクロプトーシス）

B)
a) Control　b) TNF-α/CHX
c) TNF-α/CHX +Z-VAD　d) TNF-α/CHX +Nec-1

HT1080細胞（アポトーシス）

図6　L929細胞におけるTNF-α/Z-VAD誘導ネクロプトーシス
L929細胞，およびHT1080細胞を下記に示す試薬の存在下で培養し，16時間後に位相差顕微鏡を用い観察を行った．A) L929細胞のネクロプトーシス．a) コントロール，b) Z-VAD（20 μM），c) TNF-α（10 ng/mL），d) ネクロスタチン（Nec-1, 30 μM），e) TNF-α（10 ng/mL）+Z-VAD（20 μM），f) TNF-α（10 ng/mL）+Z-VAD（20 μM）+ネクロスタチン（Nec-1, 30 μM）．B) HT1080細胞のアポトーシス．a) コントロール，b) TNF-α（10 ng/mL）+シクロヘキシミド（CHX, 10 μg/mL），c) TNF-α（10 ng/mL）+シクロヘキシミド（CHX, 10 μg/mL）+Z-VAD（20 μM），d) TNF-α（10 ng/mL）+シクロヘキシミド（CHX, 10 μg/mL）+ネクロスタチン（Nec-1, 30 μM）

では顕著な変化を示さない（A-b～d）．しかし，Z-VAD存在下にTNF-α処理を行うとA-eに示すようなネクロプトーシスを起こす．このネクロプトーシス誘導はネクロスタチン-1（Nec-1）の添加により強く抑制される（A-f）．このネクロスタチンによる細胞死の抑制の可否は，現段階でネクロプトーシスを判定するにあたっての重要な基準と言える．

　比較のためTNF-αが誘導するアポトーシスの例を図6Bに示す．HT1080細胞をシクロヘキシミド（CHX）存在下にTNF-αで16時間処理すると，アポトーシスによる細胞死が誘導される（B-b）．このアポトーシス誘導は，Z-VADの添加により強く阻害されるが（B-c），ネクロスタチン-1には影響されない（B-d）．

参考文献

1) Wyllie, A. H. et al.：Int. Rev. Cytol., 68：251-306, 1980
2) Shiokawa, D. et al.：Cell Death Differ.,14：992-1000, 2007
3) Gujral, J. S. et al.：Toxicol. Sci., 67：322-328, 2002
4) Christofferson, D. E. & Yuan, J.：Curr. Opin. Cell Biol., 22：263-268, 2010
5) He, S. et al.：Cell, 137：1100-1111, 2009
6) Cho, Y. S. et al.：Cell, 137：1112-1123, 2009
7) Degterev, A. et al.：Nat. Chem. Biol., 1：112-119, 2005
8) Hsu, T. S. et al.：Toxicol. Appl. Pharmacol., 235：153-162, 2009

[E-mail：csids@nus.edu.sg（塩川大介）]

8章 アポトーシス以外の細胞死の検出法

2 分裂死 -mitotic catastrophe

鈴木 啓司

　分裂死は，文字どおり細胞分裂を介して起こる細胞死の様式である．分裂死を起こした細胞の形態は，微小多核を伴うのが特徴で，このような細胞形態から細胞分裂異常（崩壊）（mitotic catastrophe，以下MC）が誘導されたと総じて呼ばれる．しかしながら，MCそのものは，最終的な細胞死の状態に至る過程であり，MCの誘導と細胞死を同義として扱うのには注意を要する[1]．MCが誘導された正常ヒト細胞は，多くの場合，細胞分裂期からつぎのG1期に細胞周期が進行し，G1期において細胞老化様増殖停止（senescence-like growth arrest：SLGA）を引き起こす[2]．SLGAは，老化細胞と同様の，不可逆的細胞増殖停止が引き起こされた状態で，細胞骨格が高度に発達した巨大な老化細胞様の形態を示す．SLGAを起こした細胞では，老化細胞に特徴的な生化学マーカーである，SA-β-galactosidase（SA-β-gal）の発現も確認される[3]．老化細胞との唯一の違いは，老化細胞で共通して観察されるテロメアの短縮が見られないことであり，それ以外の調べられたすべての特徴が老化細胞と共通であることからSLGAと呼ばれている．SLGAは致死量の放射線を受けたがん細胞でも誘導されるが，これとは別に，ある種の抗がん剤を処理されたがん細胞では，細胞分裂の不具合により長期間分裂期に留まった後，分裂期においてMCから直接アポトーシスが誘導されることも知られている[4]．ここでは，MC解析の一般的な方法として，微小多核細胞の出現の検出法と，SA-β-galの検出法について解説する．

2-1 微小多核細胞の検出

実験の概略　[培養細胞]

　微小多核の検出は，細胞核をDNA結合性蛍光物質（DAPIなど）を用いて染色することにより行う．この際，染色体分配異常に起因した微小核と，DNA二重鎖切断に起因した微小核を区別する必要がある場合には，抗CENP-A抗体あるいは抗リン酸化ヒストンH2AX抗体による蛍光染色を合わせて行う．

実験フローチャート

[所要時間：4時間]

細胞の固定 ▶ 一次抗体の反応 ▶ 二次抗体の反応 ▶ 標本の封入 ▶ 観察

準備するもの

1）機器
- CO_2 インキュベーター
- 蛍光顕微鏡
- CCDカメラ搭載イメージアナライザー

2）試薬など

- **抗体**
  抗CENP-A抗体（CSTジャパン社，#2186など）
  抗リン酸化ヒストンH2AX抗体（BioLegend社，613401など）
  Alexa488標識抗マウスIgG抗体（Molecular Probes社，A11001など）
  Alexa488標識抗ウサギIgG抗体（Molecular Probes社，A11008など）

- **4％ホルマリン固定液**　　　　　（最終濃度）

ホルマリン溶液	1 mL	（4％）
PBS（-）	8 mL	
total	9 mL	

  （用事調製し氷上に保存）

- **0.5％ TritonX-100溶液**　　　　（最終濃度）

TrintonX-100	50 μL	（0.5％）
PBS（-）	50 mL	
total	10 mL	

  （用事調製し氷上に保存）[a]

  [a] PBS（-）の温度が低いと溶解しにくいので，あらかじめ37℃に温めておくと調製しやすい

- **抗体反応液**
  保存用に20×TBS［400 mM Tris-HCl（pH 7.6），2.74 M NaCl］を作製しておき，必要なときに1×TBSに希釈して用いる．

  　　　　　　　　　　　　　　（最終濃度）

20×TBS	1 mL	（1×）
Tween-20	20 μL	（0.1％）
Skim milk	1 g	（5％）
H_2O	18 mL	
total	20 mL	

  （用事調製し保存しない）

- **細胞保存液**　　　　　　　　　　（最終濃度）

Glycerin	100 μL	（10％）
PBS（-）	9.9 mL	
total	10 mL	

  （用事調製し，0.22 μmポアサイズのフィルターに通して滅菌しておく）

● 4',6-diamidino-2-phenylindole (DAPI) 染色液

2 mg/mL DAPI 溶液	1 μL
細胞保存液	1 mL
total	1 mL

（用事調製）[b]

[b] 2 mg/mLのDAPI溶液は，超純水で作製し，小分けにして−20℃以下で長期間保存可能

● オイキット封入液（O. Kindler社）

プロトコール

❶ カバーガラスなど，無蛍光性の基質の上で細胞を培養する[a].

❷ 固定操作を行う前に，PBS（−），4％ホルマリン固定液，0.5％TritonX-100溶液を準備して，氷中に保存しておく．

❸ 培養器から細胞を取り出し，直ちに培養液を吸引除去し，2 mLのPBS（−）で一回洗浄した後，2 mLの4％ホルマリン固定液を入れて，室温で10分間固定する．

❹ 固定液を吸引除去し，2 mLのPBS（−）で一回洗浄後に2 mLの0.5％TritonX-100溶液を加え，氷上で5分間処理する．処理後，PBS（−）を用いて数回洗浄を繰り返し，残存するホルマリン固定液やTritonX-100溶液を完全に除く[b]．

❺ 一次抗体を抗体反応液に希釈しておく[c]．

❻ カバーガラス上などに培養した細胞に，一次抗体液をマイクロピペットを用いて均一にのせて，37℃のCO_2インキュベーター内で2時間反応させる[d]．

❼ 二次抗体を抗体反応液に希釈しておく[e]．

❽ 2 mLのPBS（−）により細胞を一回洗浄する．

❾ 二次抗体をマイクロピペットを用いてのせて，37℃のCO_2インキュベーター内で1時間反応させる[f]．

❿ 2 mLのPBS（−）により細胞を三回洗浄する．
PBS（−）を吸引除去した後，30 μLのDAPI染色液を細胞に滴下し，細胞接着面が下にくるようにカバーガラスを逆さまにしてスライドガラス上に静置する．

⓫ カバーガラス周辺からにじみ出てくるDAPI染色液を丁寧にキムワイプで吸い取り，カバーガラスの周辺をオイキット液で封入する．

⓬ 蛍光顕微鏡により観察する．CCDカメラにより画像を取り込み，イメージアナライザーにより画像解析を行う．

[a] 接着性の弱い細胞では，固定操作の段階で基質表面から剥離してくるので，最低でも48時間は前培養する

[b] すぐにつぎの抗体反応のステップに行かない場合には，この状態で数日間は4℃で保存できる

[c] 一次抗体の希釈率は細胞ごとに異なるので，あらかじめ予備実験を行い，希釈率を決定しておく．とりわけリン酸化ヒストンH2AXの蛍光染色では，DNA複製期の細胞が弱いながらも陽性を示すため，対数増殖期の細胞を用いて実験を行う場合には，あらかじめ詳細な条件設定をする必要がある

[d] 10^6個の細胞あたり100 μL程度の一次抗体液を用いる

[e] 二次抗体には，Alexa488やAlexa594などの蛍光物質で標識された抗体を用いる．二次抗体の希釈率も，あらかじめ予備実験を行い，最適の希釈率を決定しておく

[f] 10^6個の細胞あたり100 μL程度の二次抗体液を用いる

トラブルシューティング　2-1：微小多核細胞の検出

❗ 抗体処理中に細胞がはがれてくる

原因　培養基質への細胞の接着が弱い
- 対策▶ 培養時間を長くして細胞からの細胞接着因子（細胞外マトリックス）の分泌を促す
- 対策▶ 培養基質の表面をコラーゲンなどでコートして接着性を高める

原因　固定操作中に細胞がダメージを受ける
- 対策▶ 固定液を細胞に直接吹き付けない
- 対策▶ ホルマリン固定は比較的穏やかな固定法なので，固定液をメタノール，エタノール，アセトンなどに換える

❗ シグナルが出ない

原因　抗体の希釈率が適切でない
- 対策▶ 抗体の使用濃度を再検討する

原因　抗体の処理がうまくいかない
- 対策▶ 抗体反応液がこぼれやすい，あるいは蒸発しやすい場合には，カバーガラスよりやや小さめに切ったビニールシートを上にかぶせ，処理を行うことも可能である．ただしこの方法では，細胞に損傷を与えないよう細心の注意が必要である

原因　抗体に問題がある
- 対策▶ 抗体が細菌などの繁殖により汚染していることがあるので，そのときには新しい抗体を購入する
- 対策▶ 冷蔵庫で保存している場合には抗体が凝集することにより反応性が落ちることがある．遠心により回収した上澄を用いて再度染色し，反応が不十分な場合には新しい抗体を購入する

❗ バックグラウンドが高い

原因　ブロッキングが不十分
- 対策▶ 抗体の非特異的反応を抑えるためにブロッキング剤を用いるが，スキムミルクの他にも3〜5％のBSAを用いることができる．CENP-Aやリン酸化ヒストンH2AXの蛍光染色にはスキムミルクが適しているが，細胞によってはブロッキング剤を換えてみる
- 対策▶ 一次抗体を処理する前にブロッキング剤で処理する

原因　抗体の希釈率が適切でない
- 対策▶ 抗体の使用濃度を再検討する

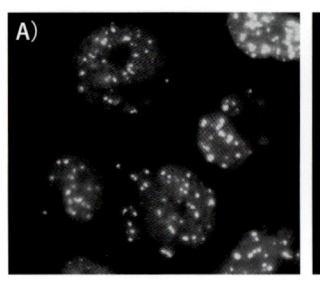

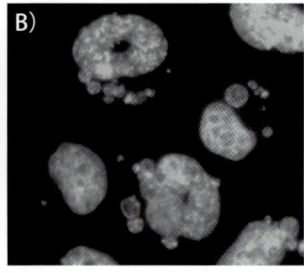

図1 放射線照射によるMCの誘導（巻頭カラー図17参照）
正常ヒト二倍体細胞に6 GyのX線を照射し，24時間培養した細胞．多数の微小な核が出現しているのが観察される．A）リン酸化ヒストンH2AXとDAPIとの共染色．B）DAPI染色のみ．

実験結果 ― 2-1：微小多核細胞の検出

　ヒトがん細胞に6 GyのX線を照射すると，多数の微小核をもった細胞の出現が観察され，MCが誘導されていることがわかる（図1）．微小多核はDAPIの染色により検出することができるが（図1 B），リン酸化ヒストンH2AXとの共染色により，DNA二重鎖切断をともなう微小核であることが識別できる（図1 A）．MCの誘導は，障害を受けた細胞が分裂期に達して起こるため，G1期で照射された正常ヒト細胞の場合には，細胞周期がG1期で停止し，そのままSLGAを誘導してMCは観察されない．これに対しがん細胞では，G1期停止に異常があるため細胞周期が分裂期まで進行し，高頻度にMCを誘導する．

2-2 SA-β-gal発現の検出

実験の概略　［培養細胞］［組織］

　MCが誘導された細胞は，つぎのG1期において細胞周期を停止し，SLGAを誘導する．この状態が，放射線生物学や放射線腫瘍学などで細胞死の様式として知られているreproductive deathあるいはclonogenic cell deathに相当する[1)5)]．細胞周期の不可逆的停止や老化様細胞形態の観察には，フローサイトメーターを用いる方法や位相差顕微鏡を用いる方法があるが，これらはいずれも一般的な実験方法となっているため，ここでは，SA-β-gal発現の検出法について説明する．SA-β-gal活性の検出は，βガラクトシダーゼの基質である5-bromo-4-chloro-3-indolyl-β-D-galactopyranoside（X-gal）を細胞に作用させて，pH 6.0にて反応させることにより行う．SA-β-gal活性は，リソソーム由来の至適pH 4.0のβ-gal活性が，細胞老化により亢進した結果pH 6.0でも検出できるようになったことに起因する[6)]．したがって，染色液のpHは厳密にコントロールする必要がある．

実験フローチャート

[所要時間：24時間以内]

細胞の固定 ▶ 基質（X-gal）の反応 ▶ 観察

準備するもの

1）機器
- CO_2 インキュベーター
- 位相差顕微鏡

2）試薬など
- 細胞固定液　　　　　　　　　　　　　　（最終濃度）
ホルマリン溶液	5 mL	（2％）
グルタルアルデヒド（25％溶液）	0.2 mL	（0.05％）
PBS（-）	95 mL	
total	100 mL	

  （フィルター滅菌後4℃で保存可）

- SA-β-gal染色液　　　　　　　　　　　　（最終濃度）
50 mM Potassium ferricyanide	10 mL	（5 mM）
50 mM Potassium ferrocyanide	10 mL	（5 mM）
1 M $MgCl_2$	0.2 mL	（2 mM）
40 mM クエン酸/リン酸緩衝液（pH 6.0）	80 mL [a]	
total	100 mL	

  （フィルター滅菌後4℃で保存可）

  [a] 40 mM クエン酸溶液を作製し，リン酸二水素ナトリウムを用いてpH 6.0に合わせる

- 基質溶液
  20 mgのX-galを1 mLのジメチルホルムアミドに溶解する．その後，20 mLのSA-β-gal染色液に加えて最終濃度1 mg/mLにする．
  （用事調製し保存しない）

プロトコール

❶ 培養容器で培養した細胞をPBS（-）で洗浄する．

❷ PBS（-）を吸引除去後に細胞固定液（2 mL/25 cm^2 培養面積）を加え，室温で5分間固定する[a]．

❸ 固定液を吸引除去し，PBS（-）を用いて数回洗浄を繰り返し，残存する固定液を完全に除く．

❹ X-galを添加したSA-β-gal染色液（2 mL/25 cm^2 培養面積）を加え，CO_2 インキュベーター内に静置して6時間〜一晩反応させる．

❺ 位相差顕微鏡下で観察する．

[a] 過度の細胞固定はSA-β-gal活性に影響を及ぼすので固定時間をきちんと守る

トラブルシューティング　2-2：SA-β-gal発現の検出

⚠ 染色されない

原因 細胞の固定が適切でない
対策 SA-β-gal活性は，細胞内の酵素（β-gal）活性に起因するので，細胞の固定の状態によっては，活性が失われる可能性がある．その場合には，固定時間を短縮するなどして，できるだけマイルドな固定を心がける

原因 SA-β-gal染色時間が短い
対策 SA-β-gal活性は，細胞によってその程度が異なり，活性が強い細胞では数時間で青緑色の染色が確認できる．いっぽう，SA-β-gal発現の程度の低い細胞では，一晩反応させても薄い染色しか検出されないこともある．この場合には，反応時間を数日間延長することができるが，すべての実験を同じ条件で行うように配慮する必要がある

原因 SLGAの誘導が不十分
対策 SA-β-gal活性の検出には，細胞老化のプロセスが進み，リソソームの膨大化に伴う活性の亢進が必要である．したがって，MCが誘導された細胞で，すぐにSA-β-gal発現が観察されるわけではない．通常，MCが誘導されて細胞周期が停止してから5日程度の発現期間が必要である．場合によっては，発現期間を最大10日まで延長して検討する

実験結果 ― 2-2：SA-β-gal発現の検出

放射線照射を受けたヒトがん細胞では，MCが誘導された後に，G1期で細胞周期の進行が持続的に停止する．このような細胞では，SLGAが誘導され，SA-β-gal活性の発現も確認される（図2）．細胞質で見られる青緑色の染色がSA-β-gal活性を示す．このように，MCを誘導した細胞では，その増殖が不可逆的に停止するが，培地交換などにより周囲の栄養環境の状態が維持される場合には，細胞が培養基質に接着したまま残り続ける．この点が，代表的な細胞死の様式である，アポトーシスやネクローシスと根本的に異なる点である．このため，MCに引き続き誘導されるSLGAを，細胞死の様式の1つとして分類しないこともある[1]．

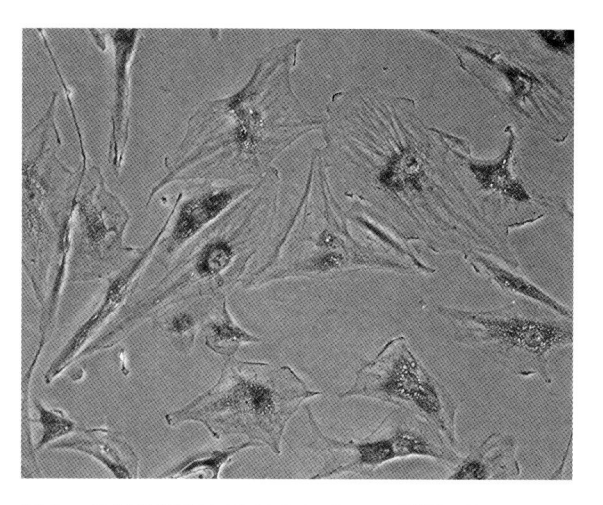

図2 放射線照射によるSA-β-gal発現（巻頭カラー図18参照）

ヒトがん細胞に10 GyのX線を照射し，5日間培養した．固定後にX-galを含む基質溶液を一晩反応させた．細胞質に緑青色の染色が確認される

参考文献

1) Kroemer, G. et al.：Cell Death Differ., 16：3-11, 2009
2) Suzuki, K. et al.：Radiat. Res., 155：248-253, 2001
3) Dimri, G. P. et al.：Proc. Natl. Acad. Sci. USA, 92：9363-9367, 1995
4) Saya, H.：Gan To Kagaku Ryoho, 36：1-5, 2009
5) Watanabe, I. & Okada, S.：Nature, 216：380-381, 1967
6) Lee, B. Y. et al.：Aging Cell, 5：187-195, 2006

[E-mail：kzsuzuki@nagasaki-u.ac.jp（鈴木啓司）]

8章 アポトーシス以外の細胞死の検出法

3 オートファジー性細胞死

内山安男

細胞死にはアポトーシスとネクローシスがよく知られている．しかし，遺伝学的にオートファジーができないマウスを用いて実験的に脳虚血を誘導すると細胞死が抑制される．このオートファジー依存的な細胞死の検出法についてまとめた．

オートファジーは有核細胞に共通する現象で，リソソームで分解するための主要な細胞内経路として知られる．オートファジーは，オルガネラを含む細胞内の不要な構成要素を細胞質の一部と共に小胞体様の二重膜で包み込み（オートファゴソームの形成），リソソームの酵素を受けて一度にたくさんの物質を分解してしまう高度に制御された過程である．オートファジー活性は，アミノ酸などの栄養物質を全身に供給しなければならない飢餓状態などの条件下では上昇する．しかし，基礎的なオートファジーも細胞の代謝回転やホメオスタシスを維持するためには重要である[1]．特に，異常な構造あるいは封入体を作るタンパク質をオートファジーを介して分解する機構は，神経細胞のように分裂を終了して分化した細胞では，ホメオスタシスを微妙に調節するうえで必須な現象と考えられる[2]．

出生時期に起こる低酸素脳虚血（H/I）傷害は脳性麻痺，精神遅滞，およびてんかんなどの神経傷害を引き起こす．これまでの多くの研究に見られるように，海馬は虚血発作に最も脆弱な脳の領域である．H/I負荷後に，マウス新生仔の海馬の錐体細胞はその初期からピクノーシス（核濃縮）に陥り，その数は，増加し続ける．死に至る錐体神経細胞の約35％は，活性型カスパーゼ-3に陽性であり，H/I傷害依存性の錐体細胞死は部分的にはカスパーゼ-3依存性のアポトーシスを介して生じる．しかしながら，ほとんどの細胞死はカスパーゼ非依存性に死に至る[3]．われわれは，オートファジーがH/I依存性の神経細胞死に関与することを遺伝学的に証明した．新生仔のH/I脳傷害を検討すると，オートファゴソーム形成のマーカーであるmicrotubule associated protein A/B light chain 3（LC3）が細胞質型から膜型に誘導され，免疫染色で顆粒状の染まりが顕著となる．カスパーゼ-3やカスパーゼ依存性DNase（CAD）をそれぞれ欠損したマウスでも，オートファジーは誘導されH/I脳傷害が野生型と同様に起こる．すなわち，H/I脳傷害後の海馬錐体細胞の細胞死はその多くがオートファジー性であることがわかってきた．

本稿では，実験的神経変性症，神経細胞死に使われる形態的，生化学的な技法について記載する．

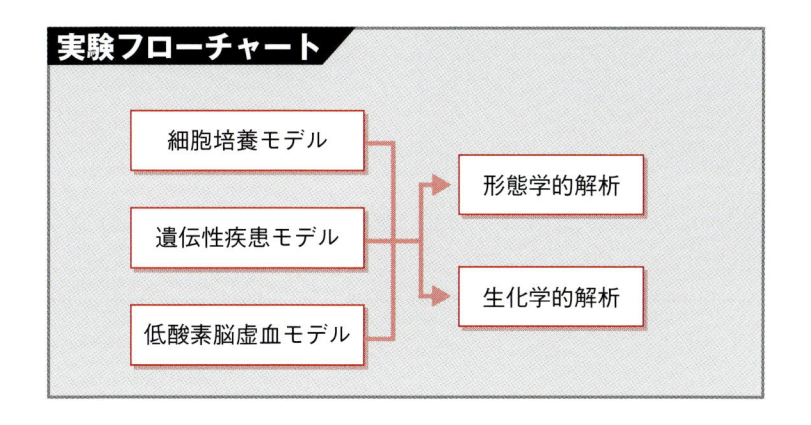

```
実験フローチャート

細胞培養モデル ┐
遺伝性疾患モデル ─┼→ 形態学的解析
低酸素脳虚血モデル ┘ → 生化学的解析
```

1 実験的神経変性症

1）細胞培養モデル

　　　　　PC12細胞は，ラットの褐色細胞腫からNGFに反応して神経細胞様に分化する細胞株として樹立され，血清存在下に培養すると増殖し，血清非存在下でNGFを添加すると突起を伸ばして神経様に分化することが知られている．さらに，PC12細胞を血清とNGFの非存在下で培養するとアポトーシスに陥るが，この死は，acetyl-DEVD-fmkあるいはZ-VAD-fmkのようなカスパーゼ阻害剤により抑制できる．興味あることに，PC12細胞を同様に培養すると，無血清培養3時間後にはオートファゴソーム/オートリソソームが細胞内に出現する．これらの細胞は，その後死に陥るが，リソソームカテプシンD（CD）の活性が上昇する．カスパーゼ阻害剤と同様に，PC12細胞の細胞死は，オートファジー阻害剤である3-methyladenine（3MA）で処理すると抑制される．これらの結果は，無血清培地で培養されたPC12細胞は，カスパーゼ依存性の細胞死の経路と非依存性の細胞死の経路で死に得ることを示している．それ故，この細胞死のモデルはオートファジー性細胞死のモデルとしても使える．

準備するもの

- Dulbecco's Modified Eagle Medium（DMEM）
  10％FBSを補充し，高濃度のグルコースを添加する（4.5 g/L）．

プロトコール

❶ PC12細胞を無血清培地で培養する〔10％FBSを補充し，高濃度のグルコースを添加した（4.5g/L）Dulbecco's Modified Eagle Medium（DMEM）〕が，細胞密度は$1 \times 10^4/cm^2$とする．

❷ 培養開始，3，6，12，24時間後に細胞を採取し，生化学的および形態学的解析を行う．

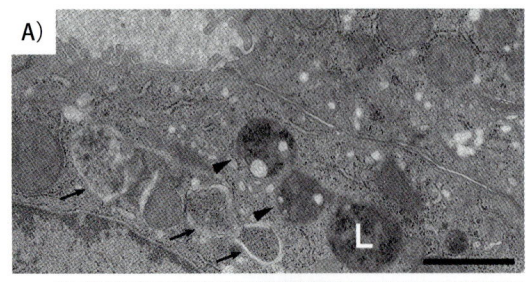

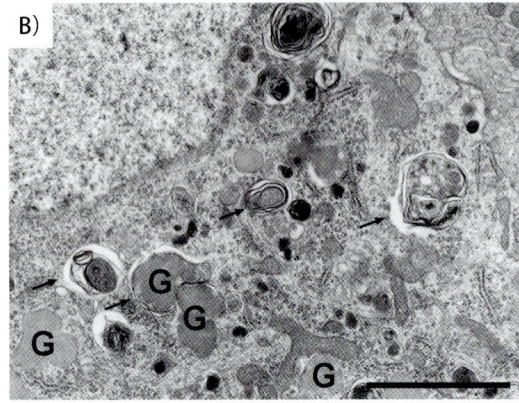

図1 オートファジーの誘導とオートファゴソーム／オートリソソームの形成

A) マウスを48時間の飢餓状態に置き，通常の灌流固定をして，電子顕微鏡用に処理して得た肝細胞標本．矢印は小胞体様の二重膜で囲まれたオートファゴソームを示し，中には細胞の微細形態が保たれている．矢頭は，分解が進んだオートリソソームを示す．Lはリソソーム．B) カテプシンD欠損マウス（P23）．灌流固定後，通常の電子顕微鏡用の処理をして得られた大脳皮質神経細胞を示す．矢印は，二重膜で囲まれたオートファゴソームを示す．GはGRODで，分解できないためにセロイドリポフスチンを貯留したリソソーム．一部のGRODは二重膜で取り囲まれており，典型的なオートファゴソームと考えられる．このように，GRODはオートファジーのインデューサーでもある．この繰り返しによって，細胞質にリソソームが蓄積する．横棒は1 μm

2）遺伝性疾患モデル

［神経性セロイドリポフスチン蓄積症のモデルマウス］

　小児の最も一般的な遺伝性神経変性疾患は神経性セロイドリポフスチン蓄積症（NCL）であり，この疾患は神経細胞のリソソームに蓄積するミトコンドリアのATP合成酵素のサブユニットcあるいはスフィンゴ脂質活性化タンパク質などのプロテオリピッドによって分類される．NCLには10個の原因遺伝子（CLN1～CLN10）が知られ，その中の7個の原因遺伝子が同定されている．CLN2とCLN10はリソソームプロテアーゼ，tripeptidyl peptidase I（TPP-I）とCDの機能不全あるいは欠損症である．

　CD欠損（CD-/-）マウスは，正常に生まれ，小腸壊死，血栓塞栓症，リンパ球減少により生後26日前後で死に至る．CD-/-マウスの中枢神経系ニューロンはNCLに類似した表現型をもつ新しいタイプのリソソーム蓄積症である[4]．さらに，CD遺伝子の異常あるいは機能不全を示すヒトの症例が報告され，CD遺伝子は，先天性のNCLの原因遺伝子，CLN10として認められた．CD-/-マウスは，脳の色々な領域，特に視床，大脳皮質，海馬，そして網膜で大量の神経細胞が死に至るため，けいれんやつま先歩行などの神経学的な表現型を示す．CD-/-ニューロンの最も顕著な形態学的特徴はオートファゴソーム，オスミウム好性の顆粒状の沈着物（granular osmiophilic deposit：GROD）（図1 B），そして指紋様の構造物の蓄積である[5]．蓄積する物質は自家蛍光を発し，これら構造物は，ミトコンドリアのATP合成酵素のサブユニットcとリソソームカテプシンB（CB）に対する陽性の免疫反応を呈することから，セロイドリポフスチンを蓄積するリソソームであることがわかった[3]．さらに，ミクログリアには，誘導型のNO合成酵素活性が上昇し，これを介して作られる一酸化窒素（NO）により神経細胞死が引き起こされる．また，リソソームシステイ

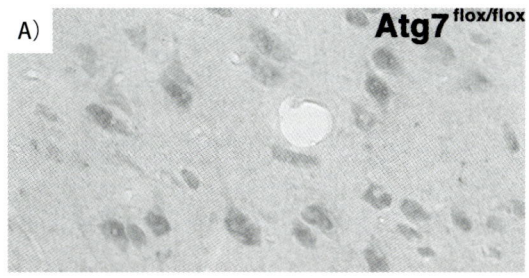

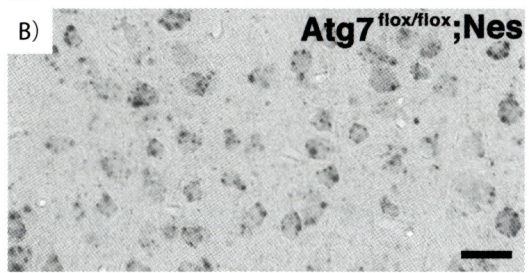

図2　Atg7を欠損しオートファジーができないマウス脳におけるコビキチンの局在

Atg7を欠損するマウス（Atg7flox/flox：Nes）（B）とそのリターメイト（Atg7flox/flox）（A）を光学顕微鏡の免疫組織化学用に灌流固定し，抗ユビキチン抗体で免疫染色し，通常の光学顕微鏡で撮影した像．Atg7を欠損してオートファジーができないマウス脳の神経細胞には，ユビキチン陽性の顆粒状構造物が認められる．横棒は20μm

ンプロテアーゼのカテプシンBとLの両者を欠損するマウスの表現型は，カテプシンD欠損マウスの表現型と類似し，神経細胞には，オートファゴソーム，GROD，指紋様構造物も認められる[5]．

[オートファジー不能マウス]

Atg7はオートファジー関連遺伝子産物で，オートファゴソーム形成に必須な因子である．Atg5-Atg12の結合，Atg8のC末端の脂質化の反応形式は，ユビキチン反応に類似し，Atg7とAtg3はE1とE2酵素で，Atg5-Atg12-Atg16L複合体はE3の役割を果たすことが分かっている．中枢神経系で特異的にAtg7を欠損するマウスでは，大脳皮質や小脳プルキンエ細胞が脱落し，神経細胞体や軸索にユビキチン複合体が蓄積する．その結果，同マウスは異常な神経反射を呈して，神経変性に陥り，生後10週以内に死に至る[2]．オートファジーは，リソソームへの主要な分解経路の1つであり，一度にたくさんの不要な細胞質構成成分をオートファゴソームの中に取り込み，リソソームの酵素を受けて分解する系である．一般的に飢餓条件やさまざまな病的なストレス条件下でオートファジーは誘導され，細胞内の物質を非選択的に分解してアミノ酸などの栄養物質を供給する．しかしながら，Atg7を脳や肝細胞で特異的に欠損する（オートファジーができない）と，神経細胞や肝細胞にユビキチン複合体が蓄積する（図2）．これらの領域では，プロテアソームの構成タンパク質とその活性は正常である．すなわち，通常の条件下の（基礎的）オートファジーは不必要なタンパク質の除去に基本的な役割を演じている．これまでにユビキチン化されてオートファジーで処理されるタンパク質の1つにp62が知られているが，このルートで処理されるタンパク質のほとんどは不明である．p62同様，ユビキチンとオートファゴソームの膜の伸展に関与するLC3に結合ドメインをもつ多機能タンパク質があれば，オートファジー/リソソーム系の分解も選択的な分解経路となるのかも知れない．

3）低酸素脳虚血モデル

前述したように，オートファジーは神経変性疾患に関与する[5]．げっ歯類の脳虚血モデ

ルを用いた実験においても，オートファジーは，ダメージを受けた神経細胞に誘導されることが知られている．砂ネズミの両側総頚動脈を短時間結紮すると，虚血負荷後3日から7日にかけ海馬CA1錐体神経細胞は死に至る．この死は遅延型神経細胞死と呼ばれ，さまざまな角度から細胞死の機構が検討されてきた．われわれは，遅延型神経細胞死は，核クロマチンが凝縮（しかしアポトーシスに見られる典型的なクロマチンの凝縮とは異なり凝縮したクロマチンの小片が核に散在する変化）すること，ゲノムDNAがラダー形成を起こすことから，アポトーシスと考えた[6]．しかし，細胞死に陥る時期（虚血負荷後3日目）に一致してオートファジーが誘導されることも報告した．オートファジーの誘導は，電子顕微鏡的な検索だけでなく，オートファゴソームの膜に局在するLC3が細胞質型から膜型に変換することをイムノブロット法で示したり，免疫組織細胞化学的にLC3の顆粒状の局在を提示することによっても証明可能である．LC3を指標に解析すると，オートファジーの誘導は，低酸素脳虚血負荷後の新生仔および成獣マウスの海馬錐体細胞，局所的な脳虚血後のpenumbra領域の大脳皮質神経細胞，他の外傷性の脳傷害後の大脳皮質神経細胞などで認められる．

　脳虚血負荷後の神経細胞にオートファジーが誘導されるが，このオートファジーが神経細胞にとって保護因子として働くのか，細胞死実行因子として働くのかは重要な課題である．われわれは脳で特異的にAtg7を欠損するマウスを用いてH/I傷害後の神経細胞死を解析した[3]．H/I傷害により，新生仔海馬錐体神経にオートファジーが誘導される一方，Atg7を欠損することでオートファジーができない錐体細胞は細胞死を起こさない．Atg7を欠損すると3週齢までは正常マウスと変わらないが，3週齢を過ぎると神経細胞にユビキチン複合体が蓄積し（図2），10週齢までに個体死に陥る．それ故，Atg7を欠損する成獣マウスを用いて，H/I負荷実験はできない．しかし，野生型マウスを用いてH/I傷害を調べると，海馬錐体細胞にオートファジーが誘導され，その死に方はカスパーゼ非依存的であり，2型神経細胞死の像に類似した形態を呈することがわかった．これらのことから，H/I脳傷害後の海馬錐体細胞の細胞死は，オートファジーが関与する細胞死であることが，オートファジーをできないマウスを用いることによって初めて明らかとなった．

　Rice-Vannucci法に従って，生後7日齢のC57BL/6Jマウスや8週齢のWistarラットを用いてH/I負荷実験を行う．通常，低酸素負荷だけでは，マウスやラットに脳傷害をきたさない．低酸素負荷より前に（1時間），片側の総頚動脈を結紮すると同側の脳半球に虚血性傷害を引き起こすことができる．C57BL/6Jマウスは，H/I負荷の時間を調節することで，虚血に対して最も脆弱な海馬錐体細胞特異的に傷害を与えることも可能であり，本実験には有用なマウスである．

プロトコール

1 低酸素脳虚血傷害モデルの作り方

❶ 手術の実際は37℃に温めたパッドの上で施行する．2％Isofluraneで麻酔するが，麻酔の時間は5分以内に抑える．双

眼実体顕微鏡下で，頸部中央に切開を入れ，総頸動脈を剖出して絹糸（6/0）を用いて2カ所で結紮し，その間で動脈を切断する．この過程は，海馬錐体細胞の虚血性変化を安定的に得るために必要となる．

❷ 頸部を閉じ，手術した動物を37℃に設定したチャンバーに約60分間放置する．

❸ 手術した動物を温度37℃，酸素濃度8％（窒息ガスで濃度を調整）に調整したチャンバーに移し，新生仔マウスは45分間，8週齢マウスは35分間，新生仔ラットは60分間放置することで，手術側の海馬にH/I傷害を引き起こす．

❹ 各動物を親のもとあるいはプラスチックケージに戻す．

❺ H/I負荷後一定の時間（例えば，3，8，24，72時間，7日）に，後述する各解析法にあった処理を施すため，速やかに脳を摘出する．

❻ 対照群は，片側の総頸動脈は結紮しない．ただし，頸部の処置は同様に行い，低酸素状態に暴露する．これによっては，H/I傷害は回避される．

2 神経細胞死の測定

1）形態学的解析

超微形態像を基準にして発生過程の神経系で細胞死を分類すると，アポトーシス，オートファジー性細胞死，および非リソソーム性の細胞消失の3型が認められる．LC3はオートファゴソームの非常によいマーカーであるが，LC3単独の免疫染色は必ずしもオートファジーを検出するのに十分ではない．LC3はある種の条件でリソソームに蓄積すること（タンパク質分解を阻害するなどの条件）や，他の食胞にも局在することがわかっているので，LC3の染色には十分注意する必要がある．神経細胞では，通常，脂肪滴は存在しないので問題にならないが，体細胞，特に肝細胞や心筋細胞ではLC3は脂肪滴の表面にも局在することもわかってきた．それ故，LC3の染色に加え，電子顕微鏡的な解析を加えることが重要となる．TUNEL染色やヘマトキシリン-エオシン（HE）染色だけではアポトーシスとオートファジー性細胞死に陥った細胞の核を見分けることはできない．オートファゴソームの形態に加えて，死に行く細胞やその核の形態的な特徴を理解するのに電子顕微鏡は重要な手段となる．

プロトコール

[固定]

脳組織の固定は，灌流固定が基本である．培養細胞の場合は，培養皿から剥がして遠沈後に固定し，ペレットの状態でレジンに包埋する方法とカバーガラスのような平板に細胞を培養し，そのまま固定してレジンに包埋する平板法がある．浮遊細胞は，通常ペレットにして処理する．ペレットにする細胞は，しばしばオスミウムで後固定した後，低温で融解するアガロースに埋めると，その後の試料の取り扱いが容易になる．電子顕微鏡用標本の作製法は，1章1節を参照のこと．

[電子顕微鏡での観察]

❶ 試料をエポキシレジンに包埋する．

❷ オートファゴソーム / オートリソソームを超微形態学的に同定できる（図1）．二重膜で囲まれたオートファジー性の腔胞に取り込まれた細胞質の構成成分が構造的に正常な像を呈する場合，オートファゴソーム（初期オートファジー性腔胞）と呼ばれる．取り囲む膜が一重となり，内容物の分解が始まった構造物をオートリソソームと呼ぶ（図1）．

2）生化学的解析

[ゲノムDNAラダー形成とウエスタンブロット法]

　オートファジー性神経細胞死の結果として細胞の核に起こる形態的な変化の多くはアポトーシスで見られる形態的な変化と似ている．TUNEL染色は神経細胞のアポトーシスの核の検出に用いられてきたが，ネクローシスで死ぬ場合もTUNEL染色陽性となる．ゲノムDNAの電気泳動によってDNAがオリゴヌクレオソーム（180 bpの倍数）に断片化され，DNAラダーを形成するが，これはアポトーシスやオートファジー性神経細胞死の特質である．近年では，ゲノムDNAの簡単な精製法と電気泳動法に加え，ligation-mediated PCR（LMPCR）法を使った高感度の検出法が開発され，オートファジー性神経細胞死の同定に有用である[3]．LMPCRはおおよそP8の新生仔マウスの海馬に認められる非常に数少ないプログラム細胞死（naturally occurring cell death）でさえ検出できる．

　オートファジー性細胞死を検討する場合，ゲノムDNAのラダー形成とともに重要な検出法として，LC3の細胞質型から膜型への変換を検出するウエスタンブロット法がある．LC3の顆粒状の染色が明瞭に認められる場合，通常のウエスタンブロット法によりLC3は細胞質型（LC3-Ⅰ）から膜型（LC3-Ⅱ）に変換される．LC3にはLC3-Ⅰ（18 kDa）とLC3-Ⅱ（15 kDa）の2本のバンドがあるが，オートファジーが誘導されていれば，膜型のLC3-Ⅱの絶対量あるいはLC3-Ⅰに対するLC3-Ⅱの比率が有意に増加する．

　また，アポトーシス関連のカスパーゼ-3/7の活性化を検討することも重要である．特に，H/I傷害による神経細胞死においては，成獣の場合，活性型のカスパーゼは認められない．カスパーゼ-3やカスパーゼ依存性DNaseを欠損するマウスを用いてH/I傷害後の変化を見ても神経保護効果は全く認められない．ただし，生後7日齢マウスでは，カスパーゼ-3の活性化が負荷後8時間で見られるが，その後は活性型のものは全く見られなくなる．

プロトコール

❶ 必要な脳組織の抽出液（プロテアーゼ阻害剤を併用する必要がある）を12.5% SDS-PAGEに展開する．

❷ PVDF膜に転写する．

❸ 抗LC3抗体（現在は，市販の抗体で非常に使いやすい抗体を入手できる[a]が，多くの抗体はウエスタンブロットにも免疫染色にも使えないので注意を要する）で反応する．

❹ 結果は，化学発光法でブロットした膜を処理することで得られる．

[a] Abcam社．ロットにより力価が異なるので注意

[酵素活性の測定]

オートファジーが誘導されると，その後のリソソームでの分解活性が上昇する．特に，リソソームアスパラギン酸プロテアーゼや一部のシステインプロテアーゼが細胞死に関与するとの指摘もあり，その変化を知ることは重要．同様に，カスパーゼ-3/7の活性を測定することも有用である（3章1節参照）．

プロトコール

❶ 酵素活性の測定は，ウエスタンブロットと同様に脳組織の抽出液を用いるが，この場合はプロテアーゼ阻害剤を入れない．

❷ リソソームのアスパラギン酸プロテアーゼとしてCD活性を，またシステインプロテアーゼとしては，CBとCL（カテプシンL）の測定が重要である．現在は，それぞれに特異的な蛍光基質があるので測定は容易である．ただし，CBとCLはかなり基質に類似性があるので，CBの阻害剤CA074を用いて活性の測定をするとよい[7]．

3 おわりに

オートファジー性の細胞死については，われわれが長年追い求めてきた細胞死の一型である．しかし，遺伝学的な証明をするまでは，その存在を無視されることが多かった．現在では，オートファジー性細胞死の存在は肯定されているが，分子機序の詳細については不明な点が多い．今後さらなる進展が期待される所である．

参考文献
1) Mizushima, N. : Genes Dev., 21 : 2861-2873, 2007
2) Komatsu, M. et al. : Nature, 441 : 880-884, 2006
3) Koike, M. et al. : Am. J. Pathol., 172 : 454-469, 2008
4) Koike, M. et al. : J. Neurosci., 20 : 6898-6906, 2000
5) Koike, M. et al. : Am. J. Pathol., 167 : 1713-1728, 2005
6) Nitatori, T. et al. : J. Neurosci., 15 : 1001-1011, 1995
7) Uchiyama, Y. et al. : Methods Enzymol., 453 : 33-51, 2009

[E-mail：y-uchi@juntendo.ac.jp（内山安男）]

9章 細胞死研究のためのバイオリソース

1 アポトーシスに関するノックアウトマウスの一覧

杭田慶介

1 カスパーゼファミリー

システイン残基を活性中心にもつプロテアーゼ．線虫 *C. elegans* の細胞死遺伝子 *ced-3* のホモログとして同定された．

1）Caspase-2

[機能] Caspase recruitment domain（CARD）をもつカスパーゼ．アポトーシスの関与については，いろいろな説がある．

[表現型] ノックアウトマウスは，正常に発育し，発生における異常は見つかっていない．卵巣にある原始卵胞の数がやや減少していた．逆に，顔面神経細胞や交感神経節細胞のアポトーシスが助長されていた．

参考文献
1）Bergeron, L. et al.：Genes Dev., 12：1304-1314, 1998

2）Caspase-3 および Caspase-7

[機能] Caspase-9 や Caspase-8 によって活性化され，さまざまな分子を限定分解し，アポトーシスを誘導する．

[表現型] Caspase-3 ノックアウトマウスでは，中枢神経系の細胞のアポトーシスが抑制され，神経細胞の数が増加し，神経上皮が頭蓋外に飛び出してしまう Exencephaly という状態を起こす．この表現型は，Caspase-9 や Apaf-1 のノックアウトマウスとほぼ同様であることから，この経路が発生過程の中枢神経細胞のアポトーシスに不可欠であることが証明された．しかし，この表現型にはマウスのストレインによって差があり，C57BL/6 にバッククロスすると見かけが正常なマウスが生まれる．ただ，これらのマウスも，内耳の発生に異常があり，難聴となり，行動異常を示す．Caspase-7 ノックアウトマウスは，正常に生まれてくるが，Caspase-3/7 のダブルノックアウトにすると，Caspase-3 の欠損による中枢神経の異常とは別に，Caspase-8 やその活性化因子のノックアウトマウスで見られるような心臓奇形が起こる．ダブルノックアウトマウスから作った胎仔繊維芽細胞は，ミトコンドリアやいわゆる Death receptor からのシグナルによるアポトーシスに耐性になる．さらに，

ミトコンドリアのアポトーシスによる変化が，遅延することから，Caspase-3/7により活性化される分子によるフィードバックループの存在が示唆された．

参考文献
2）Kuida, K. et al.：Nature, 384：368-372, 1996
3）Leonard, J. R. et al.：J. Neuropathol. Exp. Neurol., 61：673-677, 2002
4）Takahashi, K. et al.：Brain Res., 894：359-367, 2001
5）Morishita, H. et al.：Biochem. Biophys. Res. Commun., 284：142-149, 2001
6）Lakhani, S. A. et al.：Science, 311：847-851, 2006

3）Caspase-6
[機能] Caspase-3/7と同じサブグループに属するカスパーゼ．
[表現型] ノックアウトマウスでは，B細胞の増殖と分化の違いが見つかった．そのため，血清中のIgGのレベルが高くなり，抗原特異的な抗体反応が亢進することが観察された．

参考文献
7）Watanabe, C. et al.：J. Immunol., 181：6810-6819, 2008

4）Caspase-8
[機能] death domainをもつレセプター分子により活性化されるカスパーゼ．Caspase-3/7などのエフェクターカスパーゼを活性化する．
[表現型] 胎生12.5日までにノックアウトマウスは死亡する．心筋の低形成が認められ，それに伴う鬱血が観察される．胎仔繊維芽細胞を用いた実験では，Fas, tumor necrosis factor（TNF）タイプIレセプターおよびdeath receptor 3（DR3）を介するアポトーシスが抑制されていた．Fas-associated death domain（Fadd）のノックアウトマウスとほぼ同じ表現型を示す．T細胞特異的に遺伝子を欠損させた場合，リンパ節および脾臓の肥大や肺，肝臓，腎臓などの器官へのTリンパ球浸潤が認められた．

参考文献
8）Varfolomeev, E. E. et al.：Immunity, 9：267-276, 1998
9）Salmena, L. et al.：J. Exp. Med., 202：727-732, 2005

5）Caspase-9
[機能] シトクロムc依存的に活性化され，Caspase-3/7などのエフェクターカスパーゼを活性化する．
[表現型] ノックアウトマウスの異常は，中枢神経系に顕著に認められた．Caspase-3ノックアウトマウスの異常と似ているが，異常が観察された範囲が広く，さらにその程度が重かった．神経上皮細胞の増加が激しく神経組織が頭蓋の外に飛び出してしまうExencephalyという状態になる．活性型Caspase-3陽性細胞が顕著に減少する．しかし，脊髄には大きさおよび構造の変化を認めなかった．Caspase-3のノックアウトマウスとは違い，胸腺細胞は種々のアポトーシスを誘導する刺激に対して抵抗性を示す．

参考文献
10) Kuida, K. et al.：Cell, 94：325-337, 1998
11) Hakem, R. et al.：Cell, 94：339-352, 1998

6）Casper

[機能] Caspase-8に似た構造をもつが，カスパーゼとしての活性はもたない．death receptorの活性化によるアポトーシスを抑制する因子と考えられている．

[表現型] ノックアウトマウスには，Caspase-8やFaddノックアウトマウスに似た心臓奇形が認められた．胎仔繊維芽細胞を用いた実験では，FasやTNFよるカスパーゼの活性が増強されていた．これらの結果は，Casperが，発生においては，Caspase-8をサポートする可能性を示唆した．

参考文献
12) Yeh, W. C. et al.：Immunity, 12：633-642, 2000

2 カスパーゼの活性調節因子

1）Fadd

[機能] death domainをもち，同じドメイン構造をもつ分子と結合することによりCaspase-8をその分子群にリクルートし活性化する．

[表現型] 胎生12.5日までにノックアウトマウスは死亡する．表現型は，Caspase-8ノックアウトマウスに類似し，心筋の厚さが薄くなり，心臓の低形成が認められ，腹腔内出血が観察される．さらに，約80％の胎仔に全体的な器官低形成が認められる．胎仔繊維芽細胞を用いた実験では，Fas，TNFタイプⅠレセプターおよびDR3によるアポトーシスが抑制されていた．Fadd遺伝子を欠損したES細胞から得られたTリンパ球は，Fasによるアポトーシスに抵抗性があり，活性後のアポトーシスが抑制される．さらに，Tリンパ球の寿命が短くなり，抗CD3抗体などの増殖刺激に反応しなくなる．FasノックアウトマウスではTリンパ球の異常増殖が起こるが，Faddノックアウトマウスは逆にTリンパ球の数が年齢とともに減少する．

参考文献
13) Zhang, J. et al.：Nature, 392：296-300, 1998
14) Yeh, W. C. et al.：Science, 279：1954-1958, 1998

2）Apaf-1

[機能] シトクロムc依存的に，dATPの存在下で，Caspase-9を結合し活性化する．線虫C. elegansの細胞死遺伝子ced-4にホモロジーをもつ．

[表現型] ノックアウトマウスは胎生致死で，Caspase-9ノックアウトマウスと同様な神経系での細胞数の増加による奇形を示す．しかし，Apaf-1ノックアウトマウスは，顔面の正中線の会合が正常に起こらず，鼻中隔欠損や口蓋裂などの異常を伴う．さらに，指間みずかきの消

失が遅れることが観察された．胎仔繊維芽細胞，ES 細胞，胸腺細胞を用いた実験では，種々の刺激によるアポトーシスに抵抗性を示す．

> 参考文献
> 15) Yoshida, H. et al.：Cell, 94：739-750, 1998
> 16) Cecconi, F. et al.：Cell, 94：727-737, 1998

3）Smac

[機能] アポトーシスを誘導する刺激により，ミトコンドリアより遊出し，アポトーシスを抑制する IAP（Inhibitor of Apoptosis Protein）の機能を阻害することにより，カスパーゼの活性を抑制する．

[表現型] ノックアウトマウスは，正常に発育し，アポトーシスの誘導に変化は見られなかった．

> 参考文献
> 17) Okada, H. et al.：Mol. Cell. Biol., 22：3509-3517, 2002

4）Xiap

[機能] IAP ファミリーのうち，最も抗アポトーシス作用が高く，直接カスパーゼに結合し，機能する．

[表現型] ノックアウトマウスは，正常に発育する．アポトーシスの誘導に変化は見られなかった．胎仔繊維芽細胞は，TNF やエトポシドによるアポトーシスをやや増強する．

> 参考文献
> 18) Harlin, H. et al.：Mol. Cell. Biol., 21：3604-3608, 2001
> 19) Rumble, J. M. et al.：Biochem. J., 415：21-25, 2008

5）Fas/Fas リガンド

[機能] Fas は death domain を細胞内部分にもつ膜貫通タンパク質型のレセプター．Iadd を介して，Caspase-8 を活性化させる．Fas リガンドにより活性化される．Fas は TNF レセプター分子群に，Fas リガンドは TNF 分子群に属する．

[表現型] 自然発症の Fas 遺伝子の変異をもつ lpr マウスと同様の表現型を示す．T および B 細胞の過剰増殖，それによる自己免疫様の変化が認められた．Fas リガンドのノックアウトマウスも，同様の表現型を示すが，同じく自然発症の Fas リガンド遺伝子の変異をもつ gld マウスよりは，変化が激しく，50％以上のマウスが生後4カ月で死亡する．

> 参考文献
> 20) Senju, S. et al.：Int. Immunol., 8：423-431, 1996
> 21) Karray, S. et al.：J. Immunol., 172：2118-2125, 2004

3 Bcl-2 ファミリー

濾胞性リンパ腫の転座部位からクローニングされた遺伝子 *bcl-2*（B-cell lymphoma-2）にホモロジーのある遺伝子群．3つの相同性の高いドメイン（BH：bcl-2 homology）を

もつ分子は，ミトコンドリアの外膜に局在する．その他に，BH3のみをもつ分子が存在し，前者の分子に結合することにより，アポトーシスを促進する．

1) Bcl-2
[機能] アポトーシスの抑制．
[表現型] ノックアウトマウスは，成長障害があり，主に腎不全（嚢胞腎に似た病理所見）により，その半数が生後2カ月位で死亡する．リンパ球系細胞，皮膚の色素上皮細胞，および小腸，神経などのさまざまな組織でアポトーシスが亢進する．

参考文献
22) Veis, D. J. et al.：Cell, 75：229-240, 1993
23) Kamada, S. et al.：Cancer Res., 55：354-359, 1995
24) Nakayama, K. et al.：Science, 261：1584-1588, 1993

2) Bcl-x
[機能] アポトーシスの抑制．
[表現型] ノックアウトマウスは，胎生12日までに，主に神経細胞の過剰なアポトーシスおよび造血不全により死亡する．リンパ球系では，未熟な胸腺細胞の維持ができなくなる．

参考文献
25) Motoyama, N. et al.：Science, 267：1506-1510, 1995

3) Bcl-w
[機能] アポトーシスの抑制．
[表現型] ノックアウトマウスは生まれるが，オスが精巣における異常により，不妊になる．

参考文献
26) Ross, A. J. et al.：Nat. Genet., 18：251-256, 1998

4) A1
[機能] アポトーシスの抑制．
[表現型] ノックアウトマウスは生まれるが，好中球のアポトーシスの亢進と脱毛が見られる．

参考文献
27) Hamasaki, A. et al.：J. Exp. Med., 188：1985-1992, 1998

5) Mcl-1
[機能] アポトーシスの抑制．
[表現型] Trophoectodermの異常により，着床の時期に，死亡する．リンパ球系細胞のみの欠損では，リンパ球の減少，および分化の障害が見られた．

参考文献
28) Rinkenberger, J. L. et al.：Genes Dev., 14：23-27, 2000
29) Opferman, J. T. et al.：Nature, 426：671-676, 2003

6) Bax
[機能] アポトーシスの亢進．
[表現型] ノックアウトマウスには，萎縮した卵胞および精子形成の異常が存在する．交感神経節や顔面運動神経における細胞数の増加および栄養因子の除去によるアポトーシスに耐性になる．

参考文献
30) Knudson, C. M. et al.：Science, 270：96-99, 1995

7) Bak
[機能] アポトーシスの亢進．
[表現型] ノックアウトマウスは，正常に発育し，アポトーシスの異常は観察されなかった．Bax/Bakのダブルノックアウトマウスの9割は，周産期に死亡し，種々の組織での細胞増加，アポトーシスを起こす刺激に対する耐性が見られた．

参考文献
31) Lindsten, T. et al.：Mol. Cell, 6：1389-1399, 2000

8) Bad
[機能] BH3ドメインのみをもつ分子．アポトーシスの亢進．
[表現型] ノックアウトマウスでは，B細胞リンパ腫の発生の確率が約5倍になる．栄養因子の除去によるアポトーシスに耐性になる．

参考文献
32) Ranger, A. M. et al.：Proc. Natl. Acad. Sci. USA, 100：9324-9329, 2003

9) Bik/Hrk/Noxa/Puma
[機能] BH3ドメインのみをもつ分子．アポトーシスの亢進．
[表現型] Bikノックアウトマウスには，異常を認めない．Hrkノックアウトマウスは，NGFの除去によるアポトーシスに耐性になり，Noxaのノックアウトマウスでは，抗がん剤によるアポトーシスに耐性になることが報告されている．Pumaノックアウトマウスは，Genotoxic damageによるアポトーシスに耐性になる．

参考文献
33) Coultas, L. et al.：Mol. Cell. Biol., 24：1570-1581, 2004
34) Imaizumi, K. et al.：J. Neurosci., 24：3721-3725, 2004
35) Villunger, A. et al.：Science, 302：1036-1038, 2003

10) Bid

[機能] BH3ドメインのみをもつ分子．アポトーシスの亢進．Caspase-8により，切断され活性化される．

[表現型] ノックアウトマウスは，Fas分子の活性化によるアポトーシスに耐性になる．

参考文献
36) Yin, X. M. et al.：Nature, 400：886-891, 1999

11) Bim

[機能] BH3ドメインのみをもつ分子．アポトーシスの亢進．

[表現型] 約50％のノックアウトマウスが生まれてくる．白血球や形質細胞の増加，T細胞の分化障害が見られる．リンパ球は，サイトカインの除去やカルシウム流入によるアポトーシスに耐性になるが，その他の刺激には変化は見られない．

参考文献
37) Bouillet, P. et al.：Science, 286：1735-1738, 1999

4 カスパーゼの基質

1) Cad (caspase activated DNase)

[機能] カスパーゼによって活性化されるヌクレアーゼ．アポトーシスで観察されるDNAの断片化は，この酵素の活性で起こる．カスパーゼは，この分子に結合し機能を抑制するIcad (inhibitor of Cad)を分解することにより，活性化させる．

[表現型] ノックアウトマウスは，顕著な異常なく生まれてくる．胸腺細胞を用いた実験で，アポトーシスで観察されるDNAの断片化が見られなかったが，アポトーシスを起こした細胞は，マクロファージにより貪食されていた．しかし，胸腺が萎縮し，その表現型は，Cadによって断片化されたDNAをさらに分解するDNase IIノックアウトマウスと掛け合わせることで，増強された．DNAの断片化が抑制されたことにより，自然免疫が活性化され，胸腺の萎縮が起こることが明らかになった．Icadノックアウトマウスでも，DNAの断片化が見られなかった．

参考文献
38) Kawane, K. et al.：Nat. Immunol., 4：138-144, 2003
39) Zhang, J. et al.：Proc. Natl. Acad. Sci. USA, 95：12480-12485, 1998

おわりに

カスパーゼを中心にアポトーシスに関する分子のノックアウトマウスの主な表現型をまとめてみた．ここに記した以外にも，これらのノックアウトマウスを使ってさまざまな実験が行われている．また，他にもアポトーシスに関係する分子のノックアウトマウスが作られ解析されている．特に，TNFとそのレセプターおよびファミリー分子は，ノックアウ

トマウスがアポトーシス以外の表現型を示す場合が多いので，解説を割愛させていただいた．下記のデータベースが，それらのノックアウトマウスに関する論文を調べるのに適している．

http://www.informatics.jax.org/

[E-mail：keisuke.kuida@mpi.com（杭田慶介）]

9章 細胞死研究のためのバイオリソース

2 阻害剤リスト

坂元利彰，河野通明

　アポトーシスにおいては，カスパーゼと総称される一群のプロテアーゼの連鎖的活性化，さまざまな細胞タンパク質（核ラミンなど）の切断を介して，細胞が制御された「死」へと誘導される．アポトーシスを仲介するカスパーゼには14種類以上が存在し，それらの活性化には多様な分子が複雑なネットワークを形成している．アポトーシスに至る主要な経路としては，細胞がDNA損傷，あるいは酸素，栄養素，生存シグナルの欠乏などのストレスを受けて，ミトコンドリアに依存したアポトーシスのプログラムを活性化するもの（intrinsic pathway of apoptosis）と，細胞外の細胞死シグナルタンパク質（death ligand）と細胞表面の細胞死受容体（death receptor）との結合を契機として，細胞死プログラムを活性化するもの（extrinsic pathway of apoptosis）がある（図）．

　本章では，第1項でさまざまなカスパーゼに対する阻害剤の概要を述べる．第2項では，

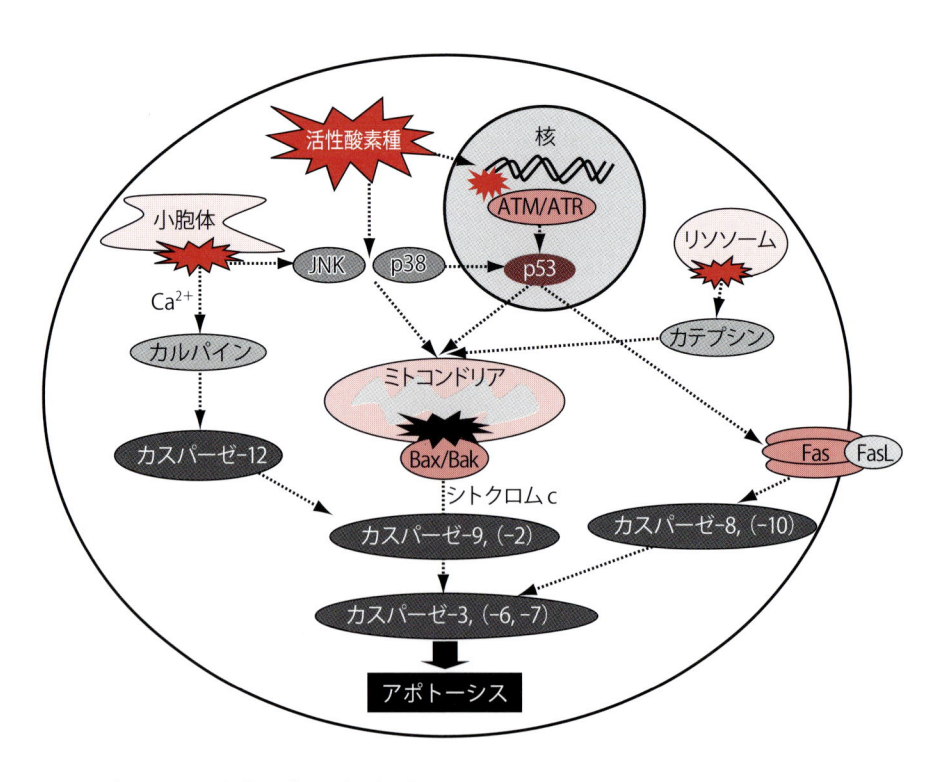

図　アポトーシス誘導シグナル経路の概要

アポトーシス誘導経路に焦点を当て，それにかかわる分子の機能を選択的に阻害する化合物の特徴，使用法，入手経路などを紹介する．第3項では，非アポトーシス性の細胞死を抑制する薬剤について手短に紹介する．各阻害剤を活用することで，さまざまな条件下で引き起こされる細胞死にかかわる経路の同定，その分子機構の解明を進めるうえで，有益な情報を得ることができる．なお，他の酵素阻害剤と同様，ここで紹介する各阻害剤の特異性は絶対的ではない．したがって，最終的な結論を出すためには，他の解析（siRNAによる標的分子のノックダウンなど）より得られた結果も併せて，総合的に判断する必要がある．

参考文献
1) 秋山徹，河府和義：『阻害剤活用ハンドブック』，羊土社，2006
2) メルク社：『Calbiochem® 阻害剤ガイドブック』

2-1　カスパーゼ阻害剤

　カスパーゼは一群のプロテアーゼの総称で，それらは活性部位にシステインを含み，標的タンパク質を特定のアスパラギン酸のC末端側で切断するという共通の特徴をもつ．少なくとも14種類の存在が確認されているが，それらがすべてアポトーシス誘導にかかわるわけではなく，カスパーゼ-1/-4/-5は炎症への関与が報告されている．また，アポトーシスに関与するカスパーゼも，開始カスパーゼ（2, 8, 9, 10）と実行カスパーゼ（3, 6, 7）に分類されている．いずれのカスパーゼも，細胞内では不活性な前駆体として存在しており，刺激に応じて切断，活性化される．

　各カスパーゼの基質特異性は，切断部位（アスパラギン酸）のN末端側3アミノ酸によって規定されている．これらに対する阻害剤は，各条件下で誘導されるアポトーシスに関与するカスパーゼの種類を同定するうえで有用な試薬となりうる．カスパーゼ阻害剤の基本的な構造は，各カスパーゼが特異的に認識するアミノ酸配列のN末端側にbenzyloxycarbonyl基（Z）あるいはacetyl基（Ac），C末端側にaldehyde基（CHO），chloromethylketone基（CMK）あるいはfluoromethylketone基（FMK）を付加して安定性および細胞膜透過性を亢進させたもので，これらは細胞内基質との競合を介して阻害活性を発現する．なお，C末端側にCHO基が付加されているものは可逆的に，一方，CMK基/FMK基が付加されているものは不可逆的に，各カスパーゼ活性を阻害する．

以下に各カスパーゼに対する代表的な阻害剤を，その基質特異性などと併せて紹介する．

カスパーゼ	主な基質の切断配列	代表的な阻害剤
Caspase-1	WEHD↓, YVAD↓	Ac-YVAD-CHO, Ac-YVAD-CMK, Z-YVAD-FMK
Caspase-2	DEHD↓, VDAD↓	Z-VDVAD-FMK, Ac-LDESD-CHO
Caspase-3	DEVD↓	Ac-DEVD-CHO, Z-DEVD-FMK, Z-DQMD-FMK
Caspase-4	(W/L)EHD↓, YVAD↓	Ac-LEVD-CHO
Caspase-5	(W/L)EHD↓, YVAD↓	Z-WEHD-FMK
Caspase-6	VEHD↓	Ac-VEID-CHO, Z-VEID-FMK
Caspase-7	DEVD↓	(Caspase-3 inhibitorと同じ)
Caspase-8	(L/I)ETD↓	Z-IETD-FMK, Ac-IETD-CHO
Caspase-9	LEHD↓	Z-LEHD-FMK, Ac-LEHD-CHO, Ac-LEHD-CMK
Caspase-10	AEVD↓	Z-AEVD-FMK
Caspase-12	ATAD↓	Z-ATAD-FMK
Caspase-13	LEED↓	Z-LEED-FMK

上記の他，多くのカスパーゼ（1, 3, 4, 7など）の活性を非特異的かつ不可逆的に阻害する阻害剤として，Z-VAD-FMK, Ac-VAD-CHO, Boc-D-FMKなどがある．カスパーゼはほとんどすべてのアポトーシスにおいて活性化されるため，そこで誘導された細胞死がアポトーシスによるものかどうかを見分ける目的で頻用されている．

［使用法］Dimethylsulfoxide（DMSO）に溶解して原液（10～100 mM）を調製し，少量に分注して-20℃保存（原液の凍結融解は避けること）．一般的な細胞処理濃度は10～100μM．

［入手先］メルク社，シグマ・アルドリッチ社，和光純薬工業社，など

参考文献
3）Cohen, G. M.：Biochem. J., 326：1-16, 1997
4）Garcia-Calvo, M. et al.：J. Biol. Chem., 273：32608-32613, 1998
5）Thornberry, N. A. et al.：J. Biol. Chem., 272：17909-17911, 1997

2-2 アポトーシス誘導経路に着目した阻害剤

1 ミトコンドリアを介したアポトーシス誘導阻害剤

1）Caspase-9 inhibitor（Z-LEHD-FMK, Ac-LEHD-CMK, Ac-LEHD-CHO, Ac-AAVALLPAVLLALLAP-LEHD-CHO，など）

カスパーゼ-9に対する細胞膜透過性の阻害剤．ミトコンドリアからのシトクロムcの放出を介したアポトーシスを阻害する．

［使用法］DMSOに溶解して原液（10～50 mM）を調製し，分注して-20℃保存．細胞処理濃度は1～50μM．カスパーゼ-4/-5に対しても阻害作用を示す．

［入手先］メルク社，シグマ・アルドリッチ社，和光純薬工業社，など

参考文献
6）Li, P. et al.：Cell, 91：479-489, 1997
7）Perkins, C. L. et al.：Cancer Res., 60：1645-1653, 2000

2) Bax Channel Blocker

Bax channelの形成・活性化を阻害する．シトクロムcの放出を抑制することで，ミトコンドリアを介したアポトーシスを阻害する．

[使用法] DMSOに溶解して原液（5 mM）を調製し，分注して−20℃保存．細胞処理濃度は1〜5 μM．

[入手先] メルク社，Santa Cruz社，など

参考文献
8) Bombrun, A. et al.：J. Med. Chem., 46：4365-4368, 2003

3) BAX-inhibiting Peptide（V5）

BAX阻害分子．Ku70のBAX結合ドメインからデザインされたペプチド製剤．BAXを介したアポトーシスを阻害する．

[使用法] DMSOに溶解して原液（100 mM）を調製し，分注して−20℃保存．細胞処理濃度は50〜200 μM．

[入手先] メルク社

参考文献
9) Sawada, M. et al.：Nat. Cell Biol., 5：352-357, 2003
10) Yoshida, T. et al.：Biochem. Biophys. Res. Commun., 321：961-966, 2004

2 デスレセプター/デスリガンド経路を介したアポトーシス誘導阻害剤

1) Caspase-8 inhibitor（Z-IETD-FMK，Ac-IETD-CHO，Ac-AAVALLPAVLLALLAP-IETD-CHO，など）

カスパーゼ-8に対する細胞膜透過性の阻害剤．デスレセプター/デスリガンドを介したアポトーシスを阻害する．グランザイムBに対しても阻害作用を示す．

[使用法] DMSOに溶解して原液（10〜50 mM）を調製し，分注して−20℃保存．細胞処理濃度は1〜50 μM．

[入手先] メルク社，シグマ・アルドリッチ社，和光純薬工業社，など

参考文献
11) Juo, P. et al.：Curr. Biol., 8：1001-1008, 1998
12) Griffith, T. S. et al.：J. Immunol., 161：2833-2840, 1998

2) Fas/FasL Antagonist（kp7-6）

Fas，Fas Ligand双方に対して高い親和性を示す環状ペプチド．FasとFas Ligandの結合を阻害する．

[使用法] DMSOに溶解して原液（100 mM）を調製し，分注して−20℃保存．細胞処理濃度は0.1〜1 mM．

[入手先]メルク社

参考文献
13) Hasegawa, A. et al.：Proc. Natl. Acad. Sci. USA, 101：6599-6604, 2004

3 小胞体ストレスを介したアポトーシス誘導阻害剤

1）Caspase-12 inhibitor（Z-ATAD-FMK）

カスパーゼ-12に対する細胞膜透過性の阻害剤．小胞体からのCa^{2+}放出を介したアポトーシスを阻害する．

[使用法]DMSOに溶解して原液（10 mM）を調製し，分注して-20℃保存．細胞処理濃度は2〜10 μM．

[入手先]和光純薬工業社，医学生物学研究所，など

参考文献
14) Nakagawa, T. et al.：Nature, 403：98-103, 2000
15) Mao, W. et al.：Am. J. Physiol. Cell Physiol., 290：C1373-1384, 2006

2）BAPTA-AM

細胞膜透過性のCa^{2+}キレート剤．細胞膜を透過後，エステラーゼでAM基が分解され，BAPTAとして細胞内に留まる．細胞内のCa^{2+}の上昇を抑えることで，小胞体からのCa^{2+}の遊離に伴う細胞死を阻害する．

[使用法]DMSOで溶解して原液（50 mM）を調製し，分注して-20℃保存．細胞処理濃度は10〜50 μM．

[入手先]シグマ・アルドリッチ社，同仁化学研究所，和光純薬工業社，など

参考文献
16) Grant, S. et al.：Oncol. Res., 7：381-392, 1995
17) Deniaud, A. et al.：Oncogene, 27：285-299, 2008

3）ALLN（Ac-LLnL-CHO：Calpain inhibitor Ⅰ），ALLM（Ac-LLM-CHO：Calpain inhibitor Ⅱ）

カルパイン-1/-2に対するペプチド性の阻害剤．小胞体から遊離したCa^{2+}によって活性化されるカルパインを阻害することで，小胞体ストレスにより誘導されるアポトーシスを阻害する．

[使用法]DMSOで溶解して原液（10 mM）を調製し，分注して-20℃保存．細胞処理濃度は10〜100 μM．カテプシンB，カテプシンL，システインプロテアーゼ，およびプロテアソームも阻害する．

[入手先]メルク社，シグマ・アルドリッチ社，和光純薬工業社，など

参考文献
18) Squíer, M. K. et al.：J. Cell Physiol., 159：229-237, 1994
19) Debiasi, R. L. et al.：J. Virol., 73：695-701, 1999
20) Sasaki, T. et al.：J. Enzyme Inhib., 3：195-201, 1990

4）PD150606, PD151746

カルパインに対する非ペプチド性の阻害剤．カルパインのCa^{2+}結合部位に作用することで，カルパインに対して高い特異性を示す．

[使用法] DMSOで溶解して原液（10 mM）を調製し，分注して–20℃保存．細胞処理濃度は10～50 μM．

[入手先] メルク社，シグマ・アルドリッチ社，Santa Cruz 社，など

参考文献
21) Lin, G. D. et al.：Nat. Struct. Biol., 4：539-547, 1997
22) Van, den Bosch L. et al.：Neuropharmacology, 42：706-713, 2002

4 カテプシンを介したアポトーシス誘導阻害剤

1）CA-074, CA-074Me

システインプロテアーゼであるカテプシンBに対する不可逆的な阻害剤．カテプシンBは細胞質に放出されると，Bidの切断を介してアポトーシスを誘導する．CA-074Meは細胞透過性を高めたCA-074誘導体である．

[使用法] DMSOで溶解して原液（10 mM）を調製し，分注して–20℃保存．細胞処理濃度は0.1～10 μM．

[入手先] メルク社，シグマ・アルドリッチ社，Santa Cruz 社，など

参考文献
23) Conus, S. & Simon H. U.：Biochem. Pharmacol., 76：1374-1382, 2008
24) Murata, M. et al.：FEBS Lett., 280：307-310, 1991
25) Roberts, L. R. et al.：Cell Biochem. Biophys., 30：71-88, 1999

2）Pepstatin A

カテプシンDを含むアスパラギン酸プロテアーゼに対する一般的な阻害剤．カテプシンDはBid，およびカスパーゼ-8の活性化に関与していることが報告されている．ペプシン，レニンなどに対しても，阻害活性を示す．

[使用法] DMSOもしくはメタノールで溶解して原液（10 mM）を調製し，分注して–20℃保存．細胞処理濃度は10～100 μM．

[入手先] メルク社，シグマ・アルドリッチ社，和光純薬工業社，など

参考文献
26) Deiss L. P. et al.：EMBO J., 15：3861-3870, 1996
27) Kågedal, K. et al.：FASEB J., 15：1592-1594, 2001
28) Bidére, N.：J. Biol. Chem., 278：31401-31411, 2003

3) その他のカテプシン阻害剤

カテプシン	代表的な阻害剤
Cathepsin B	Ac-LVK-CHO
Cathepsin K	1,3-Bis(CBZ-Leu-NH)-2-propane, Z-L-NHNHCONHNH-LF-NH$_2$
Cathepsin L	Z-FF-FMK, Z-FY(OtBu)-COCHO
Cathepsin S	Z-FL-COCHO
Cathepsin B, L, S, など	Z-FG-NHO-Bz, Z-FG-NHO-BzME, Z-FG-NHO-BzOME
Cathepsin G	Cathepsin G inhibitor I

　カテプシン B, K, L, S はいずれもシステインプロテアーゼであり，*in vitro* において Bid を切断することが報告されている．また，カテプシン G は，カスパーゼ-7, PARP-1 などを切断するセリンプロテアーゼである．Z-FG-NHO-Bz, Z-FG-NHO-BzME, Z-FG-NHO-BzOME は，活性中心にシステイン残基をもつカテプシンファミリーを非特異的に阻害する．パパインに対しても阻害活性を示す．

[入手先] メルク社, シグマ・アルドリッチ社, Santa Cruz 社, など

参考文献
29) Cirman, T. et al.: J. Biol. Chem., 279: 3578-3587, 2004
30) Blomgran, R. et al.: J. Leukoc. Biol., 81: 1213-1223, 2007
31) Wang, D. et al.: J. Immunol., 176: 1695-1702, 2006

5 p53 を介したアポトーシス誘導阻害剤

1) Pifithrin-α, cyclic Pifithrin-α

　p53 応答性遺伝子（サイクリン G, p21^{waf1}, MDM2, など）の転写を可逆的に阻害する．放射線や DNA 障害性薬剤によって誘導されるアポトーシスの多くは p53 依存的であり，Pifithrin-α はそれらを効果的に阻害する．cyclic Pifithrin-α は安定性を向上させた Pifithrin-α の誘導体である．

[使用法] DMSO で溶解して原液（10 mM）を調製し，分注して -20℃ 保存．細胞処理濃度は 10〜30 μM．

[入手先] メルク社, シグマ・アルドリッチ社, Santa Cruz 社, など

参考文献
32) Komarov, P. G.: Science, 285: 1733-1737, 1999
33) Komarova, E. A. & Gudkov A. V.: Biochemistry (Mosc), 65: 41-48, 2000
34) Culmsee, C. et al.: J. Neurochem., 77: 220-228, 2001

6 ストレス応答 MAP キナーゼ経路を介したアポトーシス誘導阻害剤

1) SP600125

　c-Jun N-terminal kinase (JNK) の ATP 競合阻害剤．JNK 経路の活性化に依存したアポトーシスを抑制する．

[使用法]DMSOで溶解して原液（20 mM）を調製し，分注して-20℃保存．細胞処理濃度は5〜20 μM．

[入手先]メルク社，シグマ・アルドリッチ社，和光純薬工業社，など

参考文献
35) Bennett, B. L. et al.：Proc. Natl. Acad. Sci. USA, 98：13681-13686, 2001
36) Bae, M. A. & Song B. J.：Mol. Pharmacol., 63：401-408, 2003
37) Chauhan, D. et al.：J. Biol. Chem., 278：17593-17596, 2003

2) SB203580

p38 MAPキナーゼα，βのATP競合阻害剤．p38 MAPキナーゼ経路の活性化に依存したアポトーシスを抑制する．

[使用法]DMSOで溶解して原液（10〜50 mM）を調製し，分注して-20℃保存．細胞処理濃度は3〜30 μM．

[入手先]メルク社，シグマ・アルドリッチ社，和光純薬工業社，など

参考文献
38) Cuenda, A. et al.：FEBS Lett., 364：229-233, 1995
39) Schwenger, P. et al.：Proc. Natl. Acad. Sci. USA, 94：2869-2873, 1997
40) Kawasaki, H. et al.：J. Biol. Chem., 272：18518-18521, 1997

7 活性酸素種を介したアポトーシス誘導阻害剤

1) *N*-acetyl cysteine（NAC）

抗酸化物質グルタチオンの構成成分．細胞内のグルタチオン濃度上昇を介して，活性酸素種の産生亢進（蓄積）によって誘導されるアポトーシスを抑制する．

[使用法]滅菌水，またはPBSで溶解して原液（1 M）を調製し，分注して-20℃保存．細胞処理濃度は2〜20 mM．

[入手先]シグマ・アルドリッチ社，和光純薬工業社，など

参考文献
41) Simon, H. U. et al.：Apoptosis, 5：415-418, 2000
42) Ferrari, G. et al.：J. Neurosci., 15：2857-2866, 1995
43) Ozaki, K. et al.：Biochem. Biophys. Res. Commun., 339：1171-1177, 2006

2) Trolox

抗酸化作用をもつビタミンEの誘導体．細胞内の活性酸素種の発生を低下させる．水溶性である．

[使用法]エタノール，もしくは滅菌水で溶解して原液（1 M）を調製し，分注して-20℃保存．細胞処理濃度は0.1〜5 mM．

[入手先]メルク社，シグマ・アルドリッチ社，和光純薬工業社，など

参考文献
44) Giulivi, C. & Cadenas, E.：Arch. Biochem. Biophys., 303：152-158, 1993
45) Salgo, M. G. & Pryor, W. A.：Arch. Biochem. Biophys., 333：482-488, 1996

8 グランザイムを介したアポトーシス誘導阻害剤

1）Granzyme B inhibitor（Z-AAD-CMK，Ac-IEPD-CHO，など）

グランザイムB，およびカスパーゼ-8の選択的阻害剤．グランザイムBはナチュラルキラー細胞や細胞障害性T細胞が標的細胞に送り込むセリンプロテアーゼで，標的細胞のアポトーシスを誘導する．基質特異性がカスパーゼ-8と類似しているため，上述のカスパーゼ-8阻害剤もグランザイムBに対して阻害剤活性を示す．

［使用法］DMSOで溶解して原液（10 mM）を調製し，分注して-20℃保存．細胞処理濃度は1～50 μM．

［入手先］メルク社，和光純薬工業社，など

参考文献
46) Thornberry, N. A. et al.：J. Biol. Chem., 272：17907-17911, 1997

2）3,4-Dichloroisocoumarin

セリンプロテアーゼの不可逆的阻害剤．グランザイムBを阻害することで，アポトーシスの誘導を抑制する．

［使用法］DMSOで溶解して原液（10 mM）を調製し，分注して-20℃保存．細胞処理濃度は10～100 μM．

［入手先］メルク社，シグマ・アルドリッチ社，和光純薬工業社，など

参考文献
47) Harper, J. W. et al.：Biochemistry, 24：1831-1841, 1985
48) Odake, S. et al.：Biochemistry, 30：2217-2227, 1991

2-3 非アポトーシス性の細胞死誘導阻害剤

1 オートファジーを伴う細胞死誘導阻害剤

1）Chloroquine diphosphate

オートファジーの阻害剤．リソソームとオートファゴソームの融合を阻害することで，オートファジーを伴う細胞死の誘導を抑制する．

［使用法］DMSOで溶解して原液（10 mM）を調製し，分注して-20℃保存．細胞処理濃度は10～300 μM．

［入手先］シグマ・アルドリッチ社，和光純薬工業社，など

参考文献
49) Levine, B. & Yuan, J.：J. Clin. Invest., 115：2679-2688, 2005
50) Rubinsztein, D. C.：Nat. Rev. Drug Discov., 6：304-312, 2007

2）3-Methyladenine

オートファジーの阻害剤．PI3キナーゼclass IIIを阻害することで，オートファジーを伴う細胞死を抑制する．

[使用法] DMSOで溶解して原液（1 M）を調製し，分注して−20℃保存．細胞処理濃度は5〜10 mM．

[入手先] メルク社，シグマ・アルドリッチ社，和光純薬工業社，など

参考文献
51) Seglen, P. O. et al.：Proc. Natl. Acad. Sci. USA, 79：1889-1892, 1982
52) Eskelinen, E. L. et al.：Traffic, 3：878-893, 2002
53) Wu, Y. T. et al.：J. Biol. Chem., 285：10850-10861, 2010

2 ネクローシス誘導阻害剤

1）Necrosis inhibitor, IM-54

ネクローシスを選択的に阻害するインドリルマレイミド（IM）誘導体．カスパーゼ依存的なアポトーシスの誘導に対しては阻害作用を示さず，酸化ストレスが誘導するネクローシスを特異的に阻害する．

[使用法] DMSOで溶解して原液（10 mM）を調製し，分注して保存．細胞処理濃度は3〜10 μM．

[入手先] メルク社，Santa Cruz社，など

参考文献
54) Dodo, K. et al.：Bioorg. Med. Chem. Lett., 15：3114-3118, 2005
55) Sodeoka, M. & Dodo, K.：Chem. Rec., 10：308-314, 2010

2）Necrostatin-1（Nec-1）

ネクローシス選択的阻害剤．TNF-αなどによって誘導される細胞死には，ネクローシスも含まれることが報告されている．Necrostatin-1はRIP-1キナーゼを阻害することで，デスレセプターを介するネクローシスを選択的に阻害する．

[使用法] DMSOで溶解して原液（10 mM）を調製し，分注して保存．細胞処理濃度は3〜20 μM．

[入手先] メルク社，シグマ・アルドリッチ社，和光純薬工業社，など

参考文献
56) Degterev, A. et al.：Nat. Chem. Biol., 1：112-119, 2005
57) Degterev, A. et al.：Nat. Chem. Biol., 4：313-321, 2008

[E-mail：kohnom@nagasaki-u.ac.jp（河野通明）]

索引

記号・数字

% DNA in Tail	68
1％メチルグリーン染色液	38
10％ ホルマリン固定パラフィン包埋	101
3-Methyladenine	219
3,4-Dichloroisocoumarin	218
4％ PFA/PBS（pH 7.4）	33

欧文

A

A1	206
Ac-AAVALLPAVLLALLAP-IETD-CHO	213
Ac-AAVALLPAVLLALLAP-LEHD-CHO	212
Ac-IEPD-CHO	218
Ac-IETD-CHO	213
Ac-LEHD-CHO	212
Ac-LEHD-CMK	212
Ac-LLM-CHO	214
Ac-LLnL-CHO	214
ALLM	214
ALLN	214
AMC	77
Annexin V	132, 176
Apaf-1	109, 204
ATF6	119
Atg7	197
ATP	108
avidin-FITC	141

B

Bad	207
Bak	113, 207
BAPTA-AM	214
Bax	104, 113, 207
Bax Channel Blocker	213
BAX-inhibiting Peptide（V5）	213
Bcl-2	104, 145, 206
Bcl-2 associated X protein	104
Bcl-w	206
Bcl-x	206
Bid	208
Bik	207
Bim	208
Brij 35	55, 62

C

C2C12	130
CA-074	215
CA-074Me	215
CAD	42, 141, 208
Calpain inhibitor I	214
Calpain inhibitor II	214
Can-Get-Signal immunostain	75
CARD	202
caspase activated DNase	141, 208
Caspase recruitment domain	202
Caspase-12 inhibitor	214
Caspase-2	202
Caspase-3	127, 202
Caspase-4	127
Caspase-6	203
Caspase-7	202
Caspase-8	203
Caspase-8 inhibitor	213
Caspase-9	203
Caspase-9 inhibitor	212
Caspase-Glo 3/7	71
Casper	204
CB	196
CCl4	63
CD	195
CDDP	136
cell baseの活性測定	71
Cell Quest	134
Chloroquine diphosphate	218
CHOP	126
Countess	149
cyclic Pifithrin-α	216

D

DAB・ニッケル・コバルト溶液	33
DAPI	190
death receptor	145
digitonin	137
DNA polymerase I	59
DNase	42, 164
DNase I	63
DNA損傷	65
DNA断片化	65, 141
DNAトポイソメラーゼI	69
DNA二本鎖切断	52
DNAの一本鎖切断	59
DNAの断片化	47
DNA分解酵素	42, 173
DNAラダー	42, 141
dot plot	135
double-stranded DNA break	53
dUTP-biotin	141
dUTP-FITC	141

E〜G

Endoplasmic reticulum	119
ER	119
ERストレッサー	119
FACS	18, 71, 137, 141, 145

FACSCalibur ················· *134, 149*
Fadd ····························· *204*
Fas ························· *145, 182*
Fas/FasL Antagonist（kp7-6）
································ *213*
Fas/Fas リガンド ············· *205*
FCM ····························· *132*
FSC ······························ *135*
G1 期 ···························· *186*
G1 期細胞 ······················ *141*
Granzyme B inhibitor ····· *218*

H～J

HCT116 ························ *135*
HeLa ····························· *149*
H/I 傷害 ························ *194*
Hoechst ························ *176*
horseradish peroxidase ····· *30*
Hrk ······························ *207*
HRP ······························ *30*
HRP 標識抗ビオチン抗体 ····· *55*
HtRA2 ·························· *108*
IAP ························· *97, 109*
IM-54 ·························· *219*
ImageXpress ················· *150*
inhibitor of apoptosis proteins
································ *97*
in situ nick translation 法
························ *20, 59, 173*
in situ 解析 ····················· *95*
in vitro 貪食反応 ············ *154*
IRE1 ····························· *119*
ISNT 反応溶液 ·················· *61*
ISNT 法 ··························· *59*
JC-1 試薬 ······················ *120*
JNK ······························ *216*
Jurkat 細胞 ················ *29, 149*

L～N

LC3 ······························ *200*
LC3-Ⅰ ························· *200*
LC3-Ⅱ ························· *200*
ligation-mediated PCR ····· *200*
LMPCR ························ *200*
M-L 画分 ························ *79*
MC ······························· *186*
MCA ······························ *77*
Mcl-1 ··························· *206*
mitotic catastrophe ········ *186*
m 型 ······························· *86*
μ 型 ······························· *86*
NAC ····························· *217*
N-acetyl cysteine ·········· *217*
NCL ····························· *196*
Nec-1 ··························· *219*
Necrosis inhibitor ·········· *219*
Necrostatin-1 ··············· *219*
Nomenclature Committee on Cell Death ·················· *17*
Noxa ···························· *207*
NO 合成酵素活性 ············· *196*
NucView 488 ············ *73, 149*
NucView 488 Caspase-3 Substrate for Live Cells ······· *73*

O～R

Omi ····························· *108*
p38 ······························ *217*
p53 ······················· *105, 216*
p63 ······························ *105*
PD150606 ····················· *215*
PD151746 ····················· *215*
PDH ······························ *41*
Pepstatin A ··················· *215*
PERK ··························· *119*
Phosphatidylserine ········ *133*
PI ····················· *18, 133, 141, 177*
Pifithrin-α ···················· *216*
Propidium Iodide
························ *18, 133, 141, 177*
PS ······························· *133*
Puma ···························· *207*
Rep1p ··························· *173*
RIP-1 ··························· *182*
RIP-3 ··························· *182*
RT-PCR ························ *129*

S～U

S100 画分 ························ *79*
SA-β-galactosidase ······ *186*
Salubrinal ····················· *131*
SB203580 ····················· *217*
senescence-like growth arrest
································ *186*
single-stranded DNA break ··· *60*
SLGA ··························· *186*
SLO ······························ *137*
Smac ····················· *108, 205*
SP600125 ····················· *216*
SSC ······························ *135*
ssDNA ····················· *97, 107*
streptolysinO ················ *137*
sub G1 ····················· *141, 149*
Survivin ······················· *106*
Tail Moment ··················· *68*
TdT ································ *52*
TdT 反応 ······················· *165*
terminal deoxynucleotidyl transferase ·················· *52*
TIA-1 ··························· *106*
TNF-α ·························· *183*
TRAIL receptor ············· *145*
Trizol ··························· *129*
Trolox ·························· *217*
TUNEL 試薬 ··················· *163*
TUNEL 染色 ········ *164, 173, 200*
TUNEL 法 ············ *52, 97, 141*
Unfolded Protein Response ··· *119*
UPR ····························· *119*

X〜Z

X-gal ························ 190
Xiap ························· 205
X線照射装置 ··················· 149
Z-AAD-CMK ················· 218
Z-ATAD-FMK ················ 214
Z-IETD-FMK ················· 213
Z-LEHD-FMK ················ 212
zVAD ·························· 18
Z-VAD-fmk ··················· 182

和　文

あ行

アスパラギン酸 ················· 70
アセトアミノフェン ············· 180
アネキシンV ··················· 19
アポトーシス ········· 16, 109, 119
アポトーシス細胞 ········· 154, 171
アポトーシス誘導因子 ·········· 104
アポトーシス抑制因子 ·········· 104
アポトーシス抑制活性 ·········· 104
アルカリ電気泳動バッファー ···· 67
アルカリ変性 ··················· 69
アンフォールドタンパク質応答
······························ 119
一本鎖切断 ······················ 59
遺伝性神経変性疾患 ············ 196
イニシエーターカスパーゼ
························ 70, 129
イムノブロット ············· 77, 94
陰イオン交換 ··················· 87
陰性対照 ························ 53
ウルトラミクロトーム ··········· 27
エストロゲン ··················· 57
エチジウムブロマイド ······ 44, 50
エトポシド ················ 29, 149
エフェクターカスパーゼ ········ 70
エポキシコハク酸 ··············· 96
エポキシ樹脂 ·············· 24, 27

オートクレーブ処理 ············· 35
オートファゴソーム ············ 194
オートファジー ······ 16, 194, 218
オートファジー不能マウス ····· 197
オルガネラの膨潤 ·············· 175

か行

核染色 ························· 38
核濃縮 ························ 194
過酸化水素 ···················· 176
カスパーゼ ·· 17, 97, 145, 202, 210
カスパーゼ-12 ················· 130
仮足形成 ······················ 154
カテプシンB ·············· 77, 196
カテプシンD ··················· 77
カルシウムイオン ··············· 87
カルパイン ····················· 86
カルパスタチン ················· 86
間接法 ························· 30
肝臓 ·························· 125
寒天包埋 ······················· 26
カンプトテシン ················· 69
癌抑制遺伝子 ·················· 105
キシレン ······················ 101
胸腺細胞 ······················ 160
巨大DNA断片化 ················ 47
クエン酸鉛 ····················· 24
グランザイムB ················ 218
グルタールアルデヒド ··········· 25
グルタチオン ·················· 217
クロスリンカー ················ 113
蛍光基質 ······················· 77
蛍光抗体法 ····················· 30
結紮 ·························· 198
ケミカルシャペロン ············ 131
ゲル濾過 ······················· 90
後期アポトーシス ·············· 150
抗原抗体反応 ··················· 98
抗原性賦活化処理 ··············· 35
抗原賦活液 ···················· 100

抗原賦活化 ···················· 164
抗原賦活処理 ··················· 98
酵素抗体法 ····················· 30
酵素反応 ······················ 102
好中球 ························ 163
抗ペプチド抗体 ················· 95
骨髄マクロファージ ············ 160
コメットアッセイ ··········· 19, 65
コリオン ······················ 171

さ行

サイトスピン3 ·················· 75
サイバーグリーン ··············· 66
細胞外マトリックス ············ 189
細胞死 ························ 190
細胞質画分 ····················· 79
細胞周期 ················ 186, 190
細胞体積の増大 ················ 175
細胞分画法 ················ 79, 110
細胞膜の崩壊 ·················· 175
細胞老化様増殖停止 ············ 186
酢酸ウラニル ··················· 23
サプシガルジン ················ 120
ジゴキシゲニン ················· 52
ジゴキシゲニン-11-dUTP ····· 61
四酸化オスミウム ··············· 27
システインプロテアーゼ
····················· 70, 77, 86, 201
シスプラチン ·················· 135
実行カスパーゼ ················· 70
シトクロムc ···· 21, 108, 137 213
準超薄切片 ····················· 27
ショウジョウバエ ·············· 169
小胞体ストレス ················ 119
小胞体ストレス誘起剤 ········· 121
初期アポトーシス ·············· 150
食細胞 ························ 154
シランコートスライド ·········· 34
神経細胞 ······················· 63

神経性セロイドリポフスチン蓄積症 ……… 196	透徹 ……… 98	プログラムネクローシス ……… 175
腎臓 ……… 125	トリパンブルー ……… 138, 149, 151	プロセシング ……… 129
スーパーコイル ……… 65	トリプシン ……… 102	ブロッキング ……… 36, 98
精子形成阻害 ……… 57	トルイジンブルー ……… 24	プロテアーゼ ……… 70, 102
生理的な細胞死 ……… 16, 175	貪食 ……… 154	プロテアソーム ……… 119
切断部位特異抗体 ……… 95		プロテイナーゼK ……… 55, 62, 165
接着系細胞 ……… 22	**な行**	プロテオリピッド ……… 196
セパジーン ……… 44	内在性経路 ……… 17, 137	分裂死 ……… 186
セルデスクLF1 ……… 75	ニックトランスレーション反応 ……… 59	ペプシン ……… 102
セロイドリポフスチン ……… 196	ニック部位 ……… 59	ヘマトキシリン–エオシン ……… 20
洗浄液 ……… 100	ヌクレオソームラダー ……… 42	ヘマトキシリン染色 ……… 163
組織化学的手法 ……… 162	ネクローシス ……… 16, 175, 219	ヘモサイト ……… 171
組織切片 ……… 53, 60	ネクロスタチン ……… 182	放射線 ……… 151
組織染色法 ……… 97	ネクロプトーシス ……… 175	放射線照射 ……… 192
		ホスファチジルセリン ……… 132, 178
た行	**は行**	
大腸癌細胞 ……… 135	胚細胞 ……… 171	**ま行**
ダイヤモンドナイフ ……… 28	肺洗浄液 ……… 160, 168	マイクロウエーブ処理 ……… 35
多光子励起レーザー走査型顕微鏡 ……… 41	ハイドロコーチゾン ……… 63	マイクロゲル電気泳動 ……… 65
脱水 ……… 98	培養細胞 ……… 53, 60	マウス精巣 ……… 57
多量体化 ……… 113	発色反応 ……… 103	マクロファージ ……… 157
単個化 ……… 171	パラフィン ……… 101	ミクログリア ……… 196
タンパク質分解酵素処理 ……… 36, 102	パルスフィールド電気泳動 ……… 19, 47	ミトコンドリア ……… 41, 108, 137
単離ミトコンドリア ……… 115	非アポトーシス型細胞死 ……… 16	ミトコンドリア膜電位 ……… 109
遅延型神経細胞死 ……… 198	ビオチン ……… 52, 158	ミトコンドリア–リソソーム画分 ……… 79
超薄切片 ……… 28	ビオチン–11–dUTP ……… 61	メチルグリーン染色 ……… 163
直接法 ……… 30	ピクノーシス ……… 194	免疫染色法 ……… 109, 110, 172
ツニカマイシン ……… 120	ヒスト用ダイヤモンドナイフ ……… 27	免疫組織化学 ……… 30, 52, 97
低酸素脳虚血傷害 ……… 194	ビテリン膜 ……… 171	
低分子阻害剤 ……… 131	ビメンチン ……… 126	**や・ら行**
低融点アガロース ……… 65	病理的な細胞死 ……… 16	陽性対照 ……… 53
デスリガンド ……… 213	ピルビン酸デヒドロゲナーゼ ……… 41	卵殻 ……… 171
デスレセプター ……… 213	封入 ……… 98	リソソーム ……… 77, 154, 194
デスレセプター性経路 ……… 17	腹腔浸出細胞 ……… 157	リソソームカテプシンD ……… 195
電子顕微鏡 ……… 22, 199	腹腔内投与 ……… 124, 180	硫酸アンモニウム ……… 90
電子染色 ……… 28	浮遊細胞 ……… 22	リンカーDNA ……… 42
同一視野観察法 ……… 22	フローサイトメトリー ……… 132	リン酸化ヒストンH2AX ……… 190
透過型電子顕微鏡 ……… 18, 24	プログラムされた細胞死 ……… 16	ルミノメーター ……… 71
		老化様細胞形態 ……… 190

◆編者プロフィール

刀祢重信（とね しげのぶ）
川崎医科大学・生化学講座・准教授．名古屋大学理学部生物学科卒業，同分子生物学修士修了（tRNAの構造決定）．三菱化成生命科学研究所研究員．"肢芽の形態形成におけるプログラム細胞死と細胞周期"の研究で1988年理博．和歌山県立医科大学・生化学，財団法人東京都臨床医学総合研究所・放射線医学，英国エディンバラ大学を経て1998年から現職．ニワトリ胚の肢芽の指間細胞たちが，決められたタイミングで粛々と死んでいく姿に魅せられてから30年，最近はアポトーシスのときの核凝縮のプログラムの中身をさまざまな方法で解き明かしたいと思っている．

小路武彦（こうじ たけひこ）
1978年東京大学理学部動物学科卒，1983年同大学院修了（理博）．東海大学医学部細胞生物学教室助手，講師を経て1989年長崎大学医学部解剖学第三講座講師．1991～1993年米国オレゴン霊長類研究所客員研究員（分子生殖内分泌学）．1993年長崎大学医学部解剖学第三講座助教授，1998年同教授．2002年同大学院医歯薬学総合研究科組織細胞生物学分野教授．2006年から副学長（国際担当）．現在の専門は，生殖細胞動態の制御機構に関する分子組織細胞化学的研究．

実験医学別冊

現象を見抜き検出できる！

細胞死実験プロトコール

アポトーシスとその他細胞死の顕微鏡による検出から，
DNA断片化や関連タンパク質の検出，FACSによる解析まで網羅

2011年7月1日　第1刷発行

編　著	刀祢重信，小路武彦
発行人	一戸裕子
発行所	株式会社羊土社 〒101-0052 東京都千代田区神田小川町2-5-1 TEL　03（5282）1211 FAX　03（5282）1212 E-mail　eigyo@yodosha.co.jp URL　http://www.yodosha.co.jp/
装　幀	日下充典
印刷所	株式会社平河工業社

ISBN978-4-7581-0181-3

本書の複写にかかる複製，上映，譲渡，公衆送信（送信可能化を含む）の各権利は（株）羊土社が管理の委託を受けています．
本書を無断で複製する行為（コピー，スキャン，デジタルデータ化など）は，著作権法上での限られた例外（「私的使用のための複製」など）を除き禁じられています．研究活動，診療を含み業務上使用する目的で上記の行為を行うことは大学，病院，企業などにおける内部的な利用であっても，私的使用には該当せず，違法です．また私的使用であっても，代行業者等の第三者に依頼して上記の行為を行うことは違法となります．

JCOPY ＜（社）出版者著作権管理機構　委託出版物＞
本書の無断複写は著作権法上での例外を除き禁じられています．複写される場合は，そのつど事前に，（社）出版者著作権管理機構（TEL 03-3513-6969，FAX 03-3513-6979，e-mail：info@jcopy.or.jp）の許諾を得てください．

新カタログ配布中！！

ペプチドのことはペプチド研究所にお任せ下さい。

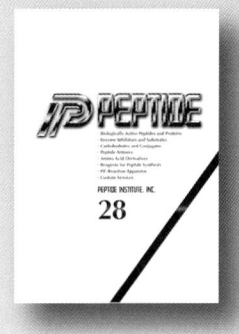

新カタログ PEPTIDE 28 では 生理活性ペプチド 17 —— を含む新製品 27 品目が加わりました。

新カタログは、電話・FAX・E-mail で下記ペプチド研究所本社・営業部にご請求下さい。また当社ホームページ http://www.peptide.co.jp からもご請求いただけます。

ペプチド研究所は 2006 年 10 月に彩都(大阪府茨木市)に GMP施設 を備えた新研究所を建設し操業を開始いたしました。この彩都研究所ではペプチド・糖のカスタム合成、抗体(抗血清)の作製、分析・測定サービスなどのカスタムサービスを企画開発部でお受けしています。詳しくは以下にお問い合わせ下さい。

直通電話: 072-643-4343　　FAX: 072-643-4422　　E-mail: custom@peptide.co.jp

当社は、各種酵素の阻害剤、基質を数多く取りそろえています。下記にカテプシン関連製品をご紹介しますが、他にもカスパーゼ、カルパインなどのアポトーシス研究用試薬を販売しています。　詳しくは新カタログあるいは当社ホームページをご覧下さい。

カテプシンの阻害剤と基質

	Code	Compound		Price: Yen
阻害剤				
	4062	**Antipain** (for Papain, Cathepsin A/B)	25 mg Bulk	8,600
	4322-v	**CA-074** (for Cathepsin B)	5 mg Vial	15,000
	4323-v	**CA-074 Me** (Proinhibitor) (for Cathepsin B)	5 mg Vial	15,000
	4063	**Chymostatin** (for Papain, Cathepsin B/G)	25 mg Bulk	15,300
	4096	**E-64** (for Thiol Proteases)	25 mg Bulk	11,400
	4320-v	**E-64-c** (for Cathepsin B/H/L)	5 mg Vial	10,000
	4321-v	**E-64-d** (Proinhibitor) (for Cathepsin B/H/L)	5 mg Vial	10,000
	4041	**Leupeptin** (for Papain, Cathepsin B)	25 mg Bulk	5,700
	4397	**Pepstatin A** (for Cathepsin D/E) (Purity: higher than 90%)	25 mg Bulk	7,000
	3175-v	**Z-Leu-Leu-Leu-H** (aldehyde) [MG-132] (for Cathepsin K)	5 mg Vial	4,000
基質				
	3113-v	**Arg-MCA** (for Cathepsin H)	5 mg Vial	3,500
	3200-v	**MOCAc-Gly-Lys-Pro-Ile-Leu-Phe-Phe-Arg-Leu-Lys(Dnp)-D-Arg-NH2** (for Cathepsin D/E)	1 mg Vial	16,000
	3225-v	**MOCAc-Gly-Ser-Pro-Ala-Phe-Leu-Ala-Lys(Dnp)-D-Arg-NH2 [KYS-1]** (for Cathepsin E)	1 mg Vial	10,000
	3123-v	**Z-Arg-Arg-MCA** (for Cathepsin B)	5 mg Vial	4,100
	3208-v	**Z-Gly-Pro-Arg-MCA** (for Cathepsin K)	5 mg Vial	5,000
	3210-v	**Z-Leu-Arg-MCA** (for Cathepsin K/S/V)	5 mg Vial	5,000
	3095-v	**Z-Phe-Arg-MCA** (for Cathepsin B/L)	5 mg Vial	3,500
	3211-v	**Z-Val-Val-Arg-MCA** (for Cathepsin S/L)	5 mg Vial	6,000

PEPTIDE INSTITUTE, INC.　株式会社 ペプチド研究所
http://www.peptide.co.jp
E-mail: info@peptide.co.jp

本社
〒562-8686 大阪府 箕面市 稲 4-1-2
電話:072-729-4121　FAX:072-729-4124

彩都研究所
〒567-0085 大阪府 茨木市 彩都 あさぎ 7-2-9
電話:072-643-4411　FAX:072-643-4422

彩都研究所

●Wako オートファジー研究用抗体

抗SQSTM1/A170/p62, ウサギ

- 形 状：大腸菌タンパク質で吸収した2倍希釈抗血清
  防腐剤として0.1%アジ化ナトリウムを含む
- 抗 原：マウスSQSTM1 (A170) のアミノ酸残基254-333
  (N末端にT7 tag、C末端にHis tagを含む) 組換え体
- 特異性：マウスおよびラットSQSTM1 (A170/ZIP) と反応する
  ヒトSQSTM1 (p62) とはごく弱く反応する
- 実用希釈倍率：ウエスタンブロット 1：200
  免疫組織染色 1：1,000
  免疫蛍光染色 1：1,000

[詳 細] http://www.wako-chem.co.jp/siyaku/info/men/article/AntiSQSTM1.htm

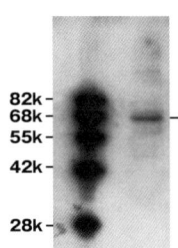

使用例 ウエスタンブロット

サンプル：培養マウス血管平滑筋細胞ライセート 20μg
抗 体：本品 1：200
(データご提供：筑波大学石井哲郎先生)

抗ヒトAtg7, ウサギ

- 形 状：抗血清。防腐剤、安定剤不含
- 抗 原：ヒトAtg7のアミノ酸残基556-571に相当する合成ペプチド-KLH
- 特異性：ヒト、ラット、マウスのAtg7と反応する
- 実用希釈倍率：ウエスタンブロット 1：1,000-5,000

[詳 細] http://www.wako-chem.co.jp/siyaku/product/life/atg7/index.htm

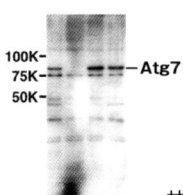

使用例 ウエスタンブロット

サンプル：マウスMEFの抽出液
抗 体：本品 1：1,000
(データご提供：順天堂大学上野隆先生)

抗ラットLC3, ウサギ

- 形 状：抗血清。防腐剤、安定剤不含
- 抗 原：ラットLC3Bのアミノ酸残基5-18に相当する合成ペプチド-KLH
- 特異性：ヒト、ラット、マウスLC3Bと反応する
- 実用希釈倍率：ウエスタンブロット 1：1,000-5,000
  免疫細胞化学 1：200-500 (共焦点顕微鏡)

[詳 細] http://www.wako-chem.co.jp/siyaku/product/life/lc3/index.htm

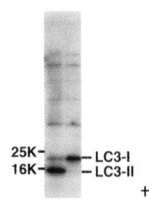

使用例 ウエスタンブロット

サンプル：マウスMEFの抽出液
抗 体：本品 1：5,000
(データご提供：順天堂大学上野隆先生)

コードNo.	品名	規格	容量
018-22141	Anti SQSTM1/A170/p62, Rabbit	免疫化学用	100μl
013-22831	Anti Human Atg7, Rabbit	免疫化学用	50μl
010-22841	Anti Rat LC3, Rabbit	免疫化学用	50μl

和光純薬工業株式会社

問い合わせ先
フリーダイヤル：0120-052-099　フリーファックス：0120-052-806
URL：http://www.wako-chem.co.jp
E-mail：labchem-tec@wako-chem.co.jp

本　　社：〒540-8605 大阪市中央区道修町三丁目1番2号
東京支店：〒103-0023 東京都中央区日本橋本町四丁目5番13号
営 業 所：北海道・東北・筑波・東海・中国・九州

Wako

抗体希釈液として使用するだけ
ウエスタンブロッティング・ELISAの検出感度アップに！

Immuno-enhancer

　本品は、ウエスタンブロッティング、ドットブロッティング、ELISAの抗原-抗体反応を最適化し促進する試薬です。特に反応性の低い抗体を用いた場合に効果があり、高いS/N比を得ることができます。

　本品は、一次抗体反応用のReagent Aと、二次抗体反応用のReagent Bの2つから構成されており、原液をそのまま抗体希釈液として使用します。

特長

- シグナルを増強
- 高いS/N比
- 特別な操作が不要。抗体希釈液の代わりに使用

◆ 使用例

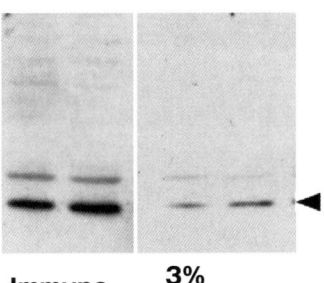

A549細胞ライセート5μg（×1）または、10μg（×2）をSDS-PAGE電気泳動後、ニトロセルロース膜に転写しブロッキング後にウエスタンブロットを行った。本品の対照として、3%スキムミルク TBS-T溶液を用いた。

一次抗体：抗EB1, ウサギ（1：500），2時間
二次抗体：HRP標識抗ウサギIgG抗体（1：7000），1時間
露光時間：10秒

コードNo.	品名	規格	容量
294-68601	Immuno-enhancer	ブロッティング用	2回用※
290-68603	Immuno-enhancer	ブロッティング用	10回用※
298-68604	Immuno-enhancer	ブロッティング用	40回用※
091-05811	Immuno-enhancer　Reagent A	ブロッティング用	200mL
098-05821	Immuno-enhancer　Reagent B	ブロッティング用	200mL

※1回の試薬使用量がReagent A,B 各5mLの場合

和光純薬工業株式会社

本　　社：〒540-8605 大阪市中央区道修町三丁目1番2号
東京支店：〒103-0023 東京都中央区日本橋本町四丁目5番13号
営業所：北海道・東北・筑波・東海・中国・九州

問い合わせ先
フリーダイヤル：0120-052-099　フリーファックス：0120-052-806
URL：http://www.wako-chem.co.jp
E-mail：labchem-tec@wako-chem.co.jp

羊土社オススメ書籍

すべてを凝縮した決定版！

実験ハンドブックシリーズ
改訂 タンパク質実験ハンドブック

取り扱いの基礎から機能解析まで完全網羅！

竹縄忠臣，伊藤俊樹／編

決定版と好評を博した定番実験書が大改訂してパワーアップ！定量、保存といった誰もがつまずく基礎技術から、TIRFや最新データベース活用法など先端手法までくまなく収録。タンパク質を扱う研究者なら必携の一冊です。

- 定価（本体7,200円＋税）
- B5判 301頁 ISBN978-4-7581-0179-0

核酸実験の基本を懇切丁寧に詳述

目的別で選べる 核酸実験の原理とプロトコール

分離・精製からコンストラクト作製まで，効率を上げる条件設定の考え方と実験操作が必ずわかる

平尾一郎，胡桃坂仁志／編

エタノール沈殿の基本から分離・精製・クローニングまで，ベーシックな核酸実験法を原理や根拠とともに詳述．従来の実験書に比べ，核酸の化学的な解説や条件検討の結果を多数掲載．知識も実験力も身につく一冊です！

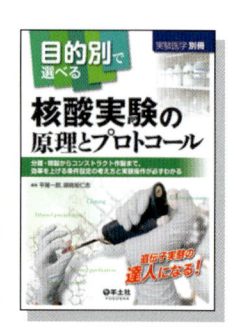

- 定価（本体4,700円＋税）
- B5判 264頁 ISBN978-4-7581-0180-6

顕微鏡観察のコツが満載！

無敵のバイオテクニカルシリーズ
改訂第3版 顕微鏡の使い方ノート

はじめての観察からイメージングの応用まで

野島 博／編

定番の入門書が大改訂！多光子励起顕微鏡などの最新技術も追加され，より充実した一冊に！メーカーの技術者が伝授するコツが満載で，初めて顕微鏡を扱う方にも安心です．動画の視聴サービス付き！

- 定価（本体5,700円＋税）
- A4判 247頁 ISBN978-4-89706-930-2

分子標的治療を多角的に理解できる

がんの分子標的と治療薬事典

西尾和人，西條長宏／編

70を超えるがん治療のターゲットをカテゴリー別に整理し，研究の経緯やがんとの関わりなど，なぜ標的とされているか詳説．さらに分子標的治療薬についても薬剤ごとに標的から適応・治験の最新データまで一目瞭然！

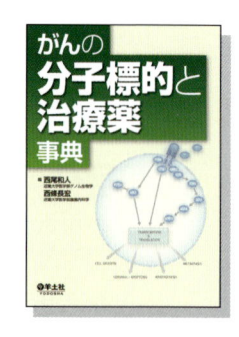

- 定価（本体7,600円＋税）
- B5判 347頁 ISBN978-4-7581-2016-6

発行 羊土社 YODOSHA
〒101-0052 東京都千代田区神田小川町2-5-1 TEL 03(5282)1211 FAX 03(5282)1212
E-mail：eigyo@yodosha.co.jp
URL：http://www.yodosha.co.jp/

ご注文は最寄りの書店，または小社営業部まで

辞書としても教科書としても使えるコンパクトなガイドブック

完全版 マウス・ラット疾患モデル活用ハンドブック
表現型，遺伝子情報，使用条件など

医薬生物学研究で必須のマウス・ラットを，がん・脳神経・免疫などの研究分野ごとに厳選して収録！

編／秋山　徹，奥山隆平，河府和義

■ 定価（本体8,500円+税）　■ B6判　■ 605頁　■ ISBN978-4-7581-2017-3

ライフサイエンス 試薬活用ハンドブック
特性，使用条件，生理機能などの重要データがわかる

生理活性物質，酵素，阻害剤，蛍光／発光試薬などバイオ実験で必須の試薬・物質約700点の重要データを網羅！各試薬の性質や使用条件，生理機能，入手先などの知識を押さえてトラブル回避！

編／田村隆明

■ 定価（本体5,600円+税）　■ B6判　■ 701頁　■ ISBN978-4-7581-0733-4

細胞・培地 活用ハンドブック
特徴，培養条件，入手法などの重要データがわかる

細胞生物学，分子生物学，疾患研究などの各研究分野で頻出する主要な細胞の特徴・由来から実際の培養に必要な具体的な情報までコンパクトに解説！

編／秋山　徹，河府和義

■ 定価（本体4,500円+税）　■ B6判　■ 398頁　■ ISBN978-4-7581-0718-1

阻害剤 活用ハンドブック
作用機序・生理機能などの重要データがわかる

シグナル伝達，アポトーシス，血管新生，癌などのライフサイエンス研究で頻出する主要な阻害剤を網羅！

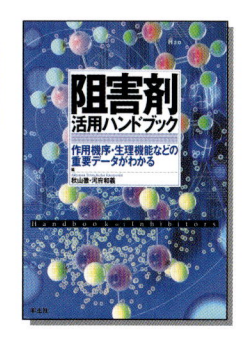

編／秋山　徹，河府和義

■ 定価（本体4,600円+税）　■ B6判　■ 469頁　■ ISBN978-4-7581-0806-5

発行　**羊土社 YODOSHA**
〒101-0052　東京都千代田区神田小川町2-5-1　TEL 03(5282)1211　FAX 03(5282)1212
E-mail：eigyo@yodosha.co.jp
URL：http://www.yodosha.co.jp/

ご注文は最寄りの書店，または小社営業部まで

オートファジー関連製品

MBL 研究用試薬

拡がるオートファジーの世界

オートファジーの役割は、飢餓を生き抜くために自己を消化することで栄養源を確保していると一般には理解されています。しかし近年の研究の進歩から、哺乳類のオートファジーは神経変性疾患、感染症、心疾患さらにはがん化などの病態との関係が次々と報告されております。酵母で発見されたオートファジーですが、創薬の観点からも今注目されている研究分野の一つです。

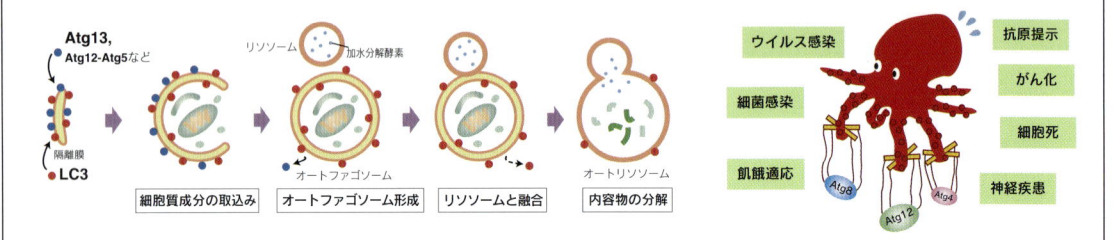

細胞質成分の取込み → オートファゴソーム形成 → リソソームと融合 → 内容物の分解

ウイルス感染 / 細菌感染 / 飢餓適応 / 抗原提示 / がん化 / 細胞死 / 神経疾患

anti-LC3 Polyclonal Ab 大好評
Code No. PM036

■ Immunocytochemistry

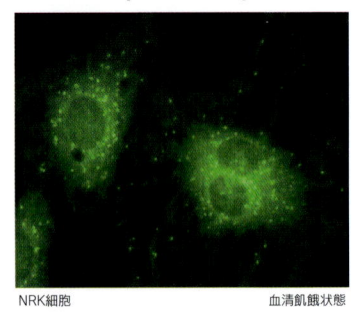

NRK細胞 / 血清飢餓状態

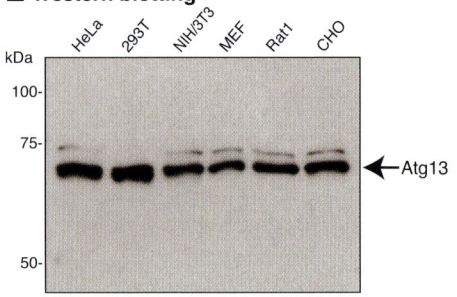

その他多数のオートファジー関連抗体を取り揃えております！

anti-Atg13 Monoclonal Ab NEW
Code No. M183-3

■ Western blotting

HeLa / 293T / NIH/3T3 / MEF / Rat1 / CHO → Atg13

MBL オートファジー 検索

アポトーシス関連製品

- Caspase 活性測定キット
  - APOPCYTO シリーズ好評発売中！
- FITC 標識 Annexin によるアポトーシス細胞検出キット
- TUNEL 法による DNA 断片化検出キット
- ELISA 法による Fas/Fas Ligand 測定キット
- 抗 Fas 抗体　他　アポトーシス研究用抗体

MBL 株式会社 医学生物学研究所
https://ruo.mbl.co.jp/
〒460-0008　名古屋市中区栄4丁目5番3号 KDX名古屋栄ビル10階

営業推進部 基礎試薬グループ
TEL: (052)238-1904　　FAX: (052)238-1441
E-mail: support@mbl.co.jp

BD Pharmingen™ アポトーシス関連試薬
簡便で高品質な試薬、技術でアポトーシス解析をサポートします

アポトーシスの検出からアポトーシス各段階におけるインジケータの測定に至るまで、各特徴に合わせた製品と技術サポートを提供しています。

細胞膜の変化

Annexin V アッセイキット製品

フローサイトメーター用

Ca.No.	製品名
556547	FITC Annexin V Apoptosis Detection Kit I
556570	FITC Annexin V Apoptosis Detection Kit II
559763	PE Annexin V Apoptosis Detection Kit I

蛍光顕微鏡用

Ca.No.	製品名
550911	Annexin V-FITC Fluorescence Microscopy Kit

キットには蛍光標識Annexin V、サンプル調製に必要なAnnexin Binding Bufferなどが含まれています。

Annexin関連単品

	Ca.No.	製品名
New	560506	Annexin V BD Horizon™ V450
New	561501	Annexin V BD Horizon™ V500

バイオレットレーザーで検出される新しい蛍光色素 BD Horison™ V450, V500 を標識したAnnexin V単独試薬です。
＊その他各種Annexin検出用試薬も取り扱っています。

ミトコンドリアの変化

Ca.No.	製品名
551302	BD™ Mitoscreen kit（JC-1）

膜透過性脂溶性カチオン色素JC-1による膜電位の変化を検出します。

Caspaseの活性化

Active Caspase-3 キット製品

フローサイトメーター用

Ca.No.	製品名
550480	FITC Active Caspase-3 Apoptosis Kit
550914	PE Active Caspase-3 Apoptosis Kit

ELISA法

Ca.No.	製品名
550578	Human Active Caspase-3 ELISA Pair

Caspase切断産物PARP検出用抗体

Ca.No.	製品名
558576	FITC Mouse anti-Cleaved PARP（Asp214）
551024	Purified Mouse Anti-Human PARP with Control

＊その他各種Caspase検出用試薬も取り扱っています。

DNAの断片化

フローサイトメトリー法 キット製品

Ca.No.	製品名
556381	APO-DIRECT™ Kit
556405	APO-BRDU™ Kit

Tunnel法をベースとしたフローサイトメーターによるDNA断片化の検出に必要なサンプル調製用バッファー、コントロール細胞までセットされた便利なキットです。

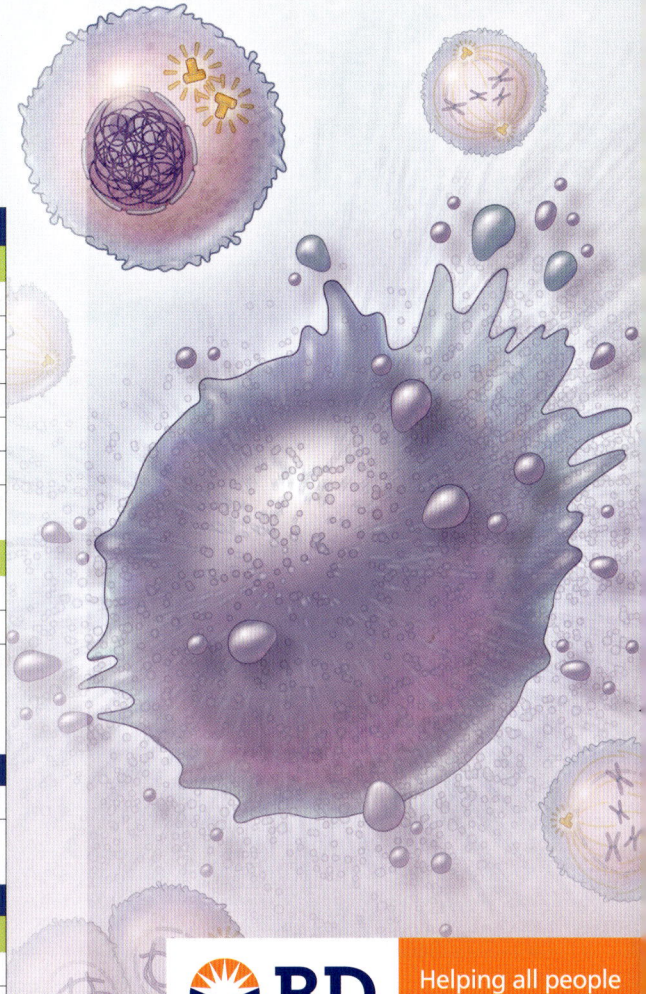

BD Helping all people live healthy lives

New BD Biosciencesアポトーシス関連試薬の情報を新たに掲載しました。製品の詳細は、下記WEBサイトをご参照ください。

www.bdj.co.jp/s/apoptosis/

日本ベクトン・ディッキンソン株式会社
www.bd.com/jp/

＊APO-DIRECTおよびAPO-BRDUはPhoenix Flow Systemsの登録商標です。
＊BD、BDロゴおよびその他の商標はBecton, Dickinson and Companyが保有します。©2011 BD

ImageXpress MICRO

Molecular Devices

ハイコンテント顕微鏡イメージスクリーニングシステム

Image Screening System

ImageXpress MICRO は、広視野型HCS（High Content Screening）システムです。高速レーザーフォーカスを搭載し、プレートスキャンを高速に行います。Doseレスポンスカーブの表示など化合物スクリーニングに便利な機能を搭載しています。

- 2波長96ウェルを約4分で高速データ取得
- 新開発MetaMorphベースのMetaXpressソフトウェア
- 96ウェルから1536ウェルに対応
- 高速レーザーオートフォーカス搭載（オプション）
- カイネティック測定機能
- ロボットにより多プレート測定可能（オプション）

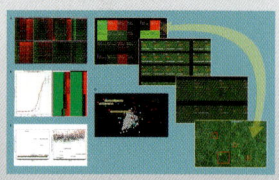

ベンチトップサイズの共焦点レーザースキャン型HCSシステム ImageXpress ULTRA

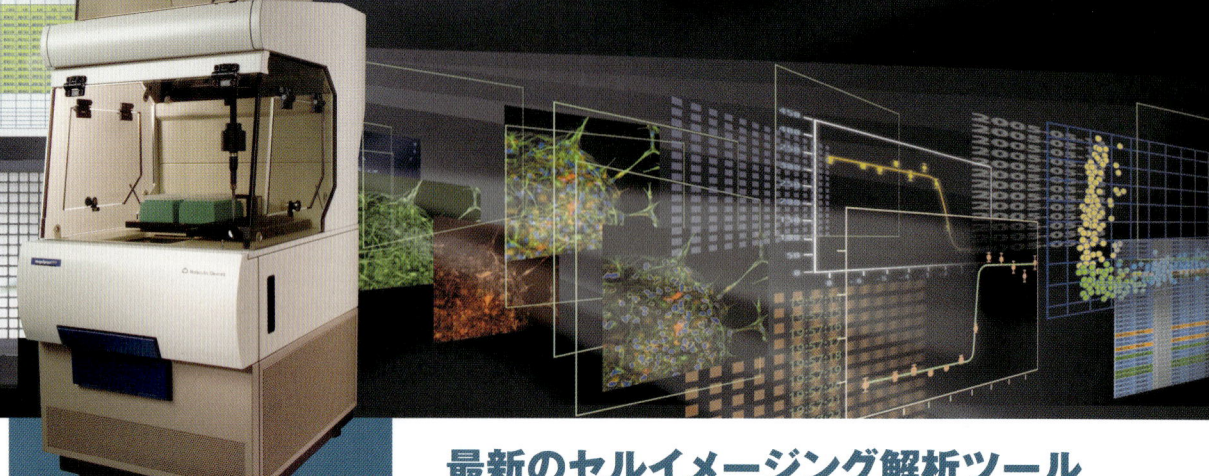

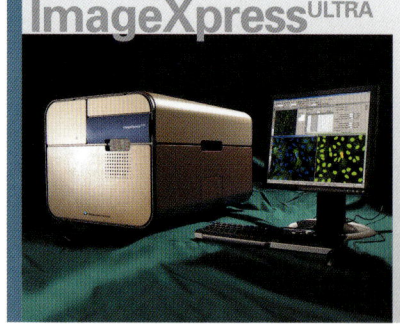

最新のセルイメージング解析ツール

ImageXpressは、高度に自動化されたデジタルイメージングシステムです。細胞の形態変化、あるいはタンパク質の細胞内局在や移動といった細胞レベル、細胞内レベルのマルチパラメータでのデータ取得とイメージデータからの数値解析を行うスクリーニングシステムです。

イメージスクリーニングシステムの主なアプリケーション

- シグナルトランスダクション
- レセプタートランスロケーション
- 細胞間相互作用
- アポトーシス
- 神経線維伸長
- 血管新生
- 細胞周期
- 細胞の形態変化

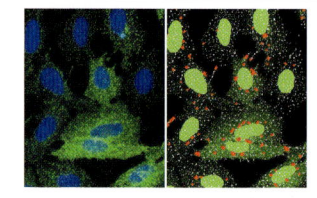

MetaXpressソフトウェアによる高度な解析

MetaXpressは、業界先進のMetaMorph™をベースに構築され、オートメーション化された ImageXpress システムにデザインされています。画像取得から解析を簡単な操作で実行します。
ポピュラーな実験に対応したApplication Moduleは画像解析をより容易におこないます。また、強力な簡易解析マクロを標準搭載し、高度な解析にも対応します。

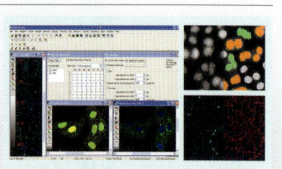

解析データを可視化するAcuityXpress

AcuityXpressは、MetaXpressとシームレスに統合された細胞インフォマティクスソフトウェアです。MetaXpressの解析データから多パラメタプロファイル、反応曲線、2D散布図や3D主成分分析など様々な分析が可能です。すべての表示形式でオリジナル画像とインタラクティブにリンクしています。
AcuityXpressは、有用なサンプルの発見を容易にします。

モレキュラーデバイス ジャパン株式会社

本　社　〒101-0054 東京都千代田区神田錦町3-21 JPRクレスト竹橋ビル 6階
　　　　TEL03-5282-5261　FAX03-5282-5262
大阪支店　〒532-0004 大阪市淀川区西宮原2-1-3 ソーラ新大阪21 19階
　　　　TEL06-6399-8211　FAX06-6399-8212